教育部高等学校轻工类专业教学指导委员会“十四五”规划教材

普通高等教育一流本科专业建设成果教材

Integrated and Intelligent Printing System

集成化智能印刷系统

张永芳　主编　　罗如柏　副主编

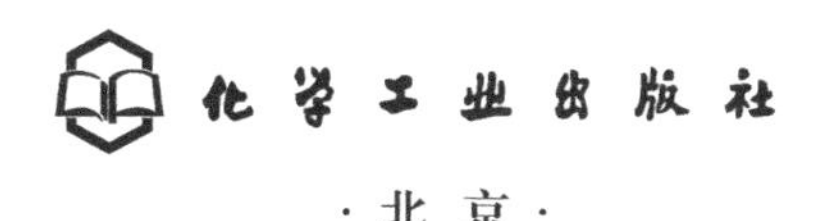

化学工业出版社

·北京·

内容简介

《集成化智能印刷系统》是教育部高等学校轻工类专业教学指导委员会“十四五”规划教材。本书分三篇，共14章，循序渐进地介绍了集成化智能印刷系统（I^2PS）。第一篇“集成优化篇”介绍了系统与系统优化的基本理论、印刷系统的数字化和集成化相关成熟技术，如MIS、MES和基于JDF信息集成；第二篇“智能优化篇”重点阐述了智能制造的技术基础、XJDF技术和集成化智能印刷系统的建设；第三篇“开发技术篇”介绍了JDF相关软件的开发技术，为I^2PS的研发提供了一定的基础知识。本书在知识体系方面力求做到系统性和完整性，在论述过程中重视理论与工程实践的结合。

本书可作为高等学校印刷工程专业、包装工程专业相关课程的教材或教学参考书，也可作为印刷工程技术人员的参考书。

本书是新形态教材，配套课程在国家高等教育智慧教育平台或智慧树在线教育平台搜索课程名“集成化智能印刷系统”进行查找。

图书在版编目（CIP）数据

集成化智能印刷系统/张永芳主编；罗如柏副主编．—北京：化学工业出版社，2022.8

ISBN 978-7-122-41387-1

Ⅰ.①集…　Ⅱ.①张…②罗…　Ⅲ.①智能技术-应用-印刷　Ⅳ.①TS801.8

中国版本图书馆CIP数据核字（2022）第078943号

责任编辑：李玉晖　杨　菁　　文字编辑：蔡晓雅　师明远
责任校对：李雨晴　　装帧设计：韩　飞

出版发行：化学工业出版社（北京市东城区青年湖南街13号　邮政编码100011）
印　　装：北京七彩京通数码快印有限公司
787mm×1092mm　1/16　印张14½　字数349千字　2022年9月北京第1版第1次印刷

购书咨询：010-64518888　　售后服务：010-64518899
网　　址：http://www.cip.com.cn
凡购买本书，如有缺损质量问题，本社销售中心负责调换。

定　　价：49.00元

前　言

中国制造业正面临着全面转型升级的重大需求。印刷工业作为制造业的组成部分之一，伴随着整个工业革命的发展，正向着一种新的制造模式——集成化制造和智能制造演变，更加高效、绿色，面向个性化需求的集成化智能印刷系统是未来的发展趋势。

集成化智能印刷系统（integrated and intelligent printing system，I^2PS）是传统印刷系统通过若干计算机集成和智能制造理论与技术进行优化而形成的具有数字化、网络化、智能化等特征的新一代计算机集成印刷系统，将会在印刷工业中扮演越来越重要的角色。为了推进相关课程体系的建立和加强教材建设工作，在《计算机集成印刷系统》（罗如柏主编）基础上编写了本书。本书围绕印刷制造系统的集成优化、智能优化、系统开发三部分内容展开论述，力求做到系统和完整。本书主要内容包含系统论与系统优化、印刷系统的数字化与集成、智能制造的基础理论、JDF与XJDF的基本理论、印刷系统的智能化和JDF相关软件开发技术等，力争将智能印刷领域的最新进展和智能制造的最新研究成果有机融合，努力做到深入浅出。希望通过本书的学习使印刷工程及相关专业的本科生系统地了解和掌握相关的知识，以适应当前印刷工业发生的变革，并能积极地参与到这次技术革命中。

本书为教育部高等学校轻工类专业教学指导委员会“十四五”规划教材，由西安理工大学张永芳、罗如柏、杜斌、李怀林、胡京博和北京印刷学院齐元胜、杨文杰几位老师共同完成。本书的出版，还得益于西安理工大学教材重点建设项目、西安理工大学优秀在线课程建设项目和“课程思政”精品示范课程建设项目。本书是西安理工大学印刷工程国家一流本科专业建设成果教材，尝试了新形态教材的表现形式，除了呈现在读者面前的纸质书外，课程建设团队还录制了数字化的微课和慕课内容，作为本书配套的数字资源，并同时在国家高等教育智慧教育平台和智慧树在线教育平台建设有线上共享课程（通过搜索课程名“集成化智能印刷系统”进行查找），以方便读者更加高效地学习和理解相关内容。

本书由张永芳担任主编，罗如柏担任副主编，负责全书的统稿和定稿工作。本书第1章由张永芳编写，第4章由杨文杰编写，第5章由齐元胜编写，其余由罗如柏编写。本书配套数字化的微课和慕课由罗如柏负责统筹建设，罗如柏、杜斌、李怀林和胡京博共同完成课程的录制。

为了任课老师能方便地使用本书，本书配有高质量的教学课件，免费提供给任课老师。获取课件的途径：1. 化学工业出版社教学资源网 www. cipedu. com. cn 搜索下载；2. 任课老师发邮件至 luorubai@xaut. edu. cn 咨询。

集成化智能印刷系统内容丰富，发展日新月异。由于编者能力有限，书中内容难免有不妥之处，希望读者给予批评指正。

罗如柏

2022 年 4 月于古城西安

目 录

智能优化篇

开发技术篇

第1章

概　述

印刷工业是传播知识和文明的重要而独特的产业，是与国计民生密切相关的服务型制造业和文化产业的重要组成部分。2019 年，我国印刷工业总产值超 3 万亿元，居全球第二。随着与物联网、大数据、人工智能、新材料等新技术的融合，印刷工业呈现出“数字化、绿色化、智能化、融合化、安全化”的发展态势，正向着一种新的制造模式——集成化制造和智能制造演变。更加高效、绿色，面向个性化需求的集成化智能印刷系统（integrated and intelligent printing system，I^2PS）代表了未来的发展方向。在高等学校印刷工程专业开设这门课程，目的是使学生系统地了解和掌握相关知识，以适应当前印刷系统发生的变革，并能积极地参与到这次技术革命中。

1.1　集成化智能印刷系统是发展的必然

智能制造已成为工业发达国家确保未来竞争力和地位的主攻方向。中国制造也面临着创新驱动发展、智能转型升级的新机遇和新挑战，从低端发展到中高端、从传统制造迈向智能制造，已成为必然的趋势，是制造强国的必由之路。在这一宏大的背景下，我国印刷工业面临着难得的转型升级的发展机遇，智能印刷成为我国印刷工业未来的必然趋势和主流方向。

市场需求推动技术进步，社会经济发展对印刷行业提出的要求倒逼企业加速向集成化智能制造改变。

从制造角度来看，传统印刷系统暴露出的各种问题大致可以分为三类：库存和生产不同步、员工短缺及不适应网上办公。

库存和生产不同步的原因可能有：①远程办公不能及时获得库存情况；②车间人员短缺，车间物料消耗情况没有及时反馈；③紧急业务印刷系统响应缓慢；④上游供应链生产情况不清楚；⑤物流配送资源不充足等。员工短缺的原因可能有：①印包制造是人员密集型生产；②设备运行依赖人工现场控制；③人员的生产经验影响生产质量；④车间物资转送、信息采集传送挤占了人员使用。不适应网上办公的原因有：①相关办公软件要在家庭电脑里安装；②需要拷贝办公电脑里的办公数据；③原办公管理系统不适用于远程办公；④“线上获客”能力不足；⑤公司敏感数据获取难等。

从问题产生的根源进行分析，则会看到产生上述三类问题的本质原因。库存和生产不同步的本质原因应该是：①仓储系统没有与印刷生产车间进行信息集成，车间物料消耗情况不能即时反馈；②仓储系统没有与上游供应链进行信息集成，供应链上的物料供应信息不能即时反馈；③订单数字化、智能化处理能力不强，使得新业务的物料需求计划感知不及时。员工短缺的本质原因有：①印刷生产设备的数字化、集成化、智能化水平低，需要大量的人员现场操作；②精益生产模式下的标准化生产体系未构建，工人操作还以经验为主导，对操作工能力要求高；③基于机器人、自动传送带等的物流智能传送体系未构建；④基于物联网的车间信息感知体系未建立，信息的采集传递依赖于人。不适应网上办公的本质原因则有：①员工不具有数字化办公思维；②未搭建基于云计算的生产控制与管理的云系统，不能实现远程访问相关数据并使用无需安装的云软件服务（SaaS）；③数据分析处理软件不够智能化，导致数据处理、决策过程费时费力；④印刷制造系统和管理系统没有与线上销售平台集成，导致“线上获客”能力薄弱。

面对问题，用“发展”来解决问题，将会给未来照亮可持续的发展之路。在智能制造视域下，“库存和生产不同步”“员工短缺”“不适应网上办公”可以分别转型升级为“智能仓储”“智能车间”“云制造”，从根本上解决问题，并实现可持续的发展。

“智能仓储”采用自动控制技术、智能机器人堆码垛技术、智能信息管理技术等实现仓储与供应链、生产系统的集成，以及仓储无人化管理。它具有快速感知车间物料消耗、快速感知物料供应情况、及时准确了解库存真实数据、合理保持和控制企业最低库存等特点。“智能车间”则通过网络及软件管理系统把数控自动化设备（含生产设备、检测设备、运输设备、机器人等所有设备）实现互联互通，达到感知状态（客户需求、生产状况、原材料、人员、设备、生产工艺、环境安全等信息），实时数据分析的目的，建设可以自动决策和精确执行命令的自组织生产的精益管理车间。“云制造”是在云计算、物联网、虚拟化和服务导向型等技术支持下的一种先进制造模式。云计算涵盖了整个产品生命周期中的设计、模拟、制造、测试和维护，因此通常被看作是一个平行的、网络化的、智能化的制造系统（“制造云”），这个系统可以更加智能地管理生产资源和能力。可以看出这些现代制造系统技术将会从根本上解决传统制造系统中的诸多问题。

面对市场需求新特征，传统印刷系统的转型升级将会使用到精益制造、虚拟制造、柔性制造等丰富多样的现代先进制造系统技术。在众多的先进制造系统技术特征中，有两个突出的特征必定会延续到下一代制造业中，即集成化制造和智能制造。市场需求和工艺需求已经将技术的发展模式由信息密集型转变为知识密集型，其中，大数据分析和知识库在当前的生产环境中扮演着重要的角色。因此，受市场需求和技术进步的驱动，传统印刷系统的未来将是集成化智能印刷。

1.2 本书的主要内容与学习方法

设置“集成化智能印刷系统”这门课程最直接的原因是目前市场对“智能印刷”人才的

需求。当前，“智能印刷”已是各国印刷工业争夺制高点的关键。然而在我国，具有印刷专业背景的智能制造人才相对较少，使得这一领域人才的培养变得必要和迫切。中国要培养自己的印刷科技人才去展开创新研究，为世界的“智能印刷”贡献中国智慧，提供中国方案。

本书的前身为 2016 年出版的《计算机集成印刷系统》，是教育部印刷工程教学指导分委员会的规划教材。近年来智能制造与印刷制造不断融合，因此编者重新梳理了原教材的知识结构，融入了智能印刷的相关知识内容，形成了当前的新版教材，更名为《集成化智能印刷系统》。本书的编写目的，就是希望读者能够系统地学习书中的各知识点，理解印刷系统的集成优化和智能优化思想，为后续的工业应用与深入研究提供必要的基础知识，培养严密的逻辑思维能力。

“集成化智能印刷系统”是“计算机集成制造”和“智能制造”的理论和方法在印刷系统中进一步应用和发展的结果，是传统印刷系统通过对若干计算机集成和智能制造相关理论和技术进行优化而形成的具有高度集成化和智能化特征的新一代计算机集成印刷系统。因此，“集成化智能印刷系统”将更多地关注印刷系统在控制和管理层面上的集成化与智能化的理论和技术，而硬件执行层面的设备关键技术不是本课程关注的重点。也就是说，“集成化智能印刷系统”课程重点强调的是实现集成化智能印刷系统的理论和关键使能技术。为了更好地论述集成化智能印刷系统，本书分为“集成优化篇”“智能优化篇”“开发技术篇”三大部分进行论述。

“集成化智能印刷系统”是理论与工业实践紧密结合、宏观制造科学与单元技术呼应的一门课程，为了使读者能够较好地学习和掌握本门课程的知识点，建议在学习过程中坚持以下四个统一：

① 宏观集成思想与单元技术的统一　集成化智能印刷系统本身就是一个非常宏大的命题。总体来说，“计算机集成制造”和“智能制造”是一种先进制造哲学，正是在这种制造哲学的推动下，进一步发展出对应的工程技术，并将印刷与智造深度融合，最终实现“集成化智能印刷系统”。因此应首先掌握集成化智能印刷系统的集成化和智能化思想，然后在集成化和智能化思想的指导下学习各单元技术，并思考单元技术是如何实现那些思想的。

② 积极借鉴“计算机集成制造”和“智能制造”的成熟理论与注重印刷系统特殊性的统一　目前，在机械加工行业，“计算机集成制造”和“智能制造”应用较为广泛。因此，学习“集成化智能印刷系统”时可以积极借鉴其他行业中集成化智能制造的成熟理论。但要明晰印刷系统和机械制造系统有着本质的区别，如印刷工艺复杂而多样、加工过程是物理化学耦合作用过程、印刷加工更多的是材料的增量加工等。所以集成化智能制造理论必须根据印刷系统的特点进一步发展，实现“本地化”，才能真正地指导“集成化智能印刷系统”的实现。

③ 关注已有典型的成熟技术与重点技术内在优化思想的统一　在实现集成化智能印刷系统的道路上，已经产生了很多使能技术，并且随着科技的发展，未来还会有更多技术出现。因此读者在学习时，不仅要学习好技术本身，同时要多去理解技术底层蕴含的优化思想，这样才能为未来新知识新技术的学习打下良好的基础。

④ 单元技术与其典型应用案例分析的统一　在学习过程中，孤立的单元技术学习往往会让学生感觉到非常抽象。特别是工程技术，纯理论更不利于理解该技术的功能和应用。因此，在学习单元技术知识点时，要结合其在印刷系统中典型的应用案例，如在学习 JDF 技术时要结合“基于 JDF 的集成优化案例”来对照学习，从而为后续解决复杂的工程问题提供思路。

集成优化篇

第2章

系统与系统优化

“集成化智能印刷系统”研究的对象是“印刷系统”，它是通过“计算机集成”和“智能制造”进行系统优化后得到的“印刷系统”。显然，系统的概念是集成化智能印刷系统的基础概念之一。为了理解“集成化智能印刷系统”的概念，了解系统论与系统优化的概念是十分必要的。

2.1 系统论概述

2.1.1 系统论的形成与发展

“系统”一词来源于古希腊语，是“由部分构成整体”的意思。“系统”是作为客观事实的存在，但人类对系统的认识却经历了漫长的岁月。“系统论”这一门科学的出现，代表了人类对“系统”的认识产生了飞跃。

作为一门科学的系统论（system approach），最早可以追溯到20世纪30年代，人们公认是美籍奥地利人、理论生物学家贝塔朗菲（L. von. Bertalanffy）（1901～1972年）创立的。贝塔朗菲的重要贡献之一是通过一段曲折坎坷且坚韧执着的研究历程建立了关于生命组织的机体论，并由此发展成一般系统论。

当时人们在一些学科的研究中，尤其是在生物学、心理学和社会科学中，发现系统的一些固有性质与个别系统的特殊性无关，也就是说，若以传统的科学分类为基础研究，则无法发现和搞清系统的主要性质。贝塔朗菲针对这些问题展开研究，在1932年提出“开放系统理论”，提出了系统论的思想；在1937年提出了一般系统论原理，奠定了这门科学的理论基础。但是他的论文《关于一般系统论》到1945年才公开发表在《德国哲学周刊》18期上，但不久便毁于战火，未被人们注意。其理论直到1948年他在美国再次讲授“一般系统论”时，才得到学术界的重视。此后，系统论思想不断成熟，贝塔朗菲在1950年发表了《物理学和生物学中的开放系统理论》，1955年出版了专著《一般系统论》，成为该领域的奠基性著作。确立这门科学学术地位的标志是1968年贝塔朗菲发表的专著——《一般系统论：基础、发展和应用》（*General System Theory*：*Foundations*，*Development*，*Applications*），该书被公认为是这门科学的代表作。贝塔朗菲对系统论的研究孜孜不倦，直到生命的最后一刻，他1972年发表的《一般系统论的历史和现状》，把一般系统论扩展到系统科学范畴，也提及生物技术。1973年修订版《一般系统论：基础、发展与应用》，再次阐述了机体生物学的系统与整合概念，提出将开放系统论用于生物学研究，以及采用计算机方法并建立数学模型，提出几个典型数学方程式。

“系统论”在贝塔朗菲的研究推动下，逐渐被人们认为是一门综合性的学科。1954年，一般系统理论促进协会成立，系统的研究逐渐进入了一个蓬勃发展的时代。1957年，美国人古德写的《系统工程》一书的公开出版，使“系统工程”一词被广泛地确认下来。系统工程是用一般系统理论的概念和方法来解决许多社会、经济、工程中的共同问题，如能观性、能测性、可控性、可靠性、稳定性、最佳观察等。到了20世纪70年代，计算机技术开始快速发展和广泛应用，系统工程的思想有了充分实现的可能性，因而在更多的领域中得到应用，从军事、航天系统到装备制造、水利、电力、交通、通信等系统，从技术工程到企业管理、科技管理、社会管理系统，系统工程的方法已渗入生活生产的各个领域。由于系统工程应用得如此广泛，因此，系统论日益与控制论、信息论、运筹学、系统工程、计算机和现代通信技术等新兴学科相互渗透、紧密结合。

在中国，“系统工程中国学派”蔚然成林。钱学森在晚年总结了他在美国20年奠基、在中国航天近30年实践、毕生近70年的学术思想，融合了西方“还原论”、东方“整体论”，形成了“系统论”的思想体系。1978年9月27日，钱学森发表学术文章《组织管理的技术——系统工程》，首次在实践与理论层面对系统工程进行清晰梳理，形成了一套既有中国特色，又有普遍科学意义的系统工程思想方法。自此而始，系统工程的应用突破航天领域，彰显出对社会主义建设各个领域的深远价值。钱学森打通了科学与哲学之间的门径，构建起系统工程中国学派。

系统论认为，整体性、关联性、等级结构性、动态平衡性、时序性等是所有系统共同的基本特征。这些，既是系统论所具有的基本思想观点，也是系统方法的基本原则，表现了系统论不仅是反映客观规律的科学理论，还具有科学方法论的含义，这正是系统论这门学科的特点。贝塔朗菲曾表示使用“system approach”来命名系统论的原因是：“system approach”可直译为系统方法，也可译成系统论，即它既可代表概念、观点、模型，又可表示数学方法，这正好表明了这门学科的性质特点。系统论作为计算机集成印刷系统的基础理论之一，计算机集成印刷系统当然也继承了系统论的反映客观规律的科学理论，以及科学方法论的特点。

2.1.2 系统的定义

“系统”的概念从古希腊语开始，到“系统论”的建立与发展，人们已从各种角度研究了系统，对系统下的定义不下几十种。如“系统是诸元素及其顺常行为的给定集合”“系统是有组织的和被组织化的全体”“系统是有联系的物质和过程的集合”“系统是许多要素保持有机的秩序，向同一目的行动的东西”等。一般系统论则试图给出一个能表示各种系统共同特征的系统定义，通常把系统定义为：由若干相互联系、相互作用、相互依赖的要素以一定结构形式联结构成的，具有某种不同于组成要素的新的性质和功能，并处在一定环境下的有机整体。具体来讲，系统的各要素之间、要素与整体之间，以及整体与环境之间，存在着一定的有机联系，从而在系统的内部和外部形成一定的结构。可以讲，要素、联系、结构、功能和环境是构成系统的五个基本条件。

“要素”是指构成系统的基本成分。要素和系统的关系是部分与整体的关系，具有相对性。一个要素只有相对于由它和其他要素构成的系统而言，才是要素；而相对于构成它的组成部分而言，则是一个系统。

“联系”是指系统要素与要素、要素与系统、系统与环境之间的相互作用关系。所谓相互作用主要指非线性作用，它是系统存在的内在根据，是构成系统全部特性的基础；系统中当然存在着线性关系，但不构成系统的质的规定性。“联系”的外在体现是个体间的物质、能量或信息的交换。“联系”表明系统内的要素处于不断的运动之中，系统中任何一个要素的变化都会影响其他要素的变化，进而影响系统的发展；同时，要素的发展也要受到系统的制约，这是因为系统的发展是要素或部分存在和发展的前提。作为一个整体的系统与它的环境进行物质、能量和信息的交换，形成了从系统的输入端到系统输出端的物质流、能量流和信息流。总之，事物是在联系中运动，在运动中发展着联系。

“结构”是指系统内部各要素之间的联系方式，它体现了要素之间物质、能量和信息的交换方式。每一个系统都有自己特定的结构，它以自己的存在方式规定了各个要素在系统中的地位与作用。结构是实现整体大于部分之和的关键，结构的变化制约着整体的发展变化，构成整体的要素间发生数量比例关系的变化，也会导致整体性能的改变。总之，系统的整体功能是由结构来实现的。

“功能”是指系统与外部环境在相互联系和作用的过程中所产生的效能，它体现了系统与外部环境之间的物质、能量和信息的交换关系。系统的功能取决于过程的秩序，如同要素的胡乱堆积不能形成一定的结构一样，过程的混乱无序也无法形成一定功能。从本质上说，系统功能由元素、结构和环境三者共同决定，并由运动表现出来。离开系统和要素之间及其外部环境之间的物质、能量和信息的交换过程，便无从考察系统的功能。

“环境”是指系统与边界之外进行物质、能量和信息交换的客观事物或其总和，它是与系统相关联的，但对系统内部的构成关系不起作用的外部存在。系统边界起到对系统的投入与产出进行过滤的作用，在边界之外是系统的外部环境，它是系统存在、变化和发展的必要条件。虽然由于系统的作用，会给外部环境带来某些变化，但更为重要的是，系统外部环境的性质和内容发生变化，往往会引起系统的性质和功能发生变化。因此，任何一个具体的系统都必须具有适应外部环境变化的功能，否则，将难以获取生存与发展。

在运用系统论对系统进行研究时，要遵循系统论的核心思想和基本思想方法。

“系统的整体观念”是系统论的核心思想。任何系统都是一个有机的整体，它不是各个部分的机械组合或简单相加，系统的整体功能是各要素在孤立状态下所没有的新性质。贝塔朗菲反对那种认为要素性能好，整体性能一定好，以局部说明整体的机械论的观点。同时他还认为，系统中各要素不是孤立地存在着，每个要素在系统中都处于一定的位置，起着特定的作用；要素之间相互关联，构成了一个不可分割的整体；要素是整体中的要素，如果将要素从系统整体中割离出来，它将失去要素的作用。正如“待印刷的纸质”这一要素，在印刷制造系统中是印刷油墨的承印材料，一旦将它从印刷制造系统中分离出来，那时它将不再具备此功能了。

系统论的基本思想方法就是把所研究和处理的对象当作一个系统，分析系统的结构和功能，研究系统、要素、环境三者的相互关系和变动的规律性，并以系统观点看问题。世界上任何事物都可以看作一个系统，系统是普遍存在的。大至浩瀚的宇宙，小至微观的原子，一粒种子、一群蜜蜂、一台机器、一个工厂等都是系统，整个世界就是系统的集合。

2.1.3 系统的分类

系统是多种多样的，可以根据不同的原则和情况来划分系统的类型。

（1）按系统的复杂性分类

从系统的综合复杂程度方面考虑可以把系统分为物理、生物和人类三类。具体地，物理类分为框架、钟表和控制机械三等；生物类分为细胞、植物和动物三等；人类分为人类、社会和宇宙三等，如图 2-1 所示。

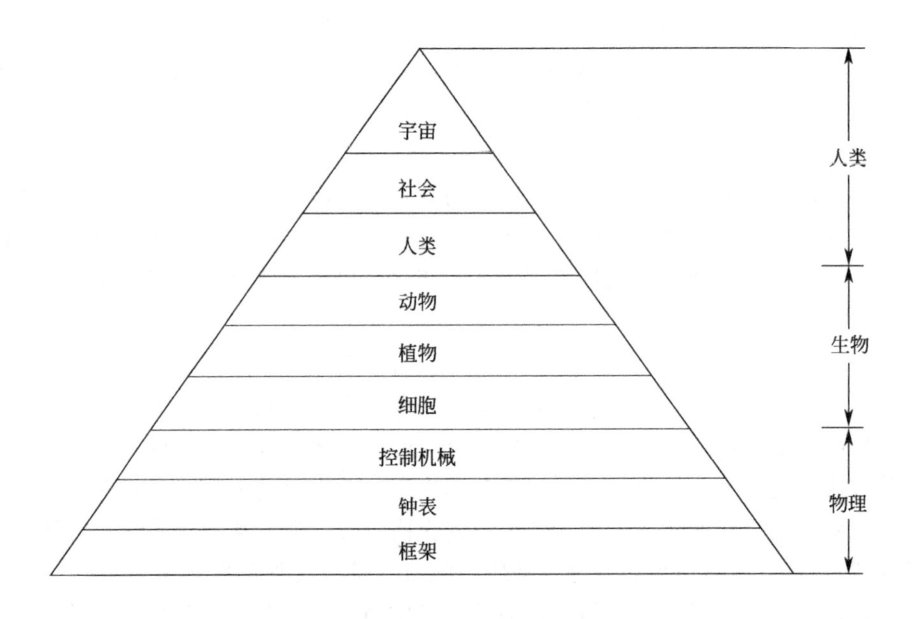

图 2-1　按系统的复杂性分类

由图 2-1 可以看出，系统的复杂性由下向上不断增强。

① 框架　是最简单的系统。如桥梁、房子，其作用是交通和居住，其部件是桥墩、桥梁、墙、窗户等，这些部件有机地结合起来提供服务。它是静态系统（虽然从微观上说它也在动）。

② 钟表　它按预定的规律变化，什么时候到达什么位置是完全确定的，虽动犹静。

③ 控制机械　它能自动调整，如把温度控制在某个上下限内或控制物体沿着某种轨道运行。当因为偶然的干扰使运动偏离预定要求时，系统能自动调节回去。

④ 细胞　它有新陈代谢的能力，能自繁殖，有生命，是比物理系统更高级的系统。

⑤ 植物　这是细胞群体组成的系统，它显示出单个细胞所没有的作用，它是比细胞复杂的系统，但其复杂性比不上动物。

⑥ 动物　动物的特征是可动性。它有寻找食物、寻找目标的能力，对外界是敏感的，

也有学习的能力。

⑦ 人类　人有较大的存储信息的能力，人说明目标和使用语言的能力均超过动物，人还能懂得知识和善于学习。人类系统还指以人作为群体的系统。

⑧ 社会　是人类政治、经济活动等上层建筑的系统。组织是社会系统的形式。

⑨ 宇宙　它不仅包含地球以外的天体，而且包括一切人类所不知道的任何其他东西。

这里①～③层是物理系统，④～⑥层是生物系统，⑦～⑨层是最复杂的系统。集成化智能印刷系统是社会系统，是属于第八等的系统。

（2）按系统的功能分类

按照系统功能，即按照系统服务内容的性质分类，可把系统分为社会系统、经济系统、军事系统、管理信息系统和印刷系统等。不同的系统为不同的领域服务，有不同的特点。系统工作的好坏主要看功能实现的好坏，因此这样的分法是最重要的分类方法之一。

（3）按系统与外界环境的关系分类

按系统和外界环境的关系分类，可以将系统分为开放系统和封闭系统。开放系统是指不可能和外界环境分开，或可以分开，但分开以后系统的重要性质将会变化的系统。如印刷厂就是一个不能与外界分开的开放系统，若不让纸张油墨等原材料进来，不让顾客来购买印刷服务就不能称其为印刷厂。封闭系统是指可以把系统和外界环境分开，外界环境不影响系统重要性质的系统，如在超净车间中印制集成电路。封闭系统和开放系统有时也可能互相转化。我们说企业是个开放系统，但如果将全国甚至全球都当成系统以后，那么总的系统就转化为封闭系统。

（4）按系统的人类干预情况分类

按系统的人类干预情况分类，可以将系统分为自然系统和人工系统。自然系统指以天然物为要素，由自然力而非人力所形成的系统，如天体系统、气象系统、生物系统、生态系统、原子系统等。人工系统指由人力形成的系统，如印刷系统和信息管理系统等。

（5）按系统的内部结构分类

按系统内部结构分类，可把系统分为开环系统和闭环系统。开环系统又可分为一般开环系统和前馈开环系统，如图 2-2(a) 所示。闭环系统又可分为单闭环和多重闭环系统，如图 2-2(b) 所示，闭环中既可能包括反馈，又可能包括前馈。

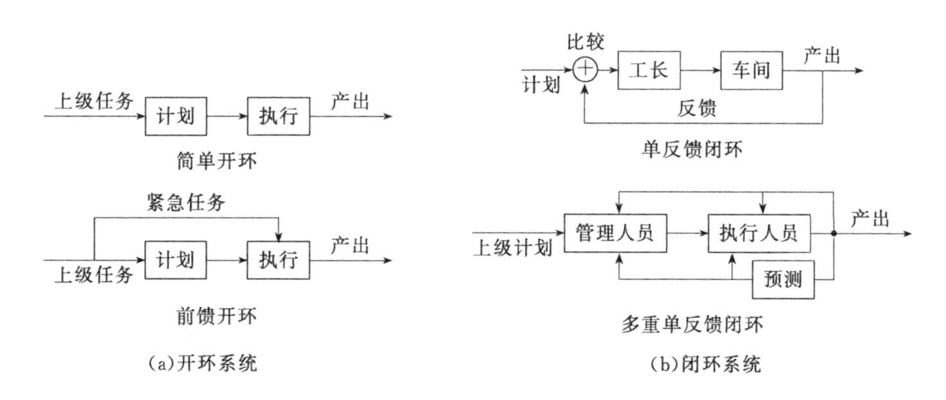

图 2-2　按系统的内部结构分类

2.1.4 系统的特征

无论是何种分类的系统，它们都具有以下四个共同的特征：

（1）整体性

系统的整体性又称为系统性，通常理解为“整体大于部分之和”。这就是说，系统的功能不等于要素功能的简单相加，而是往往要大于各个部分功能的总和。它表明要素在有机地组织成为系统时，这个系统已具有其构成要素本身所没有的新质，其整体功能也不等于所组成要素各自的单个功能的总和。

根据整体性的这一特点，在研究任何一个对象时，不能仅研究宏观上的整体，也不能仅研究各个孤立的要素，而是应该了解整体是由哪些要素组成的以及在宏观上构成整体的功能。这就是说，人们在认识和改造系统时，必须从整体出发，从组成系统的各要素间的相互关系中探求系统整体的本质和规律，把握住系统的整体效应。例如，教育管理者在分析课堂教学系统时，在找到教师和学生这两大要素之后，必须从教师和学生、学生和学生之间的关系入手，并且还要注意到这些关系不是一成不变的。教育管理者只有把这些关系和关系的改变考虑在内，才能从整体上把握课堂教学的性质和规律。因此，全方位地分析多个变量因素及其内在联系，使局部服从整体，使整体功能为最优，应成为每一个系统研究者分析和解决问题的出发点。

（2）层次性

任何较为复杂的系统都有一定的层次结构，其中低一级的要素是它所属的高一级系统的有机组成部分。系统与要素、系统与环境是相对的，就自然界而言，从宇宙大系统到基本粒子系统，存在着若干层次，各层次之间又相互交叉，相互作用。从社会生活来看，公共领域和非公共领域是社会生活的两大基本领域，因此可以把现代社会的管理划分为公共管理和企业管理两大类型。而在公共管理和企业管理之下，还可划分为许多不同层次的管理子系统，这样逐层都有着系统与要素的关系。一般而言，系统的运动能否有效及效率高低，很大程度上取决于能否分清层次。因此，研究系统的层次性对于实行有效管理具有重要的意义。当人们面对一个复杂系统时，首先，应搞清它的系统等级，明确在哪个层次上研究该系统。其次，运用分析和综合的方法，根据系统的实际情况把系统分为若干个层次，然后把系统的各个部分、各个方面和各种因素联系起来，考察系统的整体结构和功能。最后，在此基础上，进一步明确层次间的任务、职责和权利范围，使各层次能够有机地协调起来。

（3）目的性

所谓目的性，是指系统在一定的环境下，必须具有达到最终状态的特性，它贯穿于系统发展的全过程，并集中体现了系统发展的总倾向和趋势。一般而言，系统的目的性与整体性是紧密联系在一起的，若干要素的集合就是为了实现一定的目的，可以说，没有目的就没有要素的集合。因此，人们在实践活动中必须先确定系统应该达到的目的，以明确系统可能达到什么样的最终状态，以便依据这个最终状态来研究系统的现状与发展。其次，实行反馈调节，使系统的发展顺利导向目的。例如，企业就是以盈利为目的而进行生产和服务的经济组织，在市场经济下，企业的生命力在于其经济效益，因此，经济效益的最大化是企业组织追逐的根本目标。由于经济效益是通过企业盈利来实现和衡量的，因此管理者必须运用反馈控制的方法，使企业的其他目标能够顺利地服务和服从于这一总目标。

（4）适应性

任何系统都存在于一定的环境之中，都要和环境有现实的联系。所谓适应性，就是指系统随环境的改变而改变其结构和功能的能力。系统在适应性方面涉及三种不同的情况：第一，系统原有稳定状态被破坏后，逐渐过渡到一个新的稳定状态，即依靠系统本身的稳定性来适应环境的改变；第二，当系统稳态被破坏后，依靠系统内部或人为提供的一个特殊机制，抗拒环境的干扰，修补被破坏的因素，使系统回到原来的稳定状态；第三，系统由于突然的、强大的干扰，稳态结构迅速被破坏，一个新的稳定形态迅速形成。

基于系统的上述特征，在认识和改造一个制造系统对象的过程中，应该遵循以下四个系统原理的原则：

① 动态相关性原则　该原则是指任何企业制造系统的正常运转，不仅要受到系统本身条件的限制和制约，还要受到其他有关系统的影响和制约，并随着时间、地点以及人们的不同努力程度而发生变化。

② 整分合原则　该原则的基本要求是充分发挥各要素的潜力，提高企业制造系统的整体功能。首先要从整体功能和整体目标出发，对目标对象有一个全面的了解和谋划；其次，要在整体规划下实行明确的、必要的分工或分解；最后，在分工或分解的基础上，建立内部横向联系或协作，使系统协调配合、综合平衡地运行。

③ 反馈原则　它指的是成功而高效的控制与管理，离不开灵敏、准确、迅速的反馈。

④ 封闭原则　该原则是指在任何一个制造系统内部，控制手段和管理过程等必须形成一个连续封闭的回路，才能形成有效的生产控制与管理。

2.2 系统的优化

2.2.1 系统结构的优化

为优化系统的性能，对系统结构进行一些改变常常是有效的。在制造系统中经常应用的方法有分解、归并和解耦三种。所谓分解就是把一个大系统按各种原则分解为子系统。如在精品纸盒的纸盒工序中，将制盒工序分解成若干个子工序，由不同的人或设备进行流水操作，从而提高生产效率和成品优良率。所谓归并是把联系密切的子系统合并到一起，减少子系统之间的联系，使接口简化并且清楚。如胶装联动线把配页到上封面之间的多个可单独成设备的功能模块集合成一个全自动胶装设备，从而大幅提高了生产效率，降低用工量，进而降低生产成本。解耦是在相互联系很密切的子系统间加进一些缓冲环节，使它们之间的联系减弱，相互依赖性减小。解耦常通过缓冲库存、松弛资源和应用标准来实现，如图 2-3 所示。

应用缓冲库存可使前后两个子系统相对独立。如在生产线中间有个原料库存，生产就不至于因为原材料输送的问题而停顿。在信息系统中往往用缓冲存储器或暂存文件来协调外部设备和主机运行速度的不一致，从而提高整个系统的效率。

松弛资源应用于当一个子系统的输出直接作为另一子系统的输入的情况。这种应用可以使两个系统相对独立。这种材料、能力、时间上的松弛使两个系统不会产生不一致的现

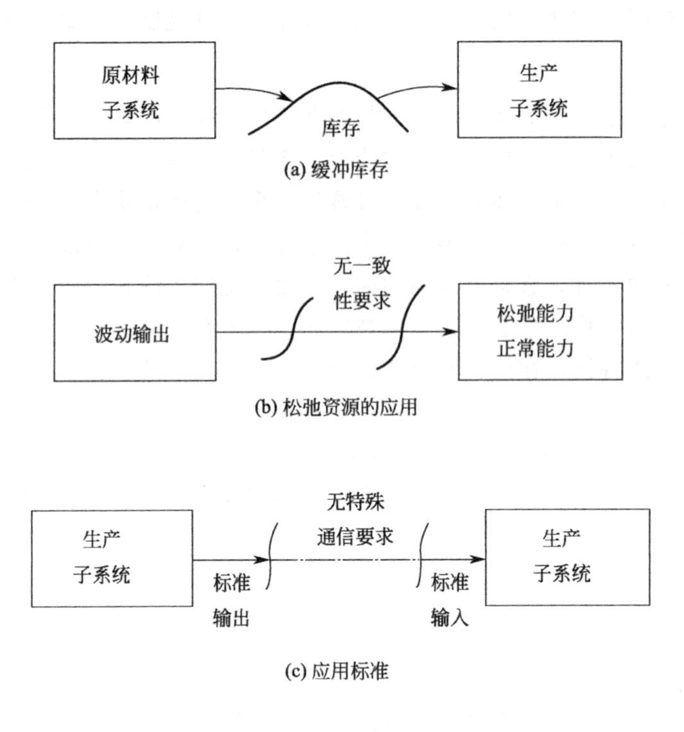

图 2-3 系统解耦的办法

象。如具备不停机换纸的轮转印刷机中含有浮动辊的储纸单元就是连接输纸单元和印刷单元的松弛资源。

应用标准可以把系统间的联系切断，前面系统只产生达到标准的产品，后面系统只按照标准接收产品，这样就简化了系统的通信。在管理中的质量标准、成本标准等，在信息系统中的标准代码、标准格式等，充分利用这些标准对系统进行控制是很有效的方法。

利用解耦不仅减少了系统间的物理联系，而且可以减少系统间的通信。利用解耦可以提高系统的能力，但其也有缺点：解耦是局部的优化，未必是全局的优化，甚至可能是全局的劣化，如过分强调生产线的效率，会使库存费用大大增加，可能使全局费用升高。因此，如何利用解耦，还要根据具体的情况分析。但一般来说，子系统间联系越紧，对控制要求也就越高，如日本的零库存生产线。子系统之间的联系越松，系统间的通信要求越少，越有利于调动子系统的积极性。

2.2.2 系统集成的优化

系统集成是为了达到系统目标将可利用的资源有效地组织起来的优化过程和结果。系统集成的结果是将部件或小系统连成大系统。单个计算机一般不能算是系统集成，把多个计算机用网络连接起来就可算是系统集成。把生产管理系统、生产控制系统和管理信息系统（MIS）连通，这也属于系统集成，而且是比计算机联网更高级的集成。

系统集成在概念上绝不只是连通，而是有效地组织。有效地组织意味着系统中每个部件均得到有效的利用，或者反过来说，为了达到系统的目标所耗的资源最少，包括系统内运行设备和系统运行消耗最少。系统集成是要达到系统的目标，这个目标要达到“1+1>

2”的效果，即系统的总效益大于各部件效益的总和，集成的系统所达到的效益是每个分系统单独工作无法实现的。

系统集成已被视为系统优化的重要手段。因为系统集成后的系统是系统之上的系统，是复杂的系统，是关系全局的系统，如果没有系统集成，则系统效益实现就会出现瓶颈，各部件的潜能效益均无法发挥。国内现在大多数印刷企业购买的各种印刷工作流程软件、带有中央控制台的印刷和印后设备等软硬件没有发挥出应有的系统效益，这些都是集成效果不佳所致的。

综上所述，系统结构优化与系统集成优化都是系统优化的有效手段，但它们又有着本质的区别：系统结构优化是局部的、战术上的优化，而系统集成是全局的、战略上的优化。

在不同企业和不同应用场景下，集成系统具有不同的构成和功能。像其他任何对象的分类一样，由不同的角度可以把系统集成分为不同的类型。按照覆盖范围可以分为部门级集成、企业级集成、企业间集成；按照系统之间的耦合紧密程度可以分为松散集成和紧密集成；按照企业集成的方向可以分为横向集成和纵向集成；按照系统集成优化的程度可以分为连通集成、共享集成和最优集成；按照系统集成实施的具体程度可以分为概念集成、逻辑集成和物理集成；按照系统集成的深度可以分为信息集成、过程集成和企业集成。

（1）按照覆盖范围分类

部门级集成是指由多个不同的功能系统通过集成形成功能更强的集成化系统，如ERP（企业资源计划）系统与印前流程系统。企业级集成是指一个企业内部业务过程的集成。企业间集成是指一个企业的业务过程与另外一个企业的业务过程集成，或不同的企业共享一些业务过程。

（2）按照耦合紧密程度分类

松散集成是指系统之间仅仅交换信息而不管对方是否能够解释这个信息，或者说它们的集成仅仅是语法层的集成，而不是语义层的集成。两个系统被称为紧密集成，当且仅当：①每个系统的内部规格（specification）仅仅由本系统知道，即本系统不知道其他系统的定义；②两个系统共同为完成一个任务做贡献；③两个系统对于它们之间交换的（概念）信息有相同的定义。例如，使用不同技术和语言建立起来的两个系统，它们采用相同的标准协议来交换信息，就称为紧密集成。

（3）按照企业集成的方向分类

横向集成是指从产品需求到产品发运业务过程的集成，它跨越了组织壁垒。这种集成通常依赖于所使用的技术（受到数据交换量、所使用的数据交换格式、使用局域网还是广域网等因素的约束），它主要考虑的是与技术相关的流，即物料流和技术文档流。纵向集成是考虑不同的企业管理层之间的集成，即决策集成，主要涉及决策流的集成。如上级管理层的指令或目标传递到下级管理层，反馈信息或状态报告由下层传递到上层。

（4）按照系统集成的优化程度分类

① 连通集成　顾名思义就是首先保证设备能互相连通。尽管计算机桌面处理，用户友好的软件以及一些通信设备能很好地工作，但连通的目标仍然是很难实现的。连通性（connectivity）是指计算机和以计算机为基础的设备在无人干涉的情况下相互通信和共享信息的性能。缺乏连通性的情况是很多的，例如：

a. 计算机经常不能从主干机器或其他品牌的计算机取得信息。

b. 下游设备不能直接读取上游设备产生的数据。

c. 由于不同设备有自己的通信规范，因此不同公司的设备很难建立互通的网络。

连通性不只是联网而已，还应具有其他一些性能。例如，应用程序兼容性，同样的软件可应用于不同的机器上；移植性，由老一代软件移植到新一代软件上；协同处理性，利用主干机、部门机和计算机联网，协同解决同一个问题；信息兼容性，在不同的硬件平台和软件应用程序间共享计算机文件；互用性，软件应用程序应用于不同的硬件平台，而又保持一样的用户界面和功能的能力。所以在一个大的计算机系统中连通性的要求是很多的，当前的大多数系统均没有达到理想中的程度。

② 共享集成　是指整个系统的信息能被系统中所有的用户共享。这种要求看起来很容易做到，但实际上是很难的。一般来说，这里应当有个共享的数据库，其内容为全系统共享，而且要维护到最新状态。除此之外，所有用户的数据在有必要时，也容易接受其他用户在访问权限内的访问。共享集成还可以包括应用软件的共享，在网络上提供很好的软件，用户容易应用或下载，不必要每台机器均独立装设许多软件等。目前，“云服务”技术将成为实现共享集成的重要支撑技术之一。

③ 最优集成　是最高水平的集成，是理想的集成，但也是很难达到的集成。一般只有在新建系统时才能达到。在新建系统时，充分了解系统目标，自顶向下，从全面到局部，进行规划，合理确定系统的结构，从全局考虑各种设备和软件的购置，达到总经费最省，性能最好。实际上随着时间的推移和环境的改变，原来最优的系统，在开始设计时它是最优的，建成以后就不再是最优的了。所以最优系统实际上是相对的，最优系统是持续优化的过程和结果。

（5）按照系统集成实施的具体程度分类

形象地说，概念集成是看不见摸不着的；逻辑集成是看得见摸不着的；而物理集成是看得见摸得着的。它们一个比一个更具体，但从重要性来说，概念集成是最重要的，是决定一切的。

现实问题总要经过人的表达，根据这种表达提取经验与知识，接着就要进行概念的集成。首先是定性地给出解决问题的思路，有可能的话，给出定量的边界，勾画出系统集成的模型或框架；然后再利用深入的知识，包括规则和公式，将其深化成为逻辑集成模型，利用逻辑集成模型和状况表达比较，以确定集成策略能否很好地解决这个问题；最后再进行物理集成和实现。

概念集成是最高层抽象思维的集成，它是定性的，依据经验和知识来确定解决问题的总体思路。集成策略是进行集成的执行途径。往往由于集成策略的不正确，很好的集成思想无法得到实现。由概念集成到逻辑集成，再到物理集成是一个由概念到逻辑，再到物理实施的过程，也可说是系统集成从战略到战术、从抽象到具体的思维与实现过程。

（6）按照系统集成的深度分类

① 信息集成　是指系统中各子系统和用户的信息采用统一的标准、规范和编码，消除数据冗余，实现系统内数据形式统一和全系统信息共享。显然，标准化是信息集成的基础。

② 过程集成　是将一个个孤立的应用集成起来形成一个协调的企业运行系统。如对

过程进行重构（process reengineering），应改变造成产品开发过程经常反复的串行过程和并发过程，尽可能多地转变为并行过程，在设计时就考虑到后续工作中的可制造性，把设计开发中的信息大循环变成多个小循环，从而减少反复，缩短开发时间。

③ 企业集成　是指为提高自身的市场竞争力，企业必须面对全球制造的新形势，充分利用全球的制造资源，以便更好、更快、更节省地响应市场。

系统集成是一个逐步发展、逐步完善的过程，最终的集成系统就是计算机集成制造系统（CIMS）。

2.2.3　系统性能的评价

判断一个优化后的系统的好坏可以从以下四点观察：

① 目标明确　每个系统均为一个目标而运动。这个目标可能由一组子目标组成。系统的好坏要看它运行后对目标的贡献。因此，目标明确、合适是评价系统的第一指标。

② 结构合理　一个系统由若干子系统组成，子系统又可划分为更细的子系统。子系统的连接方式组成系统的结构。结构应连接清晰、路径通畅、冗余少，以达到合理实现系统目标的目的。

③ 接口清楚　子系统之间有接口，系统和外部的连接也有接口，好的接口其定义应十分清楚。例如，世界各国组成的系统，各国之间发生交往均要通过海关进行，海关有明确的人员和货物的出入境规定。再如，工厂和原料供应单位、工厂和运输部门之间的接口都有明确的规定。例如，一个玻璃厂委托铁路运玻璃，按照铁路规定，玻璃要用木架装好，内填稻草或其他填料，铁路要保证防震达到一定水平，工厂有责任包装好，铁路有责任维护好，如果工厂包装达到了接口条件，因野蛮装卸而损坏，责任应由铁路方承担，并应赔偿，如工厂包装未达到要求，则责任应自负。

④ 能观能控　通过接口，外界可以输入信息控制系统的行为，可以通过输出观测系统的行为。只有系统能观能控，才会有用，才会对目标做出贡献。

第3章

印刷系统的数字化

印刷系统的数字化联网优化是集成化智能印刷系统实施的基础与开端。本章将首先通过对印刷企业内主要的功能领域和技术过程进行描述，让读者了解印刷系统的功能架构概貌；然后在此基础上讨论这些过程在有效运行时需要获得哪些信息支撑，了解印刷系统在数字化联网时需要对哪些数据内容进行数字化与共享；最后，本章简要阐述了印刷系统的数字化联网优化路径与实施。

3.1 印刷企业结构及部门分工

在一个完整的印刷企业内部，包含着丰富的领域和过程。图3-1描述了一个典型的印刷企业结构概况，给出了印刷企业的主要功能领域和主要流程。

如图3-1所示，一个完整的印刷企业可以划分为7大领域：战略性管理、营销、印前、印刷、印后、物流和采购。在这些大领域中又包含一些细分领域和主要过程。在印刷企业与外部环境的联系中，营销和物流领域与客户密切联系，采购领域与供货单位密切联系。下面将分别对主要的几个领域和过程的功能与需要的支撑信息进行说明。

（1）“营销”领域

“营销”可以定义为以公司满意的利润为客户提供需要的产品，营销人员、客户和印刷企业密切联系。因此，在“营销”领域，包含的主要过程完全是以客户或潜在客户来定位的。这些主要过程如下：

- 市场分析。
- 营销行为的计划和执行。
- 挖掘新客户。
- 对现有客户的维护和服务沟通。
- 接受业务咨询。

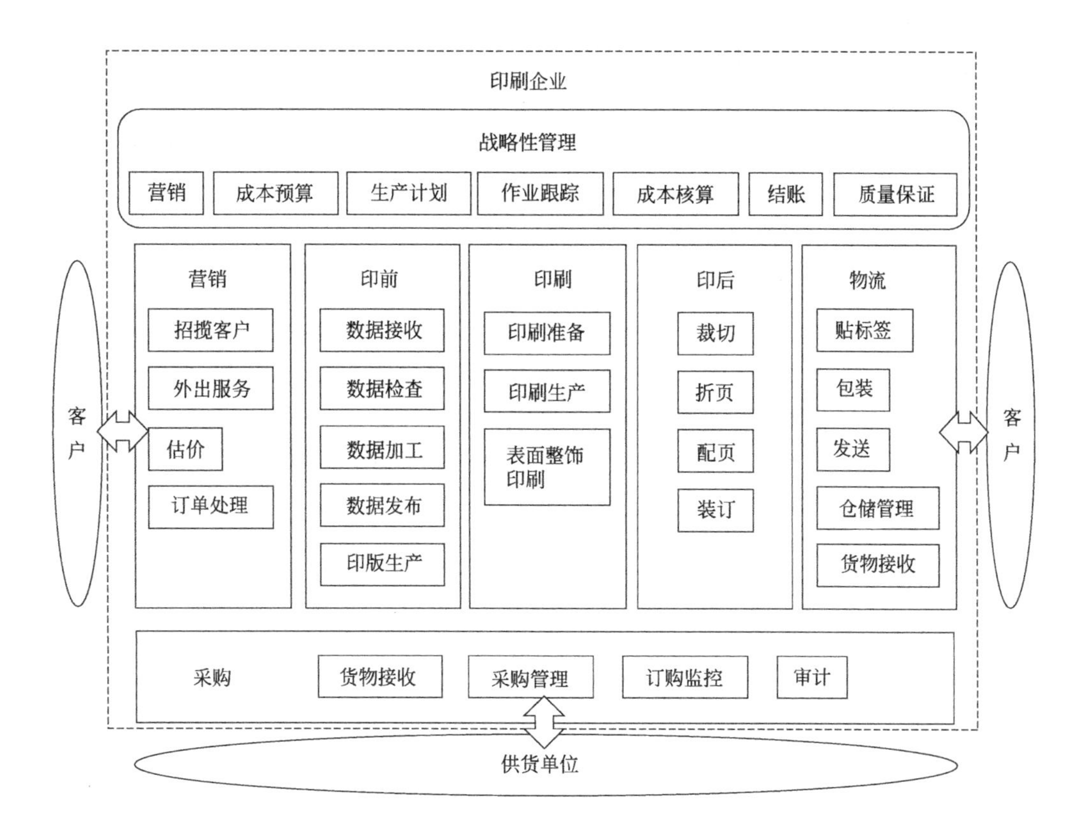

图 3-1 联网的印刷品生产企业的功能区和过程

- 明确或复核订单的细节。
- 选择一个合适的交货期。
- 客户调查，包括识别新老客户，了解信誉度、回访以前做过的业务。
- 订单成本估算。
- 创建订单等。

为了让“营销”给印刷企业带来尽可能多的客户并创造令人满意的利润，这些过程不仅需要与客户相关的数据（如客户信息、产品要求和期待的交货期等），也需要来自自己企业的数据（如能够生产的产品、技术特点、成本特点、生产能力和能提供的交货期）作为支撑。

（2）“估价”和“订单处理”过程

“估价”和“订单处理”过程都包含在“营销”领域。它的主要任务是根据订单的要求进行成本估算，得到一个准确的估价，然后给客户一个具有足够利润空间的定价。除此之外，还需要对订单的一些细节进行商定。它包含的主要过程如下：

- 创建一个订单的成本核算。
- 复核订单任务。
- 修改成本预算。
- 确认订单。
- 创建任务单和商定交货期。

- 实施结算。

“估价”最重要的任务就是得到的估价准确，这样才能产生一个合理的定价。因此，订单产品的结构细节、计划采用的生产流程和企业成本特点等信息对于“估价”过程是非常重要的。在一个联网的印刷企业中，签订的订单的相关数据应该可直接递交到“生产计划”过程中并用于生产过程的计划与控制。显然，通过这样紧密的一个内在关联，不仅可以避免数据的重复输入，还可以改善订单成本估算的质量。

（3）“生产计划”过程

“生产计划”可以是基于人工智能的一套智能系统，可预测一系列生产作业的各道工序，并对各项生产作业进行安排，确保以最高效率按时完成。“生产计划”是生产阶段的启动与实施过程，并需要工作进展情况的反馈来实现闭环的生产控制。如果产品生产计划和控制得当，则潜在生产能力将得到充分发挥，从而更容易实现按时交货，并能在不中断其他产品生产的情况下满足紧急产品的生产需要。该领域包含的主要过程如下：

- 确定生产方法。
- 分析生产工序的结构。
- 制定物料需求。
- 计划生产任务量。
- 制定生产顺序。
- 制定各个生产部分的进度表。
- 准备生产相关数据。
- 分配生产任务。
- 准备生产所需物料。
- 计划在不同设备和工作站上的生产任务。
- 监视生产进展和生产进度。

要实现一个良好的“生产计划”过程，除了签订订单的相关数据，生产任务在车间实时准确的生产运行数据也是必需的。

（4）“印前”领域

在整个印刷企业生产中，进行实质的印刷生产是印前、印刷和印后三个领域。通过这三个领域的协同工作，可将客户的生产意图转变为实质的印刷成品。在“印前”领域最主要的任务是“合格的印前数据制作”和“印版制作”。在“印前”领域里包含的主要过程如下：

- 给营销和客户提供建议。
- 检查和修正图文数据。
- 制作 PDF 文件、打样、修正。
- 拼大版。
- 印版生产、检查和归档。
- 获取生产运行数据和物料数据。
- 监视生产和雇员工作的进度和质量。

从上面描述的主要过程可以发现，“印前”与“营销”领域有交叉的部分，如给营销和客户提供建议和图文数据的接收与修正意见。因此，在联网的印刷企业中，各操作区必须清楚各自负责的处理过程和执行权限，这样才能保证高效和高质地完成工作。

（5）“印刷”领域

“印刷”紧跟“印前”之后，“印刷”是应用印前产生的数据和生成的印版进行印刷生产，获得合格的印张。“印刷”领域包含的主要过程如下：

- 设备调试准备。
- 在机打样。
- 后续正式印刷。
- 获取生产运行数据和物料数据。
- 监视生产和雇员工作的进度和质量。

在联网的印刷生产环境下，“印刷”领域接收来自“印前”与作业相关的预设数据（如墨量预设文件），对于设备调试准备、在机打样和正式印刷都是很有意义的，因为它能显著缩短印刷机的调试准备时间和减少印刷废张量。

（6）“印后”领域

“印后”是印刷生产的最后一个阶段，是对合格的印张进行进一步加工，获得符合客户要求（如成品结构、成品尺寸和装帧形式等）的印刷成品。“印后”领域包含的主要过程如下：

- 设备准备。
- 执行生产，包括配帖、装订和裁切等。
- 获取生产运行数据和物料数据。
- 监视生产和雇员工作的进度和质量。

同样，根据“印前”领域的“拼版”数据生成的“折页预设”数据和根据订单中成品尺寸生成的裁切数据都将大大缩短折页机和裁切机的调试准备时间。但这些都必须基于一个良好的联网环境，否则就很难实现预设操作自动化。

（7）“发送”过程

“发送”过程直接属于物流领域，但在许多企业“发送”的过程往往集成在“印后加工”中，用于成品的发送。其包含的主要过程如下：

- 对产品进行包装、贴标签和托盘化运输。
- 载运托盘。
- 获取生产运行数据和物料数据。
- 监视生产和雇员工作的进度和质量。

上面的过程不仅直接属于物流领域，还会归属到一些其他领域，如“采购管理”和“仓储管理”等。

（8）“采购管理”过程

“采购管理”进行材料采购以满足生产计划的物料需求。作为采购领域的组成部分，该过程还需发展与供货商的关系。此外，“采购管理”必须在符合质量要求的前提下以最低成本采购并存储材料。“采购管理”过程的主要过程如下：

- 通过咨询，进行价格和性能的比较。
- 物料订购。
- 监视订购的进度。

- 物料集中采购。
- 物料的质量检测。
- 仓库状态监视。
- 货物接收。

（9）“仓储管理”过程

“仓储管理”是“物流”领域重要的组成部分，与“物料采购”紧密联系。“仓储管理”中的一些信息是“物料采购”的重要依据。例如，当库存降至预定水平时，需要发出新的采购订单。同时，“仓储管理”又根据“印前”“印刷”“印后”的物料需求按时按量地分配生产所需材料，进而保证正常生产。“仓储管理”过程包含的主要过程如下：

- 货物移交的交接。
- 依照提货单的货物分发。
- 货物移交的质量审查。
- 分配货物的仓储位置。
- 印前、印刷和印后阶段的物料供给。
- 仓库状态监视。
- 仓库盘点。
- 获取生产运行数据和物料数据。

从上面的描述中可以看出，“仓储管理”中的一些过程是相互交错的，所以各个企业要根据各自特点来决定对这些过程是采用“集中式”还是“分散式”进行管理和操作。

（10）“财务管理”领域

在各个不同的印刷企业中，“财务管理”始终是集中管理的。有效控制财务对于印刷企业来说是一个非常关键的问题，因为它与企业的成功经营密切相关。“财务管理”可以细分为“资产财务管理”“工资财务管理”“成本控制与核算”。

在“资产财务管理”领域中最活跃的是流动资产的管理，它包含的主要过程如下：

- 供货商账单的审查和结账。
- 客户结算。
- 核算付款收入。
- 对欠款发出催款通知。

在“工资财务管理”领域包含的主要过程如下：

- 管理每位员工的工作工时和休息时间。
- 计算月工资、全年工资和加班费用。
- 月工资、全年工资和加班费用的转账等。

在“成本控制与核算”领域包含的主要过程如下：

- 作业的成本核算。
- 对各个成本中心（如印前、印刷、印后、销售和一般管理等）进行成本计算。
- 预定目标生产效率与实际生产效率间的比较。

（11）“质量保证”领域

“质量保证”也是一个集中管理的领域，主要是担任整个印刷生产全过程的质量控制与问题处理。其包含的主要过程如下：

- 确定检测的质量问题的特征。
- 确定检测方法和检测周期。
- 材料进入前的检测控制。
- 在线的生产控制。
- 质量问题的统计与评估。
- 质量问题的分析和确定补救措施。
- 客户的索赔处理。
- 供货商的索赔处理。
- 质量日志的创建与维护。

按照印刷企业的规模和结构，这些集中的领域或部分过程会由单个的专业组来承担，或由一个兼职来处理不同的过程。在使用软件或硬件进行联网之前，要对每个过程进行详细分析，甚至需要在一定情况下进行一定程度的优化，如进一步清晰地定义过程和相关权限。

3.2 印刷系统中的信息与分类

印刷系统中，包含了各种各样的技术信息和商业信息，这些信息可以细分为以下 7 种数据：

- 内容数据（content data）。
- 主数据（master data）。
- 作业数据（job data）。
- 生产数据（production data）。
- 控制数据（control data）。
- 运行和设备数据（operating and machine data）。
- 质量数据（quality data）。

（1）内容数据

印刷生产是基于内容的生产。印刷服务提供商按照一定的要求对内容数据进行加工并最终得到与内容一致的产品。因此，内容数据包含了用于印刷生产的各种图文信息。内容数据可能有不同的来源，可以是出版社编辑部、广告公司、杂志社，甚至是网络下载等。印刷服务提供商获得这些数据后进行印刷品或电子出版的生产。不同的输出媒介（如纸张或 Internet），其内容数据的要求也不同，内容数据应适合输出媒介。因此，在接收内容数据后要对数据文件的格式、色彩是否正确、图片的尺寸、图像的分辨率、文本的正确性等方面进行检查，以保证后续工序的顺利进行。近年来，便携式文件格式（portable document format，PDF）已经成为印刷工业中用于内容数据传输的格式，并且 PDF 的“预飞”工具也极大地提高了对内容数据的检查效率。

PDF 是 Adobe 公司继 PostScript 后于 1993 年推出的，是适于在不同的计算机平台上传输和共享文件的一种开放式电子文件格式。美国印刷技术标准委员会（Committee for Graphic Arts Technology Standards，CGATS）应报业出版和广告商的要求，为使 PDF 真正成为印前工作环境的数据交换格式，协同美国标准委员会（ANSI）制定出 PDF/X

族文件格式标准。PDF/X 作为 PDF 的一个子集，已经在印刷工业中被广泛使用。并且，随着可变印刷的不断发展，结合 PDF 优点在可变数据交换领域发展出新的文件格式，如 PPML/VDX。

（2）主数据

主数据包含了产品结构、设备、人力资源、生产结构，以及客户和供应商的地址等信息。主数据是一种在订单管理、生产计划和生产等企业的各个领域不断地被重复使用的数据，同时它不能大量地被修改，因此它最好被存储在中央数据库中，采取集中的数据维护方式，操作者可以在各自的工作站通过访问权限来使用这些数据。这样主数据既能被整个企业中的用户端使用，又能将主数据维护好。

（3）作业数据

作业数据是一个作业描述，包括了产品订单和产品技术说明。作业数据是在作业被输入订单管理系统后不久，在订单确认的时候创建的，但一般会早于报价。订单管理系统是一个应用软件，它能够对订单进行报价和订单处理。在印刷工业中，这类系统通常又被称为报价管理系统。随着信息技术的发展，越来越多的客户开始利用互联网在线提交作业数据。

作业数据的产生是为了确保作业能平稳地贯穿于整个生产过程，它以作业传票（job ticket）的方式传给各个工作站。其中，作业数据中作业的名称和编号、客户的名称和编号等在创建以后是固定不可更改的。

（4）生产数据

生产数据定义了生产时所需的具体技术参数。它大体上创建于作业的准备和印前阶段，并以包含在电子作业传票中的方式传递给下游的生产资源。生产数据并不关联到明确的设备上，因此它还具有相对的柔性。生产数据使用工业标准进行编码，如 ICC 特征文件（ICC profiles），PPF、PJTF 和 JDF 等数据格式。

（5）控制数据

控制数据是用于直接驱动设备运行的驱动数据。在印刷生产过程中，生产数据中的具体技术参数可被转换成设备和设备驱动控制软件的控制数据。例如，校准曲线和 ICC 特征文件就可以转换成设备的控制数据。生产操作者可以在控制台使用合适格式的生产数据直接控制生产。然而，控制数据不仅仅是由印前阶段的生产数据转变而来的，设备控制还常常需要其他不同内容的控制数据，以直接或其他合适的方式输入控制台。例如，在控制印刷生产时印刷单元的作业分配、润版液的使用、喷粉时间的长短等就并非来自生产数据。图 3-2 所示为在 CP 2000 中墨区预设控制数据分别控制各印刷机组的 23 个墨区的墨量。

（6）运行和设备数据

运行数据就是传统上职员每天做的生产日志。它不仅提供了与作业相关的关于生产资源使用和材料消耗等信息，还包含了如设备维修时间、空闲时间等与作业不相关的数据。设备数据是直接来自设备或工作流程的技术数据。

运行和设备数据常被用于评估生产控制目标的实现情况和生产成本。通过评估这些数据可以得到关于生产资源的状态、利用情况和有效性等相关信息。

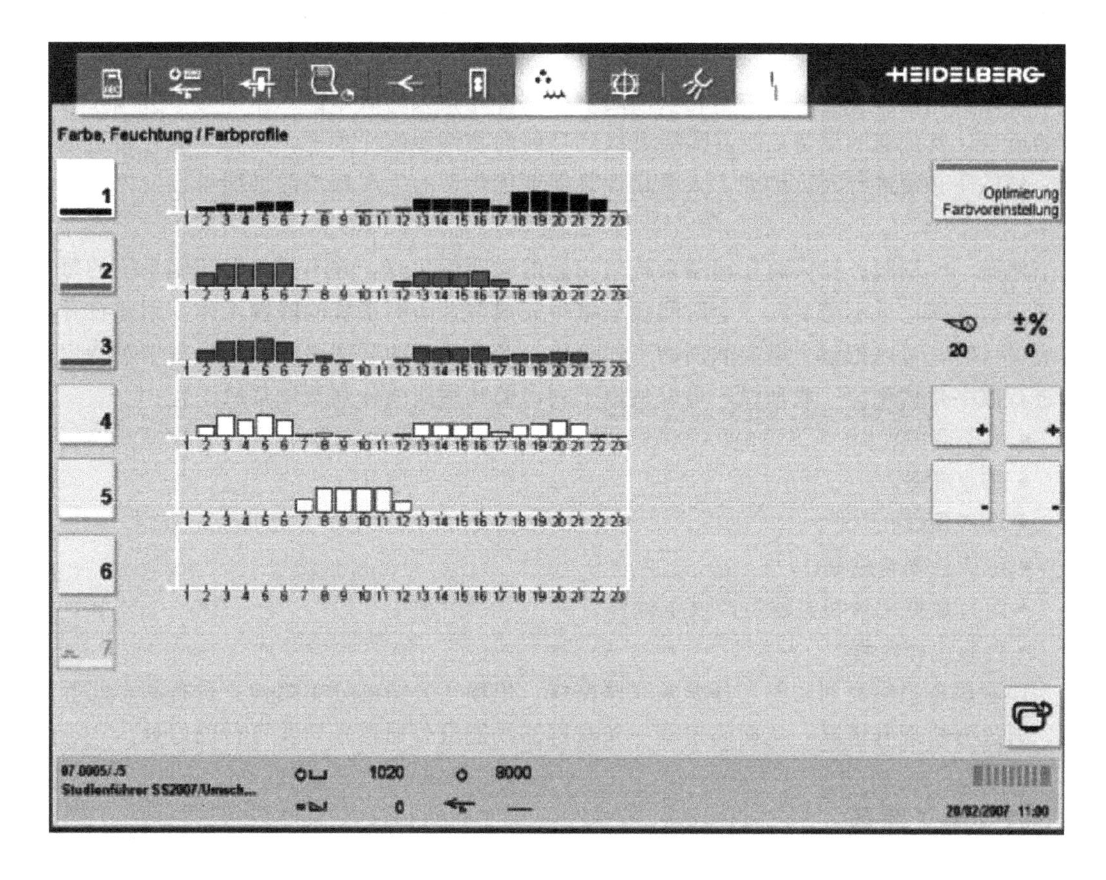

图 3-2　在 CP 2000 中的墨区预设控制数据

（7）质量数据

质量数据是一个质量标准的详细说明，包括质量控制的标准值（如密度和色度测量标准值等）以及印版显影所需的化学信息等，用于确保生产的持续进行。质量数据可以有效地帮助印刷服务提供商在预定的宽容度内生产出高品质的产品。

质量数据可以直接控制生产过程。如果在生产过程中一个测量值的偏差超出宽容度，则生产过程将进行调整或发出警告。值得注意的是，印刷服务商应该设定一个合理的质量标准，这样才能保证生产顺畅进行。也就是说，如果标准太高，则在印刷过程中容易出现频繁的调整或发出警告，使生产不顺畅；但如果标准太低，又可能出现次品偏多的情况。因此，印刷服务商应该提供一个客户满意、印刷生产追得上的样张，同时给定一个合理的质量宽容度。

3.3　数字化优化路径及实施

在印刷系统中，各类信息以电子的、书面的或口头的形式在一个应用程序里、不同的应用程序间或不同加工中心间传送交换。传送的信息形成的数据流使不同应用软件相互连接，从而形成一条联网路线。印刷系统的数字化优化，其主要任务是对印刷服务提供商所使用的生产过程进行信息标准化和数字化，然后对生产过程进行数字化联网的集成优化。

首先，联网需要应用可数字化联网的应用软件和相关的服务性工作。为了实现在网络中的通信，首先老的设备控制器需要升级到当前的硬件和软件水平，然后才能开始组建联网，最后还必须进行人员培训。人员培训是保证优化后的生产系统的潜能得以发挥的关键之一。

然而，印刷服务提供商在印刷系统最初始的联网优化时，并不需要对印刷系统的每个方面进行联网，也不需要在一个时间段里集中完成整个印刷系统的联网工作。因此在开展集成项目时，可以把整个需要联网的工作分成一个个单独的联网路线，然后集中对特定部分进行数字化优化。一般来说，可以从以下列出的联网路线分别开展集成工作：

- 电子商务。
- 作业准备。
- 设备预设。
- 生产计划与控制。
- 运行数据记录和实际生产成本计算。
- 色彩工作流程。

印刷服务提供商到底要选择哪条联网路线，依赖于公司的订单结构、设备和车间等情况。通过分析现有情况，从而确定哪一条联网路线能给公司带来切实可行的好处。

3.3.1 电子商务

电子商务（E-Business）在这里是指企业与消费者之间的B2C形式的电子商务，企业可通过Internet为消费者提供一个新型订购环境，消费者可以通过网络在网上订货、支付、咨询洽谈等。这种模式节省了客户和企业双方的时间和空间，大大提高了交易效率，并降低了交易成本。

随着大规模的个性化业务需求的增长，印刷业需要实现从制造业向服务型制造业转型。在印刷工业中实施电子商务，不仅可以降低客户与印刷服务提供商间的交易成本，而且印刷服务提供商还可以通过电子商务为客户提供“量体裁衣”的个性服务和其他新服务，从而提高客户忠诚度。因为电子商务解决方案可以帮助印刷服务商全天24h对客户进行服务，且没有地域限制，所以电子商务解决方案给印刷服务商提供了拓宽市场的机会。

电子商务解决方案已广泛渗透到了印刷工业中，尤其是在数字印刷领域。由于电子商务可以在网络中方便地进行电子文件的交换，因此印前和数字印刷领域特别受益。利用电子商务后，印前的服务领域得到拓宽，它可以提供图像数据库服务、内容数据调整服务和提供标准的印刷电子文件等新服务。数字印刷是处理短版活和可变数据印刷作业的完美方式，但其加工成本相当昂贵。很显然，通过使用Internet可以降低订单处理成本，扩大利润空间。

在实施电子商务时，应注意以下几个关键的方面：

① 电子商务项目需要投入大量相关的培训和广告宣传工作，产生足够多的“网络流量”，让潜在的客户积极靠近。只有当目标客户产生了相当高的销售额时，才证明这两方

面的努力是有效的。

② 电子商务与订单管理系统的集成程度是确保低运行成本的关键。电子商务与订单管理系统的集成，可以让客户借助网络将作业数据在线地提交到订单管理系统。这样，作业定义的任务转变成客户的职责，这就意味着订单处理所需的管理工作减少了。

③ 印刷电子商务有别于其他制成品销售的电子商务。印刷电子商务平台不仅涉及询价、下订单等基本功能，还往往需要具有上传需要印制的图文数据、图片质量的自动检测以及自助的版面设计等功能，这样才能更好地满足印刷工业的实际需求。

④ 电子商务解决方案应该适应顾客的需要。电子商务网站的建设不能只顾及公司信息技术部门的需求，不实用或不友好的用户界面、薄弱的电子商务安全技术都会危害电子商务项目的成功实施。

⑤ 顾客是通过 Internet 来访问电子商务网站的，所以 Internet 供应商是客户的第一级服务商。因此必须保证网络入口 24h 可用，这样才能使电子商务实现不间断服务。为此，公司可以考虑自己运行 Web 服务器或寻找一个可靠的 Internet 服务供应商。

3.3.2 作业准备

作业准备就是在订单管理系统中创建一个可以供印前、印刷和印后各阶段使用的电子作业传票。这个作业传票是利用生产数据、印刷模板和其他数据进行扩展的。图 3-3 所示为作业准备联网路线示意图。在所有生产过程的成本中心里与作业相关的信息都被描述在作业传票中，生产过程中的变化反馈给订单管理系统并放入作业传票中（借助网络，操作人员能够以消息通信的方式实时地通知作业生产中的变化，如一台印刷机不能工作），作业传票被修正后，又即时地传递到相应的终端控制台。

“作业准备”的联网在于消除订单管理和生产之间多样的媒介间和数据编码格式间的信息转换问题，从订单管理系统开始到生产系统的整个过程都是以某一标准数据格式的数字化作业传票进行作业信息传递，从而显著地提高了工作效率，节省了生产成本。“作业准备”联网更进一步讲是为了避免作业数据的重复输入，获得紧跟生产变化的作业传票（实时、在线地修改作业传票）和增强印刷生产的可靠性。

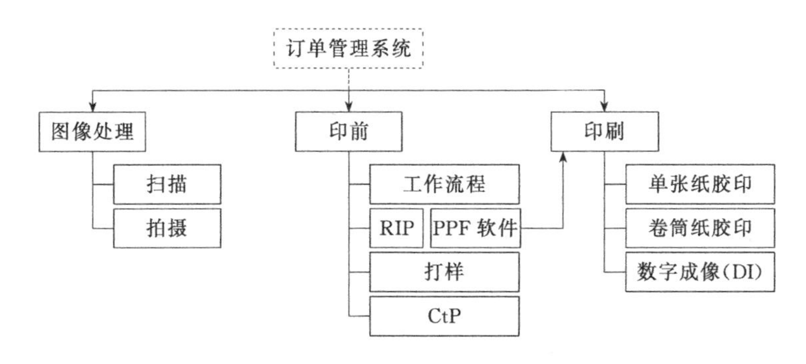

图 3-3　作业准备联网路线

在实施“作业准备”联网时，应注意以下两个关键的方面：

① 印刷系统内要标准化作业描述，并在生产网络中尽量实现单一化的通信（特别是当作业准备数据来源不同时），这样将有助于信息集成和消除工作中的信息混淆。

② 完整的、准确的和紧跟生产变化的作业传票对于确保每一个工作中心昼夜不停地、无错误地生产具有显著意义。作业信息传送到工作中心时应该简化到“什么是现在需要处理的”，且必须能够简单而明确地识别作业，如在加工中心的控制台上借助于“作业预览”来预览当前要处理的作业。

3.3.3 设备预设

顾名思义，“设备预设（machine presetting）”就是在生产前为设备预先设定与生产相关的控制参数。“设备预设”的目的在于减少设备在正式生产前的准备调试时间。图 3-4 所示为基于 PPF 的“设备预设”联网路线示意图。“设备预设”的例子有：在印前阶段生成的墨量预设数据可用于印刷机单个墨区的墨量预设；在拼大版软件中创建的裁切、折页和装订等参数可用于印刷设备和印后设备的预设；来自订单管理系统的纸张和印张的信息可用于预设输纸部件和传送部件处的气压和印刷压力，图 3-5 是 CP 2000 接受 JDF 的纸张信息。在没有 JDF 之前，大部分的“设备预设”参数都是以 PPF 文件格式进行传递的，PPF 没有定义的预设数据则使用了开发商的私有数据格式。

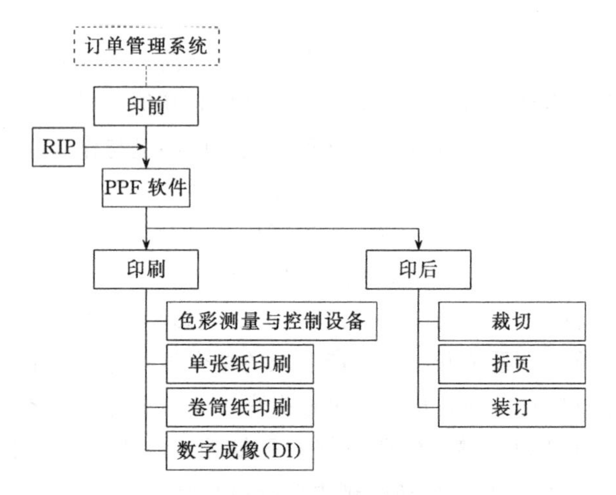

图 3-4 基于 PPF 的“设备预设”联网路线

“设备预设”的实现源于 1997 年 CIP3（International Cooperation for the Intergration of Prepress，Press，Postpress）组织的 PPF 格式，最后的修订时间是 1999 年。随着 CtP 日益普及，印前实现了数字化。因为印前 RIP 得到的 1-bit tiff 文件可转成 PPF 标准控墨文件，所以 PPF 也得到了广泛的使用。但是 CIP4 的 JDF 格式能够覆盖所有的设备预设参数，因此，JDF 是当前和未来首选的数据格式。

在实施“设备预设”联网时，应注意以下几个关键的方面：

① 关于生产过程的必要知识必须在订单管理系统和印前系统中是可用的。为了在生产中实现最大化的可靠性，在订单管理系统中创建作业传票时可选的工艺参数应该是在印刷工作流程中实际上可用的。否则，使用实际不可用的参数进行不正确的预设，将会导致问题的出现，反而浪费生产时间。

② 明确哪个作业是当前处理的作业，避免在生产过程中错误地分配“设备预设”参数。因为“设备预设”文件是以它所属作业的作业编号来标识的，不同的作业编号表示

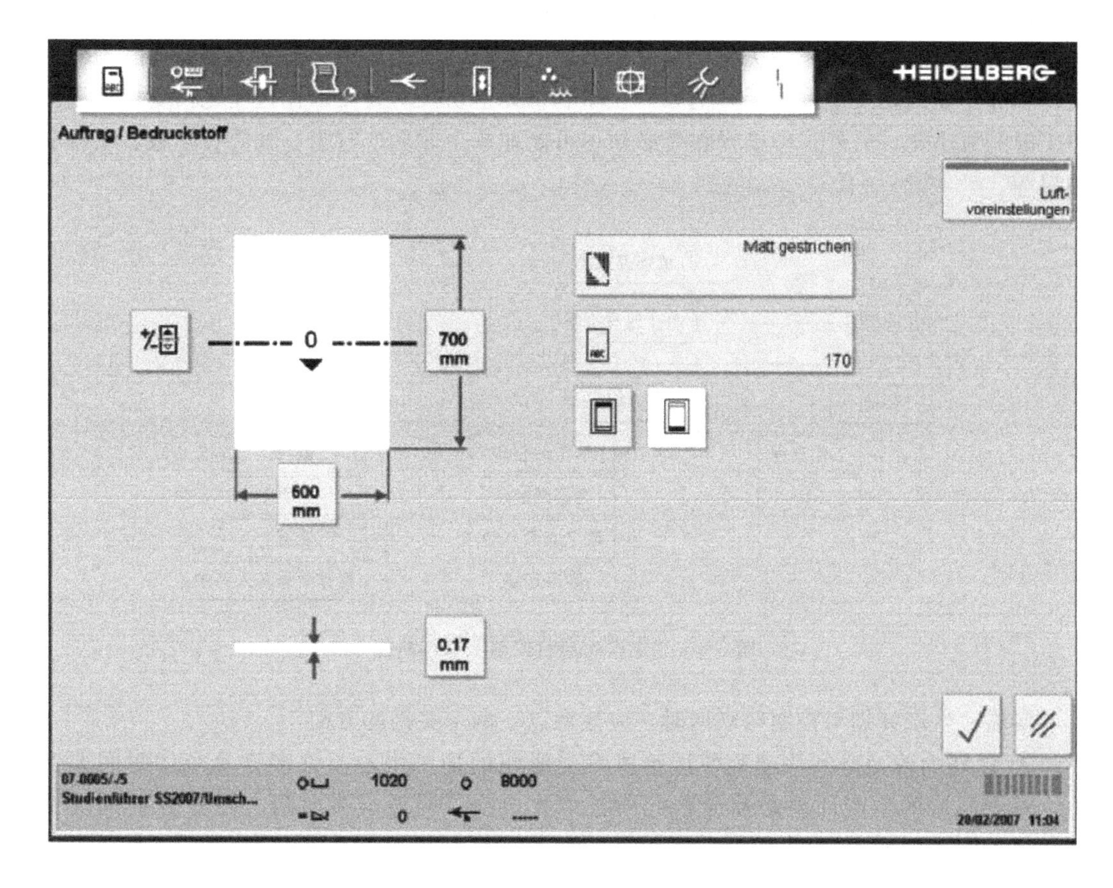

图 3-5　CP 2000 接受 JDF 的纸张信息

“设备预设”文件属于不同的作业，因此，为避免错误地分配“设备预设”参数，作业编号必须手工输入印前中，所以应该与订单管理系统联网以避免因作业编号的重复输入而产生错误。

③ 为了从“设备预设”的投资中受益，必须对设备的“预设”功能选项进行全面的考虑，考察是否能显著地缩短生产时间。

3.3.4　生产计划与控制

在 3.1 节中已经介绍，“生产计划”可预测一系列生产作业的各道工序，并对各项生产作业进行安排，确保以最高效率按时完成。“生产控制”就是生产阶段的启动和实施过程，并经常反馈工作进展情况，进而修正生产计划。“生产计划与控制”的目的是在遵循特定的交货日期下，确保最优的生产资源的使用。目前，人工的生产计划编制和简单的电子制表软件较为普遍，但很少利用到订单管理系统的生产计划编制能力，并且不能实现数据的实时传递。联网的“生产计划与控制”系统则能够让生产计划与控制的相关数据实时传递。图 3-6 所示为“生产计划与控制”联网路线示意图。

“生产计划与控制”需要与订单管理系统连接获得生产任务，且生产计划要覆盖到印前、印刷和印后整个生产过程。基于精益制造思想，精确地定义生产顺序对实现特定的交货日期是很重要的，尤其是在不能连续地执行生产的情况下。计划人员的一个重要任务是使印刷生产资源的利用率最优化。因此在做生产计划时，加工中心上分派的任务队列必须使得相邻作业的切换难度最低，例如，在印刷单元上切换时要使因作业变化而更换油墨的停工时间最小化。另外，印刷操作者必须尽可能地减少非生产行为，如寻找印版、纸张和油墨等。

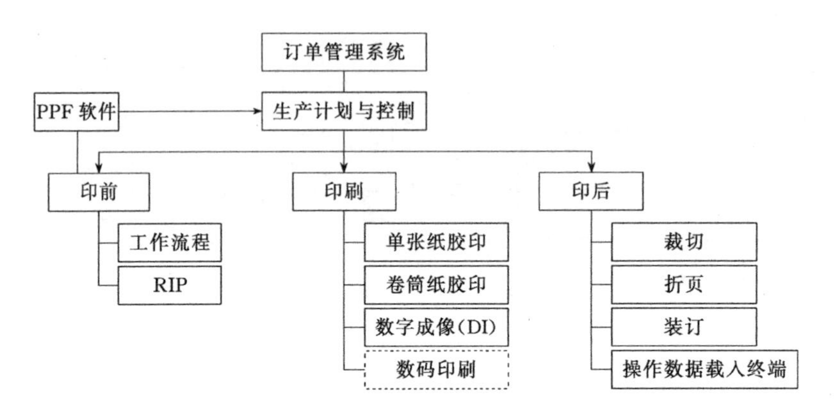

图 3 6 “生产计划与控制”联网路线

实施“生产计划与控制”联网时，应注意以下两个关键的方面：

① 计划的改变必须快速地传送给所有受影响的加工中心。许多订单交货时间非常急，每天原定的生产计划必然会因此而被多次改变。当改变发生后，在计算机的辅助下，各种相关操作需要随之相应地进行，使得进度表自动地更新并使生产的冲突得到消除。

② 一个数字化的生产计划系统首先应能够绘制出从印前到交货的整个生产过程，然后在数据库的支撑下实现粗的计划和细的计划分离，印刷的计划与印后的计划分离。计划编制时必须获得生产耗材（如纸张、油墨和印版）实时的可用情况。理想情况下，还可以实现跨越多个地点的网络化计划系统，也就是对伙伴公司和供货商进行集成。

3.3.5 运行数据记录与实际生产成本计算

“运行数据记录和实际生产成本计算”就是要完成车间数据收集，并对数据进行处理，得到生产运行状况和生产的实际成本。在印前阶段，最主要的车间数据是工作时间和原材料消耗量；在印刷和印后加工阶段，最主要的车间数据是生产使用了哪个成本单元（印刷机或印后设备）和使用了多久。这些关键数据或基于它们的统计图表将指导印刷服务提供商的技术管理和商业管理。基本上，获得的运行数据越详细，生产过程就越能更好地被监控。

联网“运行数据记录和实际生产成本计算”的主要目的在于通过在线实时地收集完整的车间数据，实现自动化的运行数据准确记录；同时，要能够根据所记录的运行数据自动地生成各种用于车间控制的统计图表（如印刷技术设备负荷的统计图表）并完成实际成本的核算。图 3-7 所示为“运行数据记录和实际生产成本计算”联网路线示意图。

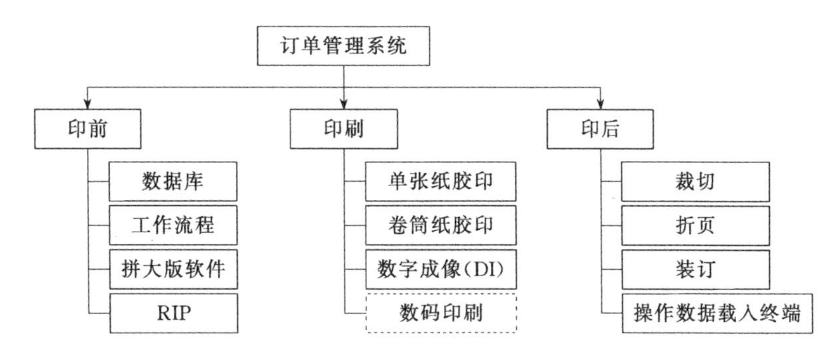

图 3-7　“运行数据记录和实际生产成本计算”联网路线图

实施“运行数据记录和实际生产成本计算”联网时，应注意以下几个关键的方面：

① 对于“实际生产成本计算”，直接获取从设备输出的“设备数据”是记录最新的、最可靠数据的最快方式。

② 然而，直接获取的“设备数据”是不完全的，因为有些“运行数据”不属于“设备数据”。例如，在设备停机过程中，印后和物流部门的手工工作站的“运行数据”。但是这类“运行数据”（即“人工操作数据”）又必须记录，因此完整地记录“运行数据”是实际生产成本计算的先决条件。

③ 将订单管理系统和会计系统进行联网，可使与银行的支付交易、工资操作和年度账目计算实现自动化。因为会计系统可以通过界面从订单管理系统接收需要的数据，同时工资操作经常又是会计系统的一部分，所以很容易实现资金流的自动化。

近年来，专用的“运行数据”记录终端日益普及。在印刷车间这类技术已经十分成熟，现在可以从中央控制台获得用于“实际成本计算”的设备数据和人工操作数据。近年来出现的大多数工作流程系统也可以输出印前的“设备数据”。

3.3.6 色彩工作流程

拥有多个生产点的大型公司总会面临这样的挑战：各个生产点在生产同一个产品时，如何确保从数字内容到最后印刷品的色彩稳定。对于小公司而言，可以可靠预测的、稳定的色彩复制是它们的核心竞争力。因此，色彩管理就显得非常必要了。色彩管理是对“色彩工作流程”进行联网集成的一部分，其次还有墨量的在线控制。联网集成的“色彩工作流程”不仅能实现更好的印刷质量，而且还将有效减少废张数量和客户投诉。图 3-8 所示为联网集成的“色彩工作流程”示意图，它覆盖了从印前的图像处理、印版生产到印刷的各个色彩工作过程。

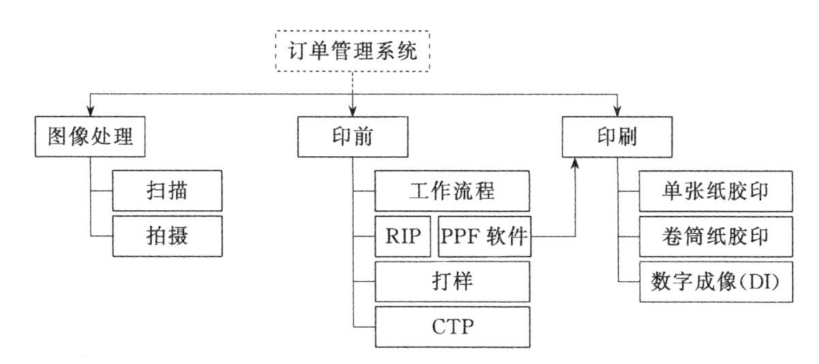

图 3-8　联网集成的“色彩工作流程”示意图

色彩管理是一个关于色彩信息的正确解释和处理的技术领域，即管理人们对色彩的感觉，要在色彩失真最小的前提下，实现图像的色彩数据在不同种类、不同厂家的软硬件之间，即在不同色彩空间进行正确的传递变换。只要经过色彩管理的三个步骤，即设备仪器的校准、确立设备颜色特性和色彩空间转换，那么无论使用什么样的原料、驱动设备和机器，都能实现色彩在最小色差内的复制。

实施“色彩管理”时，应注意以下几个关键的方面：

① 稳定的工作流程是实施色彩管理的基础。首先必须对印刷系统内所使用的色彩工作流程进行标准化，尽可能实现单一的标准化工作流程。因为复杂的工作流程将降低色彩管理的效率。

② 保持色彩工作流程的稳定性是实现网络化色彩工作流程的基本条件。也就是说，在已标准化的色彩工作流程中不能随意改变油墨、纸张和橡皮布等色彩系统的参数。因为每一个特性化文件（profile）都是针对特定的色彩工作流程（色彩系统）而做出的，一旦色彩工作流程中的某项参数发生变化，则该特性化文件将失效。

③ 在生产过程中出现的任何颜色偏差都必须从根源上校正。因为在实施色彩管理后，色彩的偏差都是与色彩管理有关的，所以应该从色彩管理的过程中进行校正，如重新生成特性化文件。这样就能保证在以后的作业中不会产生颜色偏差，进而提高生产效率。

墨量的在线控制包含“油墨预设”和“墨量的闭环控制”。首先在印刷生产准备过程中，根据印前的油墨预设数据进行墨量预设。在印刷生产过程中，通过连接分光光度测量设备来测量色彩测控条或整个印张，然后将测量值与印前阶段产生的参考值进行比较，最后根据它们之间的差值对印刷墨量进行相应的调整。

第4章

管理信息系统

集成化智能印刷系统（I^2PS）是一个以集成为特征的智能印刷系统。作为一个集成化的制造系统，通常由管理信息、工程设计自动化、制造自动化、质量保证四个功能分系统及数据库、计算机网络两个支持分系统构成。其中，管理信息系统（MIS）是实现系统集成中信息集成的基础。

本章简要阐述管理信息系统的基本概念和在企业中的广泛应用形式——企业资源计划（ERP）的发展历程和系统构成，并在此基础上阐述印刷企业管理信息系统的主要结构、企业中的应用形式和实施步骤。

4.1 MIS概述

4.1.1 管理信息系统的概念结构

管理信息系统（management information system，MIS）是20世纪80年代逐渐形成的一门新学科，它建立于管理、信息和系统之上，是一个以人为主导，利用计算机硬件、软件、网络通信设备以及其他办公设备，进行管理信息的收集、传输、存储、加工、更新和维护，以企业战略竞优、提高效益和效率为目的，支持企业高层决策、中层控制、基层运作的集成化人机系统。

图4-1为管理信息系统的总体概念图。系统中人员包括高级管理（决策）人员、中级管理（决策）人员和基层业务人员；管理软件（子系统）包括市场子系统、生产子系统、财务子系统等业务信息系统、知识工作系统、决策支持系统等。由概念图可以看出，管理信息系统对各业务子系统进行控制和管理，对整个系统的战略、战术等重大问题做出预测和决策。

管理信息系统由四部分组成：信息源、信息处理器、信息用户和信息管理者，如图4-2所示。其中，信息源是管理信息系统的基础，是管理信息系统处理的对象；信息处理

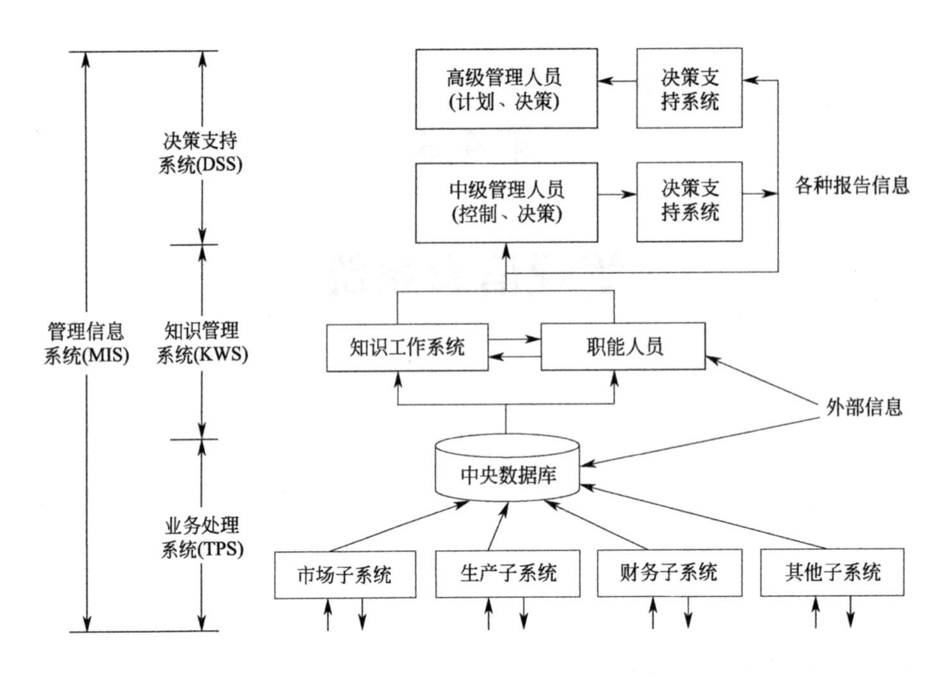

图 4-1 管理信息系统的总体概念

器承担信息收集、存储、加工、传输和维护的任务；信息用户是信息的使用者，通过信息的获取帮助决策者实施决策；信息管理者负责系统的实现、运行和协调。

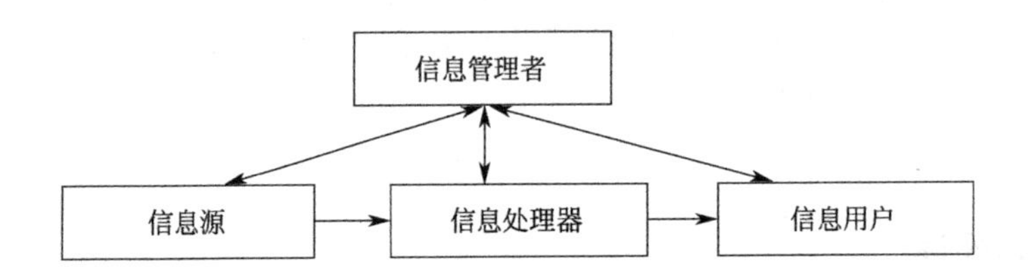

图 4-2 管理信息系统概念结构图

管理信息系统的任务在于组织管理、进行决策，按照管理任务和目标呈金字塔形结构，如图 4-3 所示。

在管理信息系统中，不同管理层次的管理任务和内容一般是不同的，在不同层次上信息处理的工作量也各不相同。通常，下层系统信息处理量大，上层系统信息处理量小，构成金字塔结构。其管理任务的层次见表 4-1。

表 4-1 管理信息系统不同管理层次的管理任务

管理层次	管理任务
战略计划(高层)	制定企业的目标、政策和总方针;确定企业的任务
战术管理/管理控制(中层)	制定企业的中期目标
运行控制(基层)	制定企业短期的、局部的目标

运行控制的决策者为基层管理人员，为实现企业经营目标而进行业务计划的安排和控

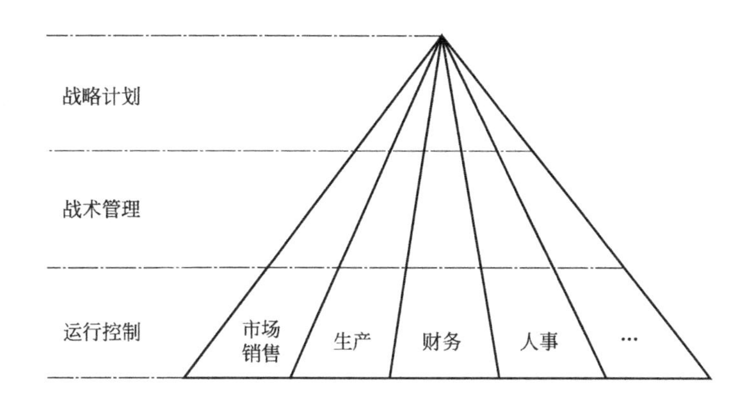

图 4-3　组织管理的金字塔形结构

制，有效利用各种资源，并按既定的程序和步骤进行工作，完成各管理部门日常业务的事务性任务，此决策层主要依靠内部信息的支持，大部分问题的解决具有确定的程序和规定，不确定因素与风险性较小。中间层的战术管理层是狭义的管理信息系统，决策者是企业的中层管理人员，涉及企业的中期目标，如生产能力、存储能力、市场资源、财政资源等的分配问题，并对底层上达的事务数据做进一步加工，为高层管理人员提供有效的管理控制和决策信息，此决策层需要大量内部信息的支持，也需要相当多的外部信息，具有一定的风险，外部环境的不稳定因素对战术决策具有较明显的影响。最高层的战略计划层，决策者为企业高层管理人员，根据下两层的内部信息，结合外部数据决策企业的长远计划，并制定获取和使用各种资源的政策，如市场战略和产品类型等，此决策层的不定影响因素较多，风险较大。

4.1.2　管理信息系统的功能结构

管理信息系统在实施过程中，由各种功能子模块和层次管理，从横向的功能实现和纵向的管理组织两个维度共同实现系统管理。

管理信息系统功能结构如图 4-4 所示，纵向组织管理层次结构，除战略计划、管理控制、运行控制三个决策管理层外，底层为业务处理层，完成企业的最基本活动，处理人员为基层工作人员，记录企业每项生产经营和管理活动。而横向管理任务以产、供、销、管的职能模块划分。一个管理信息系统支持着组织的各种功能子系统，每个功能子系统完成业务处理、运行控制、管理控制、战略计划的全部信息管理。也就是说，为实现一定的目标，由不同的职能部门，通过部门间各种信息联系，以管理信息系统为平台，构成一个有机结合的功能结构体系。按功能划分，管理信息系统可由市场销售、生产管理、后勤管理、人事管理、财务和会计管理、信息处理和高层管理七个子系统构成。

① 市场销售子系统　市场销售子系统一般包括产品的销售、推销和售后服务。其业务处理主要是销售订单、广告推销等的处理；在运行控制方面，包括雇用和培训销售人员，销售或推销的日常调度，以及按区域、产品、顾客的销售量做定期分析等；在管理控制方面，涉及总成果与市场计划的比较，它所用的信息有顾客、竞争者、竞

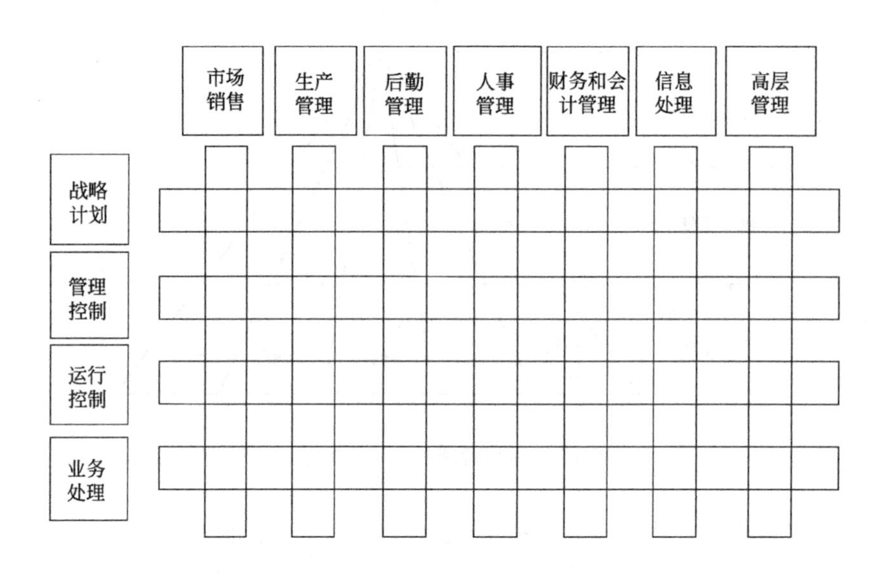

图 4-4　管理信息系统功能结构图

争产品和销售力量要求等；在战略计划方面，包含新市场的开拓和新市场的战略，它使用的信息为客户分析、竞争者分析、客户调查等，以及收入预测、产品预测、技术预测等。

② 生产管理子系统　其功能包括产品的设计、生产设备计划、生产设备的调度和运行、生产人员的雇用与训练、质量控制和检查等。在生产管理子系统中，典型的业务处理是生产指令、装配单、成品单、废品单和工时单等的处理；在运行控制方面，要求将实际进度和计划做比较，找出薄弱环节；在管理控制方面，包括进行总调度，对单位成本和单位工时消耗与计划做比较；在战略计划方面，要考虑加工方法和自动化的方法。

③ 后勤管理子系统　包括采购、收货、库存和发放等管理活动。业务处理主要包括库存水平报告、库存缺货报告、库存积压报告等；管理控制包括计划库存与实际库存水平的比较、采购成本分析、库存缺货分析、库存周转率分析等；战略计划包括新的物资供应战略、对供应商的新政策以及“自制与外购”的比较分析、新技术信息、分配方案等。

④ 人事管理子系统　包括人员的雇用、培训、考核、工资和解聘等。业务处理主要产生有关聘用条件、工作岗位责任、培训计划、职员基本情况、工资变化、工作小时和终止聘用的文件及说明；运行控制要完成聘用、培训、终止聘用、工资调整和发放津贴等；管理控制主要包括进行实际情况与计划的比较，产生各种报告和分析结果，说明职员数量、招聘费用、技术构成、培训费用、支付工资和工资率的分配与计划符合的情况；战略计划包括雇用战略和方案评价、职工培训方式、就业制度、地区工资率的变化及聘用留用人员的分析等。

⑤ 财务和会计管理子系统　财务和会计既有区别，又密切相关。财务的职责是有效地使用流动和固定资产，以最有效的方式使企业有适当的资金筹措。会计则是把财务数据分类，编制财务报表，制定预算、核算和成本分析。与财务会计有关的业务处

理包括处理赊账申请、销售单据、支票、收款凭证、付款凭证、日记账、分类账等；财会的运行控制需要做每日差错报告和例外报告，处理延迟记录及未处理的业务报告等；财会的管理控制包括预算和成本数据的比较分析；财会的战略计划包括保证足够资金的长期战略计划、为减少税收冲击影响的长期税收会计政策以及对成本会计和预算系统的计划等。

⑥ 信息处理子系统 该系统的作用是保证其他功能有必要的信息资源和信息服务。业务处理有工作请求、收集数据、校正或变更数据和程序的请求、软硬件情况的报告以及规划和设计建议等；运行控制包括日常任务调度，统计差错率和设备故障信息等；管理控制包括计划和实际的比较，如设备费用、程序员情况、项目的进度和计划的比较等；战略计划包括整个信息系统计划、硬件和软件的总体结构、功能组织是分散还是集中等。

⑦ 高层管理子系统 高层管理子系统为组织高层领导服务。该系统的业务处理活动主要是信息查询、决策咨询、处理文件、向组织其他部门发送指令等；运行控制内容包括会议安排计划、控制文件、联系记录等；管理控制要求各功能子系统执行计划的当前综合报告情况；战略计划包括组织的经营方针和必要的资源计划等，要求有广泛的、综合的内外部信息，如竞争者信息、区域经济指数、顾客喜好、提供的服务质量等。

4.1.3 管理信息系统架构模式

管理信息系统平台构架一般有四种形式：主机终端模式、文件服务器模式、C/S（Client/Server，客户端/服务器）模式和B/S（Browser/Server，浏览器/服务器）模式。C/S和B/S模式是目前管理信息系统两大主流的系统架构技术，从技术上来说它们各有千秋，如何选择主要取决于企业的需求。下面介绍这两种架构的异同之处，帮助企业选择合适的架构模式。

① C/S模式 C/S技术从20世纪90年代初出现至今已经相当成熟，并得到了非常广泛的应用。C/S技术经历了两层、三层结构模式，其将较复杂的计算和管理任务分配给网络上的高档机器——服务器，而把一些频繁与用户交流的任务交给了前端较简单的计算机——客户机。C/S模式的优点是操作和界面内容丰富，安全保障性高。但由于这种结构开放级别较低，服务器连接个数和数据通信量都有限制，因此这种结构的软件适用于在用户数目不多的局域网内使用。国内现在大部分MIS/ERP（财务）软件产品多采用此类结构。

② B/S模式 B/S技术是伴随着Internet的普及而产生的，经历了不断完善的过程。B/S结构模式是对C/S结构的一种改进。其用户工作界面是三层（3-tier）结构，浏览器端为表示层、Web服务器端为应用层、数据库服务器为数据层。客户端只需通过浏览器即可进行业务处理，减轻了系统维护升级的成本和工作量，系统具有稳定性和开放性。这种结构已成为当今MIS/ERP系统首选的结构模式。

B/S与C/S具有不同的优势与特点，它们无法相互取代。例如，对于以浏览为主、录入简单的应用程序，B/S技术有很大的优势，现在全球铺天盖地的Web网站就是明证。而对于交互复杂的ERP企业级应用，B/S则很难胜任。从全球范围看，成熟的MIS产品大多采用二层或三层C/S架构，纯B/S的ERP产品并不多见。

4.1.4 计算机集成制造系统中的管理信息系统

计算机集成制造系统是根据计算机集成理论构建的复杂的人机系统。系统中的管理信息集成由管理信息分系统实现，并与其他分系统通过接口进行数据通信，各单元系统构成一个协同作业、功能更强的总系统。

计算机集成印刷系统通常由管理信息分系统、工程设计自动化分系统、制造自动化分系统、质量保证分系统四个功能分系统和数据库分系统、计算机网络分系统两个支撑分系统构成。管理信息系统在 CIMS 中的地位及与其他分系统的联系如图 4-5 所示。

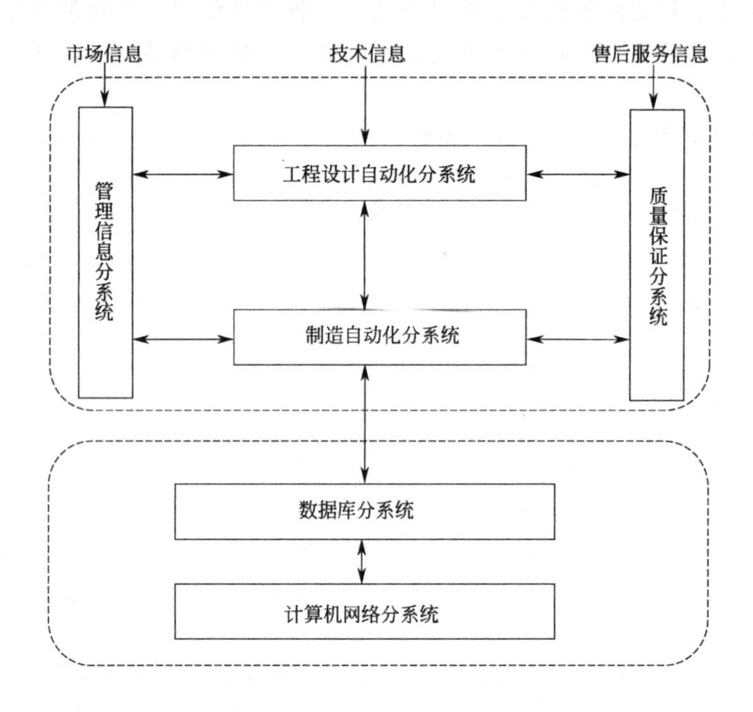

图 4-5 CIMS 分系统结构图

4.2 企业资源计划（ERP）

计算机集成印刷系统中承担企业商业信息管理的 MIS 在国内的主要使用形式为企业管理中已广泛应用的 ERP 系统。印刷企业的信息管理大多开始于 ERP 系统的引进和实施，其后逐步实现 ERP 与制造执行系统（manufacturing execution system，MES）、客户关系管理（customer relationship management，CRM）、供应链管理（supply chain management，SCM）、电子商务（electronic commerce，EC）等系统的整合，以逐步实现计算机集成印刷系统管理。本节主要介绍 ERP 系统的概念、发展历史和企业 ERP 的基本模块。

4.2.1 ERP 的发展历史

企业资源计划（enterprise resource planning，ERP）是由著名咨询公司 Gartner

Group 于 1990 年初提出的概念，是在先进的企业管理思想的基础上，应用信息技术实现对整个企业资源的一体化管理，是现代企业管理思想、管理模式和信息技术的有机统一。ERP 是将物资资源管理（物流）、人力资源管理（人流）、财务资源管理（资金流）、信息资源管理（信息流）集成一体化的企业管理系统软件。

起源于制造业的 ERP 系统发展到今天，主要经历了五个阶段的演变，具体见表 4-2。

表 4-2 ERP 的发展阶段

阶段	系统理论	待解决问题	集成思想
20 世纪 60 年代	基本 MRP 系统	如何确定订货时间和数量配套；如何解决“产供销脱节”问题	库存计划；物流信息集成
20 世纪 70 年代	闭环 MRP 系统	如何保障计划与生产能力、采购能力平衡和及时调整	能力需求计划；车间作业计划；采购作业计划
20 世纪 80 年代	MRPⅡ系统	如何实现管理系统一体化	物流、资金流、信息流集成
20 世纪 90 年代	ERP 系统	如何在全社会范围内利用一切可利用资源	多行业、多地区、多业务供应链信息集成
20 世纪 90 年代末至今	ERPⅡ系统	如何通过协同商务在全球范围内利用资源	协同商务

（1）基本物料需求计划（material requirements planning，MRP）阶段

20 世纪 40 年代初期，为解决库存控制问题，西方经济学家提出了订货点的方法和理论。订货点法依靠对库存补充周期内的需求量预测，并保持一定的安全库存储备，来确定订货点，即：

订货点＝单位时段的需求量×订货提前期＋安全库存量

到了 20 世纪 60 年代，随着计算机系统的发展，使得短时间内对大量数据的复杂运算成为可能，为解决“产供销严重脱节”问题，美国 IBM 公司的 Dr. J. A. Orlicky 提出 MRP 理论。MRP 的基本思想是：从主生产计划（master production scheduling，MPS）出发，根据物料清单（bill of material，BOM）逐层分解主生产计划，并结合库存实际情况，得到分时间段的各类计划数据（如总需求量、净需求量、计划生产发出量、计划库存接收量等）。

（2）闭环 MRP（Closed-loop MRP）阶段

基本 MRP 能根据有关数据计算出相关物料需求的准确时间与数量，但没有考虑到生产企业现有的生产能力和采购能力，因此，计算得到的物料需求日期有可能因设备和工时的不足而没有能力生产，或因原料不足而无法生产，同时，也缺乏根据计划实施情况的反馈信息，以及对计划进行调整的功能。为解决能力与计划的矛盾，20 世纪 70 年代，在 MRP 的基础上，发展为闭环 MRP 系统。闭环 MRP 系统除了物料需求计划外，还将生产能力需求计划、车间作业计划和采购作业计划纳入 MRP 中，形成一个闭环系统，实现了一个完整的生产计划与控制系统。

（3）制造资源计划（manufactory resources planning，MRPⅡ）阶段

闭环 MRP 实现了生产管理系统的统一，但无法反映与生产相伴随的资金流信息。20 世纪 80 年代，随着计算机网络技术的发展，企业内部信息得到充分共享，人们把生产、财务、销售、工程技术、采购等各个子系统集成为一个一体化的系统，并称为制造资源计

划系统，为区别于物料需求计划 MRP，故缩写为 MRPⅡ。

MRPⅡ的基本思想是把企业作为一个有机整体，基于企业经营目标制订生产计划，围绕物料集成组织内的各种信息，实现按需、按时生产。

(4) 企业资源计划（ERP）阶段

进入 20 世纪 90 年代，随着市场竞争的进一步加剧，企业竞争空间与范围的进一步扩大，MRPⅡ从主要面向企业内部资源全面计划管理的思想，逐步发展为怎样有效利用和管理整体资源的管理思想，ERP 随之产生。ERP 是由美国加特纳公司（Gartner Group Inc.）在 20 世纪 90 年代初期首先提出的。ERP 强调供应链管理，将资源计划扩展到企业客户和供应商，把客户资源、供应商资源以及多企业资源作为企业内部资源进行计划，沿供应链将企业资源进行统筹管理，实现了对整个企业供应链的总体管理。

(5) 新一代 ERP——ERPⅡ阶段

21 世纪新的竞争环境，已不是单一企业间、企业链间的竞争，而是企业群体间的竞争。ERPⅡ是 Gartner 公司于 2000 年在原有 ERP 基础上提出的新概念。Gartner 给 ERPⅡ的定义是：通过支持和优化企业内部、企业之间的协同运作和财务过程，创造客户和股东价值的一种商务战略和一套面向具体行业领域的应用系统。ERP 着重于关注企业内部管理，而 ERPⅡ强调“协同商务”的概念。协同商务（collaborative commerce 或 C-Commerce）是指企业内部人员、企业与业务伙伴、企业与客户之间的电子化业务的交互过程。ERPⅡ的目标是：建立一种新的商业战略，注重行业专业分工和企业间的深度交流，以及整个供应链及整个企业联盟体内的资源整合与协同。

4.2.2 ERP 的管理思想

ERP 强调对整个供应链管理的有效管理，这是 ERP 的核心管理思想，主要体现在以下几个方面：

① 面向整个供应链的管理信息集成　ERP 在传统 MRPⅡ系统人、财、物管理的基础上，将经营过程中的各方（供应商、制造商、分销网络、客户等）资源整合起来，纳入一个紧密的供应链中，形成一个完整的供应链并对供应链上的所有环节进行有效管理。

② 精益生产思想　企业精简传统生产系统结构、人员组织、运行方式和市场供求关系，将客户、销售商、供应商、协作单位等纳入生产体系，共建资源、利益共享关系，组成企业的供应链。

③ 敏捷制造思想　ERP 作为后台决策支持系统，在竞争性市场中，对需求的多变性、个性化做出快速反应，时刻保持产品的高质量、多样化和灵活性。

④ 事先计划与事中控制的思想　ERP 系统中的计划体系主要包括主生产计划、物料需求计划、能力计划、采购计划、销售执行计划、利润计划、财务预算和人力资源计划等。这些计划功能与价值控制功能已完全集成到整个供应链系统中。另外，ERP 系统通过定义与业务处理相关的会计核算科目和核算方式，自动生成会计核算分录，保证了资金流与物流的同步记录和数据的一致性，便于资金流的实时管理和查询，实现事中控制和实时做出决策。

⑤ 协同商务的思想（ERPⅡ的核心思想） 基于供应链的基础，ERP系统支持协同商务功能。协同商务使得不同企业间通过有效的信息沟通，通过资金流、物流、信息流的一体化管理，实现企业间共享业务流程、决策、作业程序和数据，提高企业联盟整体运作的协同性和高效性。

4.2.3 ERP系统主要功能模块

ERP系统是企业物流、资金流、信息流进行一体化管理的信息系统。因企业需求、管理结构、侧重点不同，不同企业所采用的ERP软件系统会有所不同，但主要包括三方面的功能模块：生产控制、物流管理和财务管理。这三方面功能模块包含各自的子系统模块，各子系统通过信息共享，实现整体ERP系统的系统性管理。图4-6所示为ERP系统总体功能模块结构图。

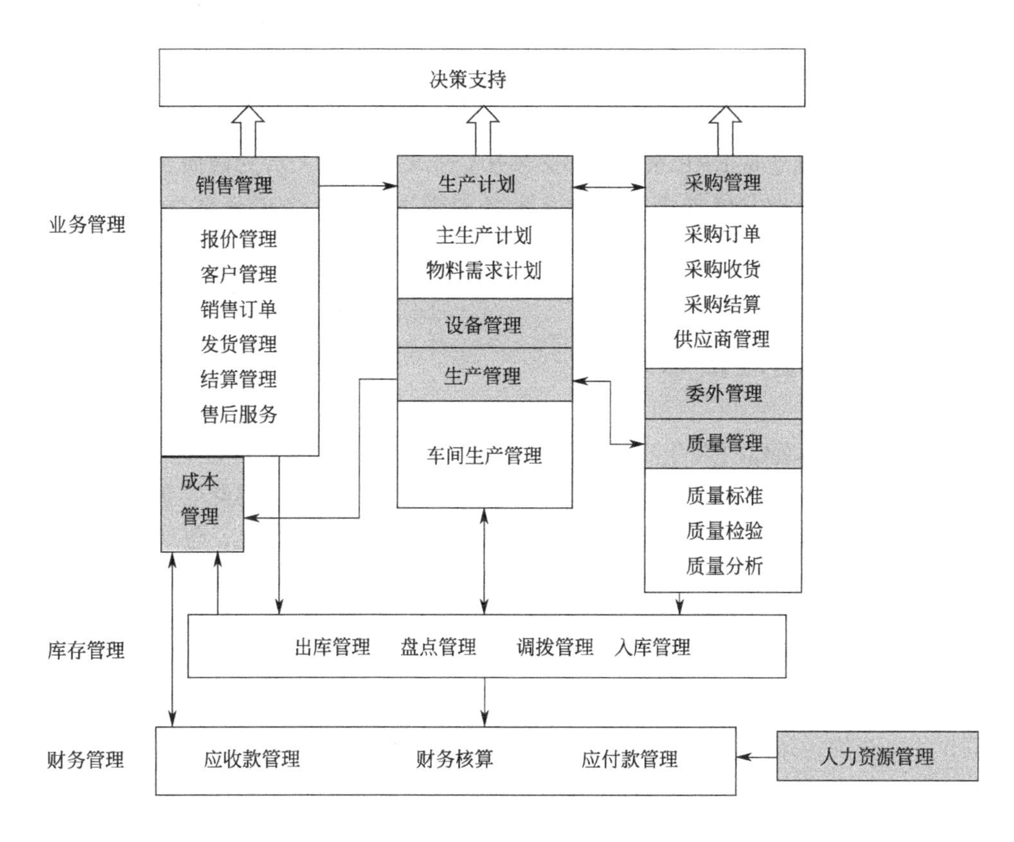

图4-6 ERP系统总体功能模块结构图

4.2.4 ERP与MIS的关系

MIS系统和ERP系统都是由企业系统管理思想提出的，并作为企业管理的工具在企业管理中得到应用。理解MIS和ERP系统的直接关系，有利于企业进行经营管理。

从概念上看，MIS和ERP系统都是通过计算机技术来提高企业管理效率的系统，MIS是以信息与数据的共享为基础，注重通过信息进行高效的决策；ERP更注重对生产制造、财务管理等模块进行集成化，对企业整个生产流程的全面管理。ERP 实际上是MIS 的子系统。

从系统构架上看，MIS 呈金字塔形管理层次结构，通过分层次管理，从信息流、控制流、管理流和增值流等不同层面分析系统的状态，分析问题产生的原因及机制，提出改进和优化的方案，并获得新的决策来实现优化；而 EPR 系统是一个线性相关的强调物流和资金流的互动关系的生产管理系统，呈扁平化组织结构，注重在制造过程中优化，保证过程正确实现。

从管理对象来看，MIS 管理的是信息活动，对信息进行搜集、整理、加工、提取和预测，以供决策者应用这些信息进行高效的决策；ERP 系统强调的是企业进行集成化的、综合性的管理，管理对象是企业的整个生产流程。

从管理内容来看，MIS 管理范围更广，需要将经营管理中的有关各方纳入系统管理中；而 ERP 管理内容更具体化，针对性更强，实现企业生产流程的全面管理。

分析和比较 MIS 和 ERP 系统的发展历程和模块结构会发现，虽然两大系统基于不同的侧重点，但都是基于对企业管理信息进行管理的目的，随着系统构建的进一步完善和企业集成化的需求，两大系统在信息集成中的作用和功能终将趋于一致。在实际应用中，无论企业选用 MIS 系统还是 ERP 系统，都必须从企业现有管理人员的素质、水平、条件出发，充分考虑企业未来发展的需求，建立良好的管理机制，才能有效发挥管理系统的作用。

4.3 印刷企业管理信息系统

在市场竞争愈加激烈的当今，企业利润大幅度降低。要提高企业竞争力、实现利润最大化，企业的信息化管理成为有效途径。印刷企业生产和管理的信息化、集成化趋势加速了企业对计算机集成印刷系统（CIPPS）的需求，管理信息的信息化、集成化，即管理信息系统的实施，是计算机集成印刷系统的初步实践阶段，印刷生产系统的信息化、集成化过程是计算机集成印刷系统实施的第二阶段，两大系统信息的无缝对接是解决“信息孤岛”以实现整体印刷企业集成系统的关键。

MIS 系统或 ERP 系统作为有效的企业信息管理工具，在实际企业管理运作中都发挥了积极作用。当前，印刷行业采用的管理信息系统主要分为以下两类：

第一类为 MIS 系统。国外对印刷 MIS 系统的开发较早，产品比较成熟，主要有通用管理系统软件开发商专为印刷行业推出的 MIS 系统，如 EFI 的 PrintSmith；印刷企业管理系统软件开发商开发的软件，如 Hiflex 的 HiflexPrint；还有印刷设备制造商，在开发的集成系统流程解决方案中带有的 MIS 子系统，如海德堡的 Prinect 一体化解决方案中的 Prinance（在本书的 9.2 节中将具体介绍海德堡的 Prinect）。国外开发 MIS 系统时，已考虑到系统的集成问题，所以一般会基于 JDF 格式或考虑与 JDF 格式的接口，以支持计算机集成印刷系统的整体性集成。

第二类为印刷 ERP 系统。国内印刷行业对于信息的管理一般起步于 ERP 系统，在 ERP 系统发挥实施效力后，才会进一步考虑其与其他管理子系统的结合。基于国内印刷行业的实际情况，本节主要介绍国内印刷企业 ERP 系统的构架、主要采用的 ERP 产品，并介绍相关成功案例和实施步骤。

印刷企业 ERP 是基于计算机技术实现印刷企业管理的企业资源管理计划。不同生产类型对 ERP 系统具有不同的要求，印刷行业属于连续型及订单生产类型的行业，也决定了印刷 ERP 的复杂性。印刷企业生产产品多样、企业管理模式不同、印刷工艺流程不同使得行业特性和个性化显著。因此，所选用的 ERP 系统应适合企业自身特点，才能在企业管理中真正起到作用。

4.3.1 印刷企业 ERP 系统构架

印刷企业 ERP 系统模块与通用 ERP 系统基本相同，但实施过程应符合印刷企业自身的特点。其功能模块主要包括商业信息管理、生产信息管理、物料信息管理、企业行政信息管理、系统管理五类，图 4-7 所示为印刷企业 ERP 系统总体模块结构及各功能模块间的关系。

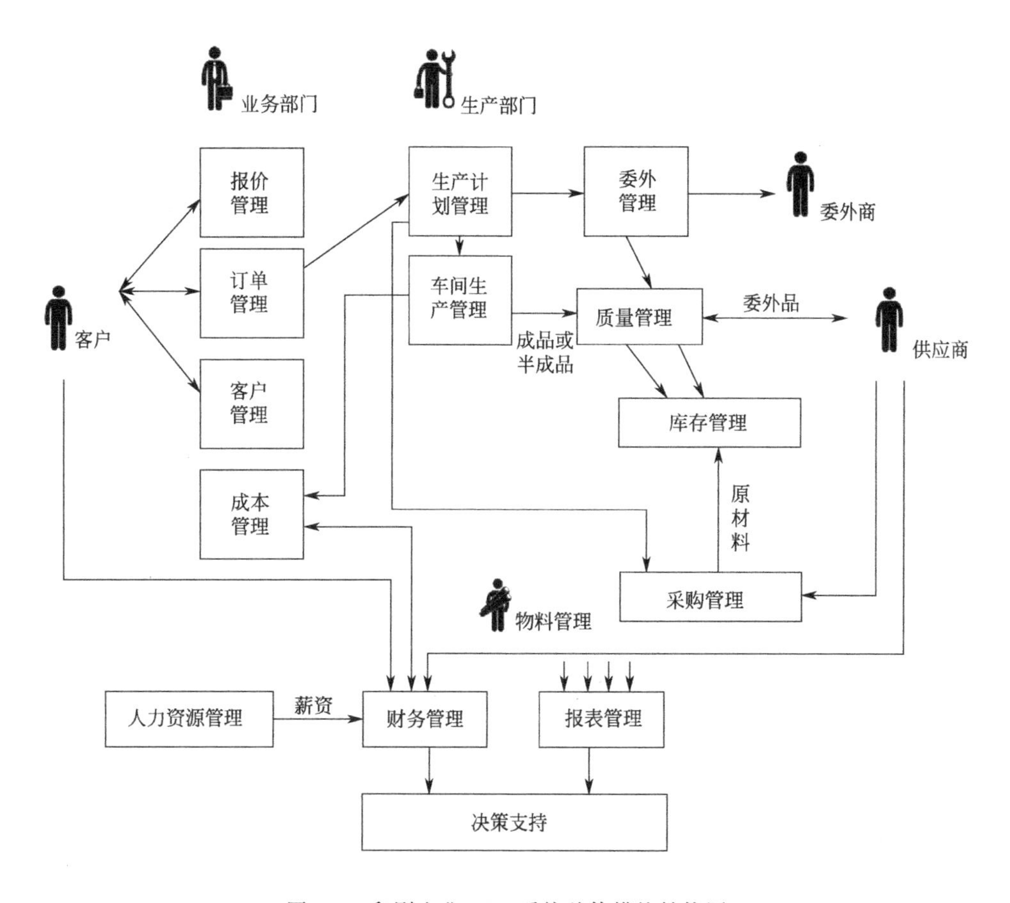

图 4-7　印刷企业 ERP 系统总体模块结构图

（1）商业信息管理

商业信息管理功能以商业信息流为主线，通过订单管理、报价管理、客户管理等模块实现印刷作业的商业信息管理。商业信息管理主要由印刷企业的业务部门（营销部门）实施，其包含的功能模块如下：

① 报价管理　报价管理模块实现客户与印刷企业业务部门之间的产品价格沟通，根据客户提交的印刷产品信息，业务部门快速、准确地进行报价。

② 订单管理　订单是企业生产、销售发货和销售款结算的依据。订单管理主要包括：根据客户需求生成印刷作业订单，进行客户订单内容信息管理，如客户名称、印刷品印数、开本、装订方式、版次等信息，并且可对客户下达的订单进行管理和跟踪，动态掌握订单的进度情况。

③ 客户管理　客户管理模块实现对客户信息建档和分类管理，对客户交易活动进行记录，并对客户信誉度进行评价管理。

（2）生产信息管理

生产信息管理功能以生产信息流为主线，通过生产计划管理、车间生产管理、设备管理、委外管理等模块实现印刷作业的生产信息管理。这里要指出的是，在生产管理方面，ERP 主要实现对企业生产管理信息进行制订和收集的管理层工作，面向车间层的生产现场管理和实时信息控制的执行层工作则由制造执行系统（MES）实现。该部分主要包含的功能模块如下：

① 生产计划管理　根据订单信息，细化生产工艺，确定生产时间、生产作业流程，制订作业生产计划；调配原材料并在原材料不足的情况下发起采购需求；根据订单需求发起委外需求；在生产任务单下发后，接收生产日报等模块的进度信息反馈，对产品生产过程进行跟踪和监控。

② 车间生产管理　根据生产任务单，对车间的生产过程进行计划、组织、协调和控制管理。

③ 设备管理　与设备相关的材料使用信息、设备运行、维修情况、设备操作人员信息应由设备操作人员手动或系统自动每日进行上报；进行设备调度、设备运行监控、设备维护和保养的管理。

④ 委外管理　因本企业生产能力不足，或特殊工艺要求，或自生产成本高于委外加工成本，需由委外企业完成部分工艺或产品的外协加工。委外管理内容包括委外订单管理、外协加工发料管理、外协加工收料管理、支付加工费管理。

（3）物料信息管理

物料信息管理功能通过供应商管理、采购管理、库存管理实现原材料、半成品、成品的物料信息管理。

① 供应商管理　建立全面的供应商信息库，辅助采购系统与应付账系统进行业务处理。供应商管理信息包括进货来源、货物供应、来货质量、数量、退货返还、供应商评估等信息。

② 采购管理　采购管理是企业供应链管理中的主要活动，依据订单和库存信息、物料需求计划，满足生产和管理部门的物料需求。采购管理包括采购计划管理、采购订单管理、请购管理、收退货管理等。

③ 库存管理　库存管理是印刷企业资源管理的重要环节，库存管理系统主要对原材料及半成品的收发业务进行管理，完成对原材料的入库、出库、盘点、调拨信息管理。

（4）企业行政信息管理

企业行政信息管理功能可根据企业需求设置相应的模块，如财务管理、人力资源管理、质量管理和报表管理等模块。

① 财务管理　财务管理是在一定的整体目标下，关于资产的购置（投资）、资本的融通（筹资）和经营中现金流量（营运资金），以及利润分配的管理。在印刷企业ERP系统中，财务管理主要分为以下三个方面。

a. 资产管理：包括固定资产管理和流动资产管理。流动资产主要为采购账单的审核和结账、委外结账、客户结账等。

b. 成本管理：印刷企业生产经营过程中，进行成本计算、成本分析、成本控制和成本决策的管理活动。总成本由生产成本（直接成本、间接成本）和期间成本（管理费用、财务费用、销售费用）构成。

c. 人员工资管理：结合人力资源从车间和各部门获得的员工工作时长和业绩考核标准，进行相应工资核算。

② 人力资源管理　人力资源管理是人力资源政策的制定以及一系列相应的管理活动，包括人事管理、人力资源计划、工作分析、员工招聘、培训计划、绩效评估、薪酬管理等功能。

③ 质量管理　建立全面质量管理体系，进行全过程和全面的质量管理与控制，包括产品检验、采购、委外加工、库存等检验功能，以及质量标准管理、质量分析、质量控制、质量统计等功能。

④ 报表管理　ERP系统根据各部门提供的信息，自动生成客户信息、订单管理、生产日报、采购报表、外协报表、付款报表等，以方便管理层随时了解生产和经营状况。

（5）系统管理

系统管理功能包括印刷企业ERP系统的用户管理、密码管理、注册管理、用户权限管理等。

4.3.2 市场中主要的印刷企业ERP系统

21世纪初，国内印刷企业开始尝试引进ERP系统，印刷企业从粗放型管理向精细化管理的进程是一个循序渐进、逐渐成熟的过程。而ERP系统是否能正确选型和正确实施是引入ERP系统成功与否的关键。

从使用的软件来看，印刷企业ERP系统主要包括四种类型：

① 具有印刷行业背景的开发商所开发的系统　具有印刷行业背景的传统印刷软件开发商熟悉印刷企业的运营方式、管理模式和工艺流程，所开发的印刷企业ERP系统功能全面，基本满足企业各方面的需求，依靠复杂的选项及配置功能来解决个性化的难题，利用高度的集成性来解决管理中的人为因素。此类软件代表有北京悟略科技（原方正电子ERP事业部）的方略印刷ERP解决方案、科网联ERP系统，以及中为印刷（ePrinter ERP）等。

② 国内ERP通用软件开发商所提供的解决方案　神州数码、用友、金蝶等国内知名ERP软件开发商均在通用ERP软件的基础上，为印刷相关企业提供产品和服务。此类系统因其适用性好，具有较强的整合企业资源和完善管理流程的能力，适应企业发展的需求。

③ 国外通用软件或专业软件　如Oracle、SAP等国际知名厂商也为印刷企业提供ERP软件。国外ERP管理软件的引入需要解决适应印刷行业、适应国内工艺条件和管理

模式的问题，否则将走入实施困境。

④ 自主开发软件或请软件公司定制　印刷企业自组团队或聘请软件开发公司根据企业状况定制 ERP 系统服务，打造更符合自身企业需求的印刷 ERP 系统。自主开发和定制系统需在解决企业当前问题的基础上，兼顾企业管理上的发展需求，以保证系统的集成性、专业性和稳定性。

4.3.3 印刷企业 ERP 系统的实施

为应对印刷企业管理中提高效率、降低成本、增强企业竞争力的需求，ERP 系统是在技术提升的基础上，从企业管理角度进行优化的有效途径。2000 年起，国内印刷企业纷纷开始使用 ERP 系统，但随之而来的是“ERP 实施失败”的困境。一些企业搁置耗资引进的 ERP 系统。但困境不能否定信息化集成管理的方向，所以正确实施 ERP 系统是印刷企业在计算机集成系统构建道路上的首要解决问题。

下面从印刷 ERP 实施成功案例和实施步骤进行重点阐述。

4.3.3.1 印刷 ERP 应用案例

(1) 尚唐纸制品引进 ERP 管理系统

企业：北京尚唐纸制品有限公司。

主要产品：纸张表面特殊效果加工、书刊高档装帧、高精包装产品。

① 引入 ERP 系统前的难点如下：

a. 印刷报价：由于精装书工艺复杂，报价工作量大，新老客户不同的报价体系所造成的报价问题。

b. 订单管理：繁杂的订单审核程序。

c. 生产计划：生产计划中订单要求的全面落实，计划变更，合理排产，保证交货期。

d. 外协管理：外协任务的价格合理、工期保证、质量保证。

e. 物资管理：原材料采购，原材料、半成品、成品的库存管理。

f. 质量管理：质量问题的处理标准和记录，外协产品的质量管理。

g. 人事工资：工人绩效工资的核算。

h. 财务接口：与财务软件的对接。

② ERP 实施效果。该公司实施的 ERP 管理系统包括销售、印前、生产、排产、进度、日报、外协、采购、材料库、成品库、质量、人事工资和财务接口共 13 个模块，取得的成效如下：

a. 数据采集：将用户和各部门数据全面采集到 ERP 系统中，以方便信息的保存、核对与统计分析。

b. 数据共享：各相关部门间数据实现了科学共享，提高了工作效率。

c. 自动控制：对 ERP 系统进行阈值预设，以预防管理漏洞。

d. 自动提醒：ERP 管理系统的自动提醒功能涵盖了工作的各环节，提醒方式为自动弹出窗口提示。

e. 辅助决策：系统能够自动对采集到的数据进行统计分析，形成明确的数据报表或直观的图形，辅助管理层决策。

● 案例分析着手点：企业引进ERP系统后对曾经存在的问题进行解决。

（2）爱德印刷的ERP换型

企业：南京爱德印刷有限公司。

主要产品：书刊。

爱德印刷于2002年首次引进ERP管理软件，选择专业印刷ERP软件，使用时长为6年，实施成功，打造了爱德的信息化“基础”。其转型原因是：由于企业快速发展，原有定制开发的ERP软件已逐渐落后于管理的需求。经多方考察与比较沟通，最终选择神州数码·易拓，由专业版本转向通用版本。2009年，在实现了新ERP系统与企业模式的融合，以及流程梳理和基础数据整理后，新ERP系统正式上线。通用型ERP管理系统具备先进的管理理念，完善了企业原有管理制度，而印刷企业特有的如报价、工艺、订单管理等印刷管理环节，需重新设计流程，实现个性化开发。新的ERP，包括生产制造系统、进销存系统、财务子系统、电子签核系统、人力资源系统以及估报价系统等。始于2009年12月的二期工程实施APS（高级排产系统）。二期完成后，APS与ERP相互补充、配合，优化生产计划，实现精益生产，最大限度满足客户交货要求。

● 案例分析着手点：企业ERP系统改型的原因分析，是否说明首次引进ERP项目就应选用通用型ERP产品。

4.3.3.2 印刷ERP实施步骤

印刷企业ERP系统虽然是一套管理软件系统，但企业想要成功应用和实施，不能仅仅依靠软件系统，“三分软件，七分实施”，ERP系统实施的关键在于“实施”，它是企业管理系统的变革。印刷企业从ERP项目的准备到ERP项目的实施，自始至终应要认真贯彻ERP项目建设的思想。

（1）ERP项目准备阶段

①“一把手”工程　必须建立统一的领导机构和切实可行的实施细则。最高层领导的重视是ERP系统实施成功的关键。

② 成立ERP专项项目组　项目组必须由总经理级别的领导负责；熟悉管理业务和计算机业务的人员参与；熟悉ERP系统专业人员为实施顾问，全程参与和指导项目的整个实施过程。项目组负责项目实施准备阶段的可行性研究、企业需求分析、ERP系统调研和选型等工作。

③ ERP知识系统培训　ERP系统的实施是企业管理系统的一次变革，必须通过ERP知识的培训，使得从领导层到管理层建立对ERP系统的认知、接受到贯彻实施的思想，使各方对ERP系统建立深入的认识。

（2）ERP项目实施阶段

① 成立三级项目组　项目实施要做到落实责任和权利范围，成立项目领导小组、项目实施小组与项目应用小组的三级项目组织。

② 制订实施计划　对项目实施步骤进行具体安排，主要包括项目进度计划、成本和预算计划、人力资源计划。

③ 业务调研和解决方案设计　对企业ERP业务管理需求进行全面调研，分析现有业务流程、管理情况和存在的问题，提出改革方案：进行业务流程改进（business process improvement，BPI）或业务流程重组（business process reengineering，BPR），实现业务流程的统一规划、统筹安排。建设合理有序的管理体制、组织机构、工作方式是ERP成功实施的必要手段。

④ 项目培训 针对不同层次、不同管理业务对象制订不同的培训计划，分为理论培训、实施方法培训、项目管理培训、系统操作应用培训、计算机系统维护培训等。项目实施的重点在于实施，而实施是通过每个业务人员实现的。所有人员必须在思想上深入理解，在行动上切实落实，才能真正实现ERP系统的实施工作。

⑤ 系统安装、用户化和二次开发 解决方案设计完成后，就可以进行系统安装，并按照解决方案要求对软件进行业务流程、审核流程、报表单据、用户权限等“用户化”设置。在软件功能与企业实际不一致的情况下，进行软件的“二次开发”或业务角度的改进。

⑥ 基础数据准备 “三分管理、七分实施、十二分数据”说明了数据在ERP实施中的重要性。数据包括客户信息、物料基本信息、供应商信息、初始库存信息等静态数据，以及销售订单、采购订单、出入库数据、财务数据等动态数据。在系统调试阶段采用测试数据，动态数据一经正式录入，系统进入切换状态，即开始正式运转。

⑦ 模拟运行和正式运行 用户化或二次开发后，必须对系统进行模拟运行，对软件系统进行适应性、可靠性检验，发现问题及时修正；ERP系统正式运行，即企业新旧管理系统之间的切换，也称为系统切换，ERP项目实施中最常采用的切换模式为并行切换，新旧系统并行工作一段时间，经过磨合，证明新系统运行正常无误后，全面运行新系统，停止旧系统的一切工作。

⑧ 系统验收和评价 系统验收分为阶段验收和实施验收，需建立完善的评价体系，对系统功能性、经济效益、安全可靠性进行评价。

⑨ 运行管理 系统实施验收并不是终点，运行中的不断改进才是决定系统成败的关键。ERP系统日常维护、为适应新需求进行的系统升级、引进ERP系统后企业管理结构的变革是运行管理的主要内容，企业管理、流程、系统持续优化是ERP系统持续有效运行的保证。

第 5 章

制造执行系统

制造执行系统（manufacturing execution system，MES）是 20 世纪 90 年代初提出的，面向车间底层，试图通过实时数据采集和分析来提供最佳的车间控制和可视化。近年来，制造执行系统作为智能制造的枢纽，已经成为制造企业应打造的核心应用。

5.1 MES 概述

随着企业信息化建设的不断深入，以 MRPⅡ、ERP 为代表的各类信息化管理软件逐渐被众多管理者所接受，并开始广泛应用于企业管理中，企业也因此取得了一定的管理效益。但是，ERP 在制造系统中应用的初始阶段，其整体应用效果并不理想。这是因为还有一个重要的环节被忽略了：信息管理系统主要是对制造系统的管理数据进行处理和运算，主要应用在计划、预测、分析等方面，对企业生产过程的主体——生产现场管理却没有涉及。

生产现场作为制造系统的物化中心，它不仅是制造计划的具体执行者，也是制造信息的反馈者，更是大量制造实时信息的集散地，因此生产现场的资源管理、物流控制和信息集成是企业生产系统中的重要一环，生产现场管理与控制系统的敏捷性在一定程度上决定着整个企业的敏捷性。针对这一问题，20 世纪 80 年代后期，美国在总结信息管理系统实施成功率较低的教训，并吸收日本准时制生产系统（JIT）经验的基础上，提出既重视计划又重视执行的管理新思想，提出制造执行系统的概念。

国际制造执行系统协会（Manufacturing Execution System Association，MESA）对 MES 的定义是“MES 能通过信息的传递，对从订单下达开始到产品完成的整个产品生产过程进行优化管理，对工厂发生的实时事件，及时作出相应的反应和报告，并用当前准确的数据对生产进行相应的指导和处理。这种对状态变化的迅速响应使得 MES 能够减少企业内部没有附加值的活动，有效地指导工厂的生产运作过程，从而使其既能提高工厂及时交货能力、改善物料的流通性能，又能提高生产回报率。MES 还为企业乃至整个产品供应链提供有关生产和产品的关键信息。”

NIST（美国国家标准与技术研究所）的定义为：MES 是对从实际制造工作启动到产品完工的生产活动进行管理和优化的信息系统，通过掌控最新的准确数据，基于实际情况进行指导、发动、响应、报告工作，为辅助企业决策提供有关生产活动的关键信息。

显然，MES 解决了生产作业计划的制定、执行和生产指挥调度，生产过程中的突发事件的处理，生产过程中的工艺标准的执行，产品质量的控制，设备运行情况的掌握，产量、在制品、生产消耗的统计，生产线人力资源状况，原料、材料、成品的库存等生产管理者最关心的问题。

1992 年，美国的先进制造研究中心（Advanced Manufacturing Research，AMR）提出了三层的企业集成模型，如图 5-1 所示。该模型将企业分为三个层次：

① 计划层：以资源（当然包括财务）管理为核心，包括经营决策级和企业计划级。主要功能：生产经营决策，长期、中长期生产计划编制，财务管理，成本管理，人力资源管理，辅助决策等。对于集团公司而言，往往强调的是集团公司的“统一性”。

② 执行层：接收计划层下达的生产任务，并进行分解向控制层发送控制指令，将采集的车间生产实时信息反馈给计划层的管理系统。分为生产调度级和车间生产级。

③ 控制层：利用底层自动化系统对生产设备自动控制，实时监控生产过程，采用先进控制技术实现生产过程的优化控制。分为过程控制级、设备控制级和检测驱动级。

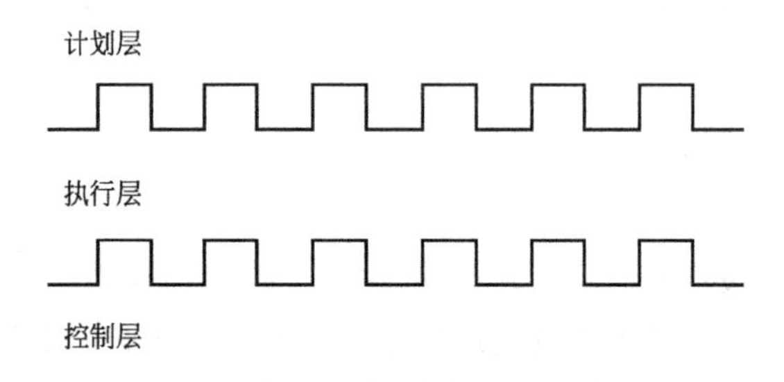

图 5-1 制造企业信息化的三个层次

制造企业的实践中，控制层使用可编程序控制器（programmable logic controller，PLC）和监视控制与数据采集系统（supervisory control and data acquisition，SCADA）来实现，并对生产过程中的设备进行连接，实现生产控制与实时信息采集与反馈。计划层多以 MRPⅡ、ERP 系统来实现，执行层即是 MES。

MES 在工厂信息系统中起着中间层的作用——在 MRPⅡ、ERP 系统产生的生产计划的指导下，MES 根据底层控制系统采集的与生产有关的实时数据，对短期生产作业的计划、调度、资据配置和生产过程进行管理或优化。

MES 的发展经历了以下三个阶段：

① 单点 MES（point MES）：针对某个单一的生产问题（如制造周期长、在制品库存过大、产品质量得不到保证、设备利用率低、缺乏过程控制等），提供的相应软件（如作业计划与控制、物料管理、质量管理、设备维护和过程管理等）。这类 MES 也被称为“专用 MES”。

② 集成化 MES（integrated MES）：集成化 MES 也被称为“项目型 MES”，是针对

特定行业，如航空、装配、半导体、食品和卫生等行业而设计的。实现了与计划层和控制层的集成，具有丰富的功能、统一的数据库，逐步加强了与上层事务处理和下层实时控制系统的集成能力。

集成化 MES 比单点 MES 迈进了一大步，具有一些优点，如：单一的逻辑数据库，系统内部具有良好的集成性，统一的数据模型等。但其整个系统依赖特定客户环境，重构性能弱，很难随业务过程的变化而进行功能配置且动态改变缺少通用性、灵活性和扩展性。

③ 可集成的 I-MES (integratable MES)：I-MES 是通过将面向对象技术、消息机制和组件技术应用到系统开发中，实现参数化、平台化的 MES 软件产品。这使得 I-MES 中的部分功能既可作为可重用组件单独销售，又具有集成化 MES 的特点，即能实现上下两层之间的集成。此外，I-MES 还能实现通用、客户化、可重构、可扩展和互操作等特性，能方便地实现不同厂商之间的集成，以及即插即用等功能。因此，I-MES 又被称为产品型 MES。

5.2　MES 功能特点

MES 具有如下一些功能特点。

(1) 实时指挥

基于生产要完成的目标和生产现场的实际情况，全面指挥人、机、物，包括：对生产加工、测试、质检、物流、现场工艺和设备维护人员的指挥，以便大家协同高效工作。

(2) 精益生产

精益生产是 MES 的指导思想，MES 围绕精益生产展开，解决生产什么（计划、调度)、如何生产（工艺、现场指示、设备控制)、用什么生产（人工管理、物料调达和设备维护）的问题，并实时获取质量和完成情况（同步采集)，其核心目标是“保质保量低成本”地完成目标。

(3) 即时协调

俗话说“计划赶不上变化”，实际生产难免发生异常，如物料调达异常、部件质量异常、设备异常等。当这些异常发生时，MES 通过调度和同步两个层次，完成详细进度计划的更新，使进度计划重新回到“协调”状态。

(4) 智能化

MES 对自控设备进行集中控制和采集，实现生产线的智能化。MES 实现的智能化，在单个设备智能化或单个自控系统的智能化之上，是设备联网以及设备与生产计划/进度的协同，是管控一体化。

(5) 同步（期）物流

物流管控是精益生产的重要内容。MES 的物流体系，不但包括各种物料上线调达方式、在线库管理，而且支持从拉料指示、外购库/自制件库管理，直至成品库和成品物流的全方位物流管理，并与生产实际关联实现同步（期）物流。

5.3 MES的角色作用

MES的核心优势在于它是工厂和管理之间的接口，MES强调通过信息集成来实现生产层和业务层之间的信息传递以及优化整个企业的生产流程。信息的实时传递使得管理具有最新的信息，从而可以进行更全面的决定。

通过关联式资料库、图形化使用界面、开放式架构等信息技术，MES能将企业生产所需的核心业务，如订单、供应商、物料管理、生产、设备保养、质量等流程整合在一起，将工厂生产线上实时的生产数据，以Web或其他通知方式准确地传送给使用者，当生产活动发生紧急事件时，还能提供现场紧急状态的信息，并以最快速度通知使用者。企业引入MES的目的在于降低没有附加价值的活动对工厂运营的影响，进而改善企业流程，提高生产效益。

MES在计划管理层与底层控制之间架起了一座桥梁，填补了两者之间的空隙（如图5-2所示）。一方面，MES可以对来自以ERP为代表的企业管理软件的生产管理信息细化、分解，将操作指令传递给底层控制；另一方面，MES可以实时监控底层设备的运行状态，采集设备、仪表的状态数据，经过分析、计算与处理，触发新的事件，从而方便、可靠地将控制系统与信息系统联系在一起，并将生产状况及时反馈给计划层。

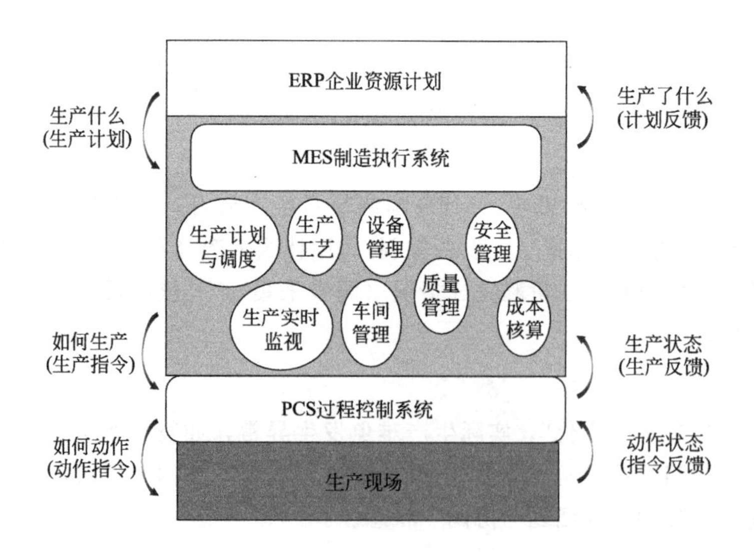

图5-2 MES与其他系统之间的关系

车间实时信息的掌握与反馈是MES系统正常运行的保证，车间的生产管理是MES的根本任务，而对底层控制的支持则是MES的特色。具体来说，一方面，ERP系统需要MES提供的成本、制造周期和预计产出时间等实时的生产数据；供应链管理系统从MES中获取当前的订单状态、当前的生产能力以及企业中生产换班的相互约束关系；客户关系管理的成功报价与准时交货则取决于MES所提供的有关生产实时数据；产品数据管理中的产品设计信息是基于MES的产品产出和生产质量数据进行优化的；控制模块则需要时刻从MES中获取生产配方和操作技术资料来指导人员和设备进行正确的生产。另一方面，MES也要从其他系统中获取相关的数据以保证MES在工厂中的正常运行。例如，MES中进行生产调度的数据来自ERP的计划数据；供应链的主计划和调度控制着MES中生产活动的时间安排；PDM为MES提供实际生产的工艺文件和各种配方及操作参数；从控制模块反馈的实时生产状态数据被MES用于实际生产性能评估和操作条件的判断。

在智能制造时代，MES不再是只连接ERP与车间现场设备的中间层级，而是智能工厂所有活动的交汇点，是现实工厂智能生产的核心；MES是贯彻精益生产理念的一个平台，精益生产的规章制度及其落实都可以在IT系统中固化和体现出来，MES成为实现精益生产的关键环节。

此外，智能制造对MES系统还提出了更高的要求，如实现柔性生产、可扩展性、开放性以及能够针对外界环境变化迅速重构、快速响应市场变化。因此，MES系统的标准化应当沿着以下内容展开：体系架构的标准化、业务逻辑的模型化和标准化、信息结构的标准化。随着MES系统实施方法论的成熟，实施模式和评价策略也在逐步走向规范化和标准化。

5.4 MES标准

5.4.1 NIST的MES模块划分

美国国家标准与技术研究所（NIST）划分的MES模块包括：资源调配及跟踪（resource allocaion and tracking）、作业/详细排程（operations/detail scheduling）、生产单元级调度（production unit dispatching）、规范管理（specification management）、数据汇集/采集（data collection/acquisition）、人工管理（labor management）、质量管理（quality management）、物料管理（material management）、维护管理（maintenance management）、产品追溯和谱溯（product tracking and genealogy ）和业绩分析（performance analysis）共11个模块。

5.4.2 ISA95标准

美国仪器、系统和自动化协会（ Instrumentation，Systems and Automation Society，ISA）从2000年开始陆续发布的ISA-SP95标准（简称ISA95），后来成为IEC/ISO 62264国际标准，该标准在工业4.0中经常提到。

ISA-SP95的功能层次如图5-3所示，将企业的功能划分为五个层次，明确地指出制造运行管理的范围是企业功能层次中的第3层，作用是定义了为实现生产最终产品的工作流活动，包括了生产纪录的维护和生产过程的协调与优化等。由此针对制造作业管理的研究可转化为两个方面：一是针对制造运行管理内部的整体结构、主要功能及信息流走向的定义；二是针对制造作业管理与其外部系统（即第4层的业务计划和物流、第2层及其以下的过程控制系统）之间的信息交互的定义。

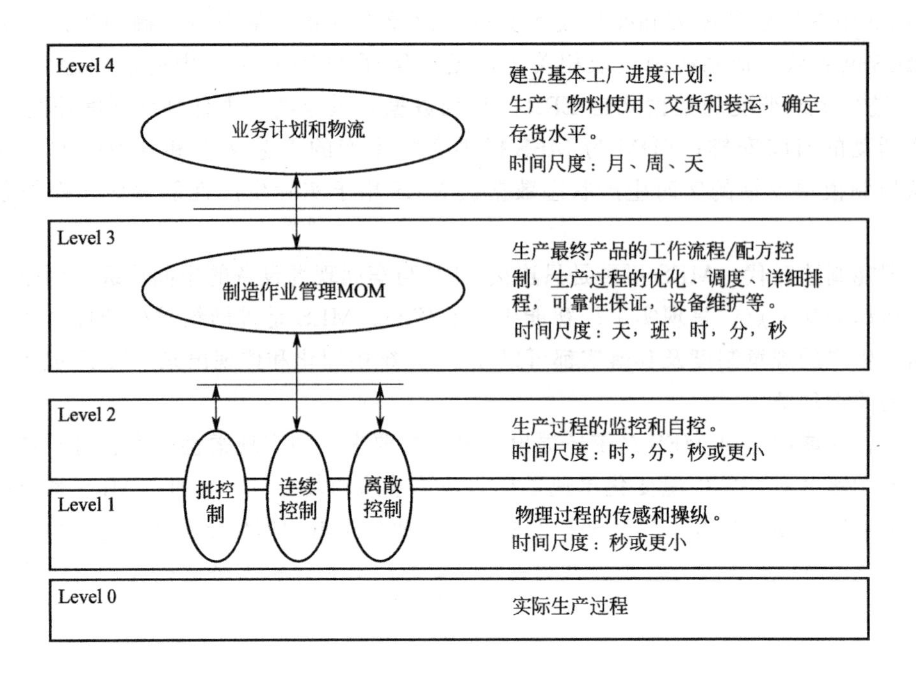

图 5-3 ISA-SP95 的功能层次

5.4.3 ISA95 MOM 功能

制造作业管理（manufacturing operation management，MOM）是由 ISA-SP95 标准首次确立的概念，IEC/ISO 62264 标准又参考了美国普度大学的 CIM 参考模型，给出了企业功能数据流模型，定义了与生产制造相关的 12 种基本功能及各个功能间相互的信息流。在此基础上，根据业务性质的不同，又将功能数据流模型中制造运行管理的内部细分为 4 个不同性质的区域，生成了制造运行管理模型，明确了 MOM 内部的整体结构。

（1）资源调配和控制（resource allocation and control）

管理制造相关的资源，资源包括：设备、工装、人工技能、物料、其他装备、文档，以及工作所需的其他实体。对资源的管理，包括为达成生产进度目标而进行的资源预占。

（2）生产分派（dispatching production）

基于资源可用性和当前状态，可能会改变预订的进度计划，当然要在可允许的范围内。通过缓冲区管理、返工和修复，能够控制任何节点的加工数量。

（3）数据收集和采集（data collection and acquisition）

获得与生产装备和生产过程相关的作业和参数数据。

（4）质量作业管理（quality operations management）

为了产品质量控制和标识需要关注的问题，从制造和检测过程获得实时的测量数据。

（5）制程管理（process management）

监控生产过程，要么能够自动修正，要么为决策者提供决策支持以便纠正或改进。

（6）生产跟踪（production tracking）

包括生产状态和工作安排。

（7）业绩分析（performance analysis）

包括提供实际制造作业结果的即时报告，以及与历史和理想结果的比对。

（8）作业和详细排程（operations and detailed scheduling）

针对特定生产装备和特定产品特性，基于优先级、属性、特性和生产规则进行生产作业的排序和排程。作业和详细排程考虑资源能力、替代/重叠或并行作业和班次模式的针对性调整。

（9）文档控制（document control）

生产单元所维护的记录和表格。

（10）人工管理（labor management）

包括人工状态、考勤、认证跟踪，以及跟踪人工的生产支持活动（如物料准备、工装准备等），用做按活动归集成本（activity-based costing，ABC）的基础。人工管理需要与资源调配交互，为优化生产和资源利用而确定人工分派。

（11）维护作业管理（maintenance operations management）

设备和工装的维护，以确保生产时可用，包括周期性和预防性维护的日程安排以及应对突发故障。维护管理要维护历史事件或故障记录，以便辅助诊断故障。

（12）物料的移动、存储和跟踪（movement，storage and tracking of materials）

包括物料、半成品和成品的管理、移动跟踪、存储以及工作中心间和工作中心内的转序。

第6章

印刷系统的集成优化

印刷系统的集成优化，是在计算机集成制造（CIM）的制造哲学指导下进行系统集成优化后建立计算机集成印刷系统（computer integrated print production system，CIPPS）。CIPPS是CIM在印刷制造工业进一步应用的结果，也是集成化智能印刷系统的基础。本章将首先介绍计算机集成制造系统（CIMS）的基本概念，然后介绍CIPPS的概念和信息集成的关键使能技术。

6.1 计算机集成制造系统

6.1.1 计算机集成制造系统的概念

计算机集成制造（computer integrated manufacturing，CIM）是信息时代的组织、管理企业生产的制造哲学。CIM最早是由美国人约瑟夫·哈灵顿（J. Harrington）博士于1973年提出的，但直到1984年前后美国才开始予以重视并大规模实施。

在20世纪70年代的美国，产业政策发生偏差，第三产业的作用被过分夸大，制造业、特别是传统产业被视为“夕阳工业”“生了锈的皮带”，导致美国制造业的优势衰退。为了振兴传统产业，哈灵顿在其博士论文中提出了“计算机集成制造”这一制造哲学。20世纪80年代初开始的世界性石油危机，暴露出美国制造业优势已多数被日本取代。“10个高技术产品中的7个，其市场已为日本所占有；日本产品在美国人心目中已经成为质量好、价格便宜的同义词。”美国报纸如是说。因此，美国开始重视CIM这一制造哲学，决定要用其信息技术的优势夺回制造业的领导地位。

“计算机集成制造”认为企业生产的组织和管理应该强调两个观点，即：

① 企业的各种生产经营活动是不可分割的，需要统一考虑。

② 整个生产制造过程实质上是信息的采集、传递和加工处理的过程。

上述的两个观点，分别是“系统观点”和“信息观点”。两者都是信息时代组织、管理生产最基本的，也是最重要的观点。

按照 CIM 的制造哲学，采用信息技术实现集成制造的具体实现便是计算机集成制造系统（computer integrated manufacturing systems，CIMS）。

总的来说，CIM 是信息时代的一种组织、管理企业生产的制造哲学，CIM 技术是实现 CIM 制造哲学的各种技术的总称，而 CIMS 则是以 CIM 为理念的一种企业的新型生产系统。

对于 CIM 和 CIMS，至今还没有一个全世界公认的定义。实际上它的内涵是不断发展的。

美国制造工程师学会的计算机与自动化系统协会（SME/CASA）在 1985 年前曾发表过图 6-1 所示的第一版 CIM 轮图。其含义是十分明确的：在计算机技术的支持下，实现企业经营、生产等主要环节的集成。

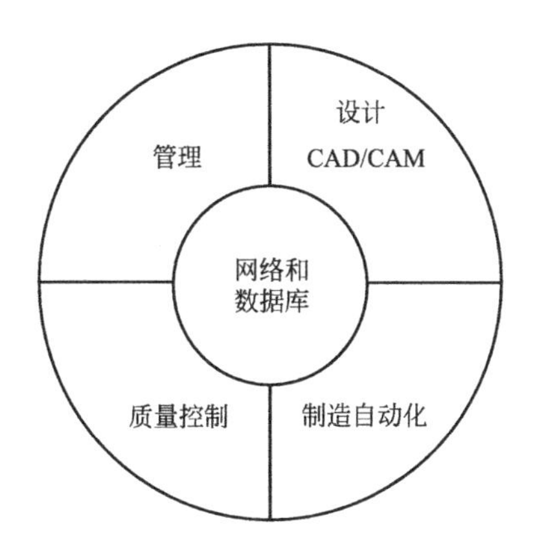

图 6-1　SME 的第一版 CIM 轮图

1985 年，德国经济生产委员会（AWF）提出 CIM 的推荐定义："CIM 是指在所有与生产有关的企业部门中集成地采用电子数据处理。CIM 包括了在生产计划与控制（PPC）、计算机辅助设计（CAD）、计算机辅助工艺规划（CAPP）、计算机辅助制造（CAM）、计算机辅助质量管理（CAQ）之间信息技术上的协同工作，其中生产产品所必需的各种技术功能和管理功能应实现集成。"

从上述定义可以看出，在 1985 年前，美国、德国等国家对 CIM 均强调了信息和集成。1988 年，我国 863 计划 CIMS 主题专家组认为："CIMS 是未来工厂自动化的一种模式。它把以往企业内相互分离的技术（如 CAD、CAM、FMC、MRP 等）和人员（各部门、各级别），通过计算机有机地综合起来，使企业内部各种活动高速度、有节奏、灵活和相互协调地进行，以提高企业对多变竞争环境的适应能力，使企业经济效益取得持续稳步的发展。"

我国对 CIMS 的定义比前述定义的发展之处在于：一是考虑了人，二是将 CIMS 的目标（提高企业对多变竞争环境的适应能力，使企业经济效益取得持续稳步的发展）明确地表达出来。

此后，日本等国的定义也是这么考虑的。

1991 年日本能率协会提出："为实现企业适应今后企业环境的经营战略，有必要从销售市场开始，对开发、生产、物流、服务进行整体优化组合，CIMS是以信息作为媒介，用计算机把企业活动中多种业务领域及其职能集成起来，追求整体效益的新型生产系统。”

欧共体CIM/OSA认为：“CIM是信息技术和生产技术的综合应用，旨在提高制造型企业的生产率和响应能力，由此，企业的所有功能、信息和组织管理方面都是集成起来的整体的各个部分。”

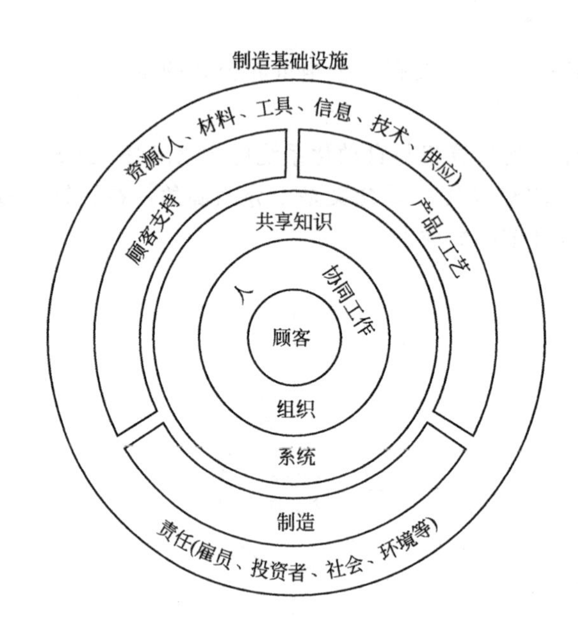

图6-2 SME的第三版CIM轮图

1992年，国际标准化组织ISO TC184/SC5/WGl认为：“CIM是把人和经营知识及能力与信息技术、制造技术综合应用，以提高制造企业的生产率和灵活性，由此将企业所有的人员、功能、信息和组织诸方面集成为一个整体。”

美国SME于1993年提出了图6-2所示的共有六层的第三版CIM轮图。从图中可以看出，CIM将顾客作为制造业一切活动的核心，强调了人、组织和协同工作，以及基于制造基础设施、资源和企业责任等三要素对制造系统的组织、管理与生产等进行全面考虑。

经过十年的实践，我国863计划CIMS主题专家组在1998年提出的CIM的新定义为：“将信息技术、现代管理技术和制造技术相结合，并应用于企业产品全生命周期（从市场需求分析到最终报废处理）的各个阶段。通过信息集成、过程优化及资源优化，实现物流、信息流、价值流的集成和优化运行，达到人（组织、管理）、经营和技术三要素的集成。以加强企业新产品开发的时间（T）、质量（Q）、成本（C）、服务（S）、环境（E），从而提高企业的市场应变能力和竞争能力。”

6.1.2 CIMS的实施原则

“系统论”是贯穿CIMS研究与实施的一条主线，因此在CIMS的实施过程中应着重利用系统论的基本思想来作为指导。

（1）强调系统分析和建模

人们建立各种千变万化的具体系统，总是为了某个目标，为此需要对系统进行分析，因而系统或过程的建模总是很重要的。分析及改造系统，目的是优化，因而约束条件下的系统优化往往是系统问题的核心。当优化某一部分的时候要考虑它属于更大的子系统的一部分，而此子系统又是企业 CIMS 的一部分，因此国内市场、全球市场、可持续发展甚至知识经济这些更大的概念都会对企业系统的优化产生重大影响。同理，在确定某种特定技术的研究和应用时，应从系统角度加以考察，这将给该技术的发展带来好处。

（2）强调集成和优化

系统强调总体，单元技术强调局部，总体便需要集成。从集成出发，就需要企业的系统建模和在异构环境下实现信息集成的关键技术。因此，系统技术、网络、数据库技术等在 CIMS 实施中总是被重视。另外，信息集成仅仅是构成系统的必要前提，系统的优化则是其自然发展的结果。企业内外部资源更合理高效运用，都属于系统优化范畴。例如，改变串行设计方式的并行工程是系统优化的重要手段之一；精简经营生产过程中一切不产生附加值的过程的“精良生产”控制模式，是非常容易被 CIM 制造哲学吸收进来的。系统集成优化由信息集成到过程集成，再到企业集成，都是集成优化概念下的具体实现。

（3）强调“系统发展模式”

CIMS 是系统，它必然包含各种单元技术。是发展好了单元技术，再去发展系统技术，还是采用“系统发展模式”，即在一定的单元技术的基础上，强调发展系统技术，并以系统技术带动单元技术的发展？我国的单元技术，无论是 CAD、CAM，还是 ERP，以及车间层的管理控制和网络数据库的支撑环境与国外相比差距不小。并且，CIMS 解决的是企业的竞争力，这是一个综合的系统问题。诚然，先进的单元技术也有助于解决企业的技术瓶颈，从而改善企业的竞争能力，但是最先进的单元技术不一定都能解决系统问题，反过来说，不是最先进的单元技术也有可能达到系统的总体目标。因此，根据国情，我国更适合选择“系统发展模式”这一技术路线来发展 CIMS。

采用“系统发展模式”，不仅能在相当程度上、在相当大的范围内实现系统所要达到的目标；而且反过来，站在系统的高度，对单元技术根据系统集成相关的要求来发展，也有助于促进单元技术的发展。

（4）强调协同

系统重视其组成，更强调互相之间的协同。系统观点为多学科的协同创新创造了一个好的环境，它不排斥任何其他学科。CIMS 的发展促进了系统学科、计算机学科、机械学科、管理学科以及经济学科之间的交流与渗透，也促进了 CIMS 和多学科本身的发展。

6.2 CIMS 的集成优化

6.2.1 信息集成

针对在设计、管理和加工制造中大量存在的自动化孤岛，解决其信息正确、高效地共享和交换，是改善企业技术和提高管理水平的重要一环。实现信息集成就是要实现数据的转换（不同数据格式和存储方式之间的转换）、数据源的统一（同一个数据仅有一个数据入口)、数据一致性的维护、异构环境下不同应用系统之间的数据传送。信息集成的理想目标是五个“正确”的实现，即“在正确的时间，将正确的信息以正确的方式传送给正确的人（或机器)，以做出正确的决策或操作”。信息集成是改善企业时间（T)、质量（Q)、成本（C)、服务（S）所必需的，其主要内容如下：

① 企业建模　这是系统总体设计的基础。通过建立企业的系统模型来科学地分析和综合企业各部分的功能关系、信息关系和动态关系。企业建模及设计方法解决了一个制造企业的物流、信息流，甚至资金流、决策流的关系，这是企业信息集成的基础。

② 异构环境下的信息集成　所谓异构是指系统中包含了不同的操作系统、控制系统、数据库及应用软件。如果各个部分的信息不能自动交换，则很难保证信息传送和交换的效率和质量。异构信息集成主要解决信息间接口方面的问题：不同通信协议的共存、不同数据库的相互访问和不同应用软件之间接口的信息传送及交换。

6.2.2 过程集成

过程集成是指利用计算机软件支持工具高效、实时地实现企业应用系统间的数据、资源共享和应用间协同工作，将一个个孤立的应用集成起来形成一个协调的企业运行系统。实现过程集成后，就可以方便地协调各种企业功能，把人和资源、资金及应用合理地组织在一起，从而获得最佳的运行效益。过程集成技术主要包括过程建模、过程分析与优化、过程集成与运行三个方面的内容。

① 过程建模　过程建模是过程重组和过程集成的重要基础。过程建模主要解决如何根据过程目标和系统约束条件，将系统内的活动组织为适当的业务过程的问题，对过程的描述需要提供对逻辑顺序结构，如顺序、分支、汇合、条件、循环、并发的描述。使用者可以通过这一套方法对企业的业务过程进行形式化描述。

② 过程分析与优化　实施过程集成除了需要建立过程模型外，更重要的是需要对现有的业务过程进行分析，并在此基础上对过程进行优化设计。过程优化也是企业业务过程重组实施中一个非常重要的阶段，它的主要任务是在已建立的业务过程模型的基础上，分析和优化企业的业务过程。不考虑改善业务流程，而单纯地使用计算机提高单个功能的处理效率，实质上是达不到提高整个业务过程效率目标的。实施过程重组和过程集成就是要从整个流程的角度，从整体目标上来配置和协调组成流程的各个活动之间的关系。

③ 过程集成与运行　在完成了过程建模和过程重组后，下一个任务就是在集成支撑环境的支持下，实现业务过程的集成与运行。集成支持系统对整个过程建模、优化、实施的全生命周期提供支持。在过程建模和优化阶段，完成对过程模型的建立、分析与优化。在过程集成与运行阶段，在优化的过程模型的基础上，通过集成已有的应用系统和开发所需要的部件化应用系统，在工作流管理系统的支持下，实现过程的集成与优化运行。信息集成服务、过程实例管理、日志管理、系统管理等功能都是实现过程集成与优化运行的支撑功能，它们统一在工作流管理系统的调度下，为实现过程集成的目标服务。

6.2.3 企业集成

企业集成是指为提高自身的市场竞争力，企业必须面对全球制造的新形势，充分利用全球的制造资源，以便更好、更快、更节省地响应市场。因此，企业集成更强调的是企业间的集成。

实施企业间集成需要解决的主要技术问题包括共享信息模型、过程模型的定义、数据交换标准和数据集成机制的定义、数据交换接口的开发、数据交换接口与企业内部信息系统的集成、信息安全问题等。由于不同的企业采用的信息系统、数据结构和数据存储方式一般是异构的，因此为了实现异构企业间的集成，必须采用或制定合作企业都认可的数据交换标准，按照定义的标准实现企业内部数据到标准数据的转化，或将标准数据转化为企业内部的数据格式。在许多情况下，企业间的集成还需要对企业的业务流程进行必要的重组，从整个供应链或协同产品开发的角度，合理地配置整个业务流程，从而实现整个价值链的优化。

采用集成平台是支持企业间集成的有效手段。基于集成平台，可以使分散的信息系统通过一个单一的接口，以可管理、可重复的方式实现单点集成（每个应用软件仅需要开发一个与集成平台对接的接口，就可以实现与所有应用的集成），使企业内的所有应用都可以通过集成平台进行通信和数据交换，实现广义范围内和深层次上的企业资源共享和集成。面向产品全生命周期管理（PLM）平台、基于应用服务提供商（ASP）技术的网络化制造平台、电子商务平台、面向协同产品开发的协同产品商务（CPC）平台、面向项目与过程管理的工作流管理平台等都可以应用于企业间的集成。

随着对集成平台的研究和应用不断深入，集成平台的概念和功能也在不断扩展，出现了“狭义集成平台”和“广义集成平台”两种概念。狭义集成平台是指一个软件平台，它为企业内多个应用软件系统或组件间的信息共享与互操作提供所需的通用服务，达到降低企业内（间）多个应用、服务或系统之间的集成复杂性的目的。广义的集成平台则是指由支撑软件系统（狭义集成平台）同其他完成不同业务逻辑功能的各应用系统一起组成的数字化企业的协同运行环境。而无论是广义的集成平台，还是狭义的集成平台，其核心内容都是为企业提供集成所需要的服务，并对集成系统进行管理。

集成平台是企业集成的支撑环境，包括硬件、软件、软件工具和系统，通过集成各种企业应用软件形成企业集成系统。它基于企业业务的信息特征，在异构分布环境（操作系统、网络、数据库）下为应用提供透明、一致的信息访问和交互手段，对其上运行的应用进行管理，为应用提供服务，并支持企业信息环境下各特定领域应用系统的集成。

6.3 计算机集成印刷系统

6.3.1 计算机集成印刷系统概述

随着印刷品消费的个性化，小批量多品种的印品生产需求骤增，同时社会生活和经济活动节奏的加快使得印刷品交货期越来越短，传统印刷制造系统在降低制造成本、提高生产效率和高效化管理等方面面临巨大挑战，因此印刷制造系统在市场响应、生产运作、生产经营管理和生产经营水平等方面的敏捷、柔性、透明和高效成为印刷企业追求的目标。

① 敏捷　在市场响应方面，印刷制造系统响应客户印刷品生产需求的时间要尽可能缩短，响应时间越短，印刷制造系统相对于市场来说越敏捷。

② 柔性　在生产运作方面，印刷制造系统从一个作业转换到另一个作业的时间要尽

可能缩短，转换时间越短，印刷制造系统越柔性。

③ 透明　在生产经营管理方面，印刷制造系统在生产过程中，生产的管理者与操作者能够即时地获得印刷制造系统实时的生产情况，客户能够即时地获取其委托印品当前所处的生产状态。

④ 高效　在生产经营水平方面，印刷制造系统在印刷品生产管理过程中，要使物流、信息流和资金流在“透明”的生产系统中高效协调地运转，降低生产和管理成本，提高生产效率。

传统印刷制造系统在计算机技术、网络技术和智能化技术等的影响下正发生着深刻变化，印刷制造系统的数字化、自动化和智能化已然成为印刷制造领域发展的方向。计算机集成印刷系统（computer integrated print production system，CIPPS）这一概念正是在这种背景下提出来的。

CIPPS是在CIM制造哲学指导下建立的印刷制造系统，作为印刷工程学科重要的发展方向之一已成为业内共识。具体来说，CIPPS是在提高单元制造设备数字化和智能化的基础上，通过网络技术将分散的印刷制造单元互联，并利用智能化技术及计算机软件使互联后的印刷制造系统、管理系统和人集成优化，形成一个高度集成的适用于小批量、多品种和交货期紧的柔性、敏捷、透明和高效的印刷制造系统。

在印刷生产过程中，从技术角度分析，存在“管理信息流”和“技术信息流”。“管理信息流”包含“生产管理信息流”和“商业管理信息流”；“技术信息流”包含“图文信息流”和“生产控制信息流”。“生产管理信息流”是印刷作业的计划、统计、进度、作业状态和作业追踪等信息。“商业管理信息流”是订单处理、生产成本统计、资金管理和产品交付等信息。“图文信息流”是需要印刷复制的内容信息，如由客户提交需复制的文字、图形和图像等。“生产控制信息流”是使印刷产品被正确生产加工而必需的控制信息，如印刷成品规格信息（版式、尺寸和装订方式等）、印刷加工所需要的质量控制信息（如印刷机油墨控制数据等）和印刷任务的设备安排信息等。在当前的传统印刷制造系统中，技术信息流与管理信息流分别处于生产系统和管理系统中，两者独立分开，形成两大“信息孤岛”。信息孤岛间的信息交流需要信息编码格式转换与多重传递来实现，这样导致了信息传递效率低下和信息衰减，从而降低了生产效率且提高了生产与管理成本，这在小批量的短版印品生产过程中更为凸显。在传统印刷制造系统中，信息编码格式多样化，是典型的异构系统。为实现信息编码格式的统一，CIP4组织提出了基于XML的、统一的、与生产设备无关的、包含生产全过程的数据格式JDF（job definition format）。JDF能够定义生产管理信息、商业管理信息和生产控制信息，图文信息则可统一使用PDF定义。表6-1描述了印刷制造系统中各类信息格式编码的演变过程。

表6-1　印刷制造系统中信息格式编码的演变

信息类型	过去	现在
生产管理信息	私有数据格式	JDF
商业管理信息	PrintTalk、私有数据格式等	JDF
图文信息	PS、PDF、PPML、TIFF/JPEG等	PDF
生产控制信息	PJTF、PPF、IfraTrack、JDF等	JDF

JDF实现了印刷制造系统的信息格式统一，使生产系统内部的信息交流变得顺畅，同时数字化技术和自动化技术提高了印刷制造单元设备的自动化程度，如CTP设备、墨量预设系统、自动换版装置和在线印后加工设备等自动化设备的出现，使得“数字化工作流程”得以实施。“数字化工作流程”是指印刷生产系统中印前处理、印刷和印后加工三部分通过数字化的“生产控制信息”被集成为一个顺畅的数字化印刷制造系统，使数字化的“图文信息”在系统内完整、准确和高效地被传递，并最终加工制作成印刷成品。在基于JDF和PDF的数字化工作流程中，以JDF数据格式编码的生产控制信息，控制印刷制造系统中各单元设备将以PDF数据格式进行编码的图文信息按照要求加工成最终的印刷品。“数字化工作流程”强调了印刷生产执行系统内部的高度集成。

由于生产管理信息、商业管理信息和生产控制信息都使用JDF数据格式编码，使得印刷制造系统内设备通信接口实现标准化。部门内部以至部门之间孤立的、局部的自动化岛，在新的管理模式及CIM制造哲学的指导下，综合应用优化理论和信息技术，通过计算机网络及其分布式数据库有机地被“集成”起来，构成一个完整的有机系统，即“计算机集成印刷系统”，以达到企业的最高目标效益。“计算机集成印刷系统”是指数字化的“管理信息”和“生产控制信息”将印前处理、印刷和印后加工及过程控制与管理系统四部分集成为一个不可分割的数字化印刷制造系统，并控制数字化的“图文信息”在系统内完整、准确和高效传递，并最终加工制作成印刷成品。“计算机集成印刷系统”相对于“数字化工作流程”，更加强调生产执行系统与企业管理系统的高度集成。

“计算机集成印刷系统”体现了CIM制造哲学中的“系统观点”和“信息观点”。

① 系统观点　一个印刷制造企业的全部生产经营活动，从订单管理、产品设计、工艺规划、印刷加工、售后服务到经营管理是一个不可分割的整体，要全面统一地加以考虑。

② 信息观点　整个印品加工过程实质上是一个信息采集、传送和处理决策的过程，最终形成的印刷品可以看作数据（控制信息和图文信息）的物质表现。

“计算机集成印刷系统”应最终实现物流、信息流、资金流的集成和优化运行，达到人（组织、管理）、经营和技术三要素的集成，以缩短企业的作业响应时间，提高产品质量、降低成本、改善服务，有益于环保，从而提高印刷企业的市场应变能力和竞争能力。

“计算机集成印刷系统”是CIM理论在印刷制造系统中进一步应用的结果，“计算机集成印刷系统”在功能实现上则具有印刷加工的特殊性。目前，CIPPS在实施过程中存在两种集成模式，即以MIS为中心的CIPPS和以JDF智能库为中心的CIPPS，它们的功能模型如图6-3所示。

图6-3（a）中，CIPPS是以MIS为核心的，订单系统、印前系统、印刷系统和印后加工系统在生产过程中根据生产管理与MIS进行JDF数据通信，在此CIPPS中，MIS扮演管理者角色，其他四个子系统扮演操作者角色。图6-3（b）中，“JDF智能库”是一个具有管理JDF数据能力的智能数据库，能够智能分析印刷制造系统中作业的生产状态与设备状态，在合适的时间与合适的设备单元间进行JDF通信，从而实现对印刷制造系统的控制。

CIPPS描述的是一种经过系统集成优化的、理想的印刷制造系统。因此，与一般系统集成优化过程一样，其系统实现过程也同样有三个层次（阶段），即信息集成、过程集成和企业集成。

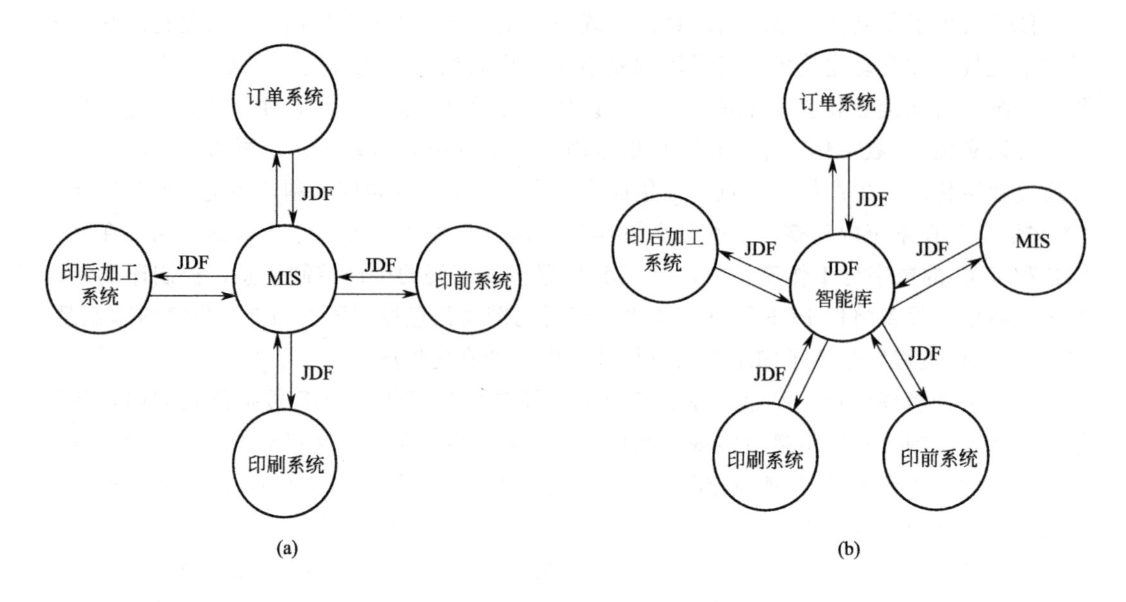

图 6-3 计算机集成印刷系统的功能模型

① 信息集成 各印刷制造单元在实现自动化的基础上具有统一的信息编码格式，借助网络技术、信息技术和应用软件等实现自动化孤岛互联。信息集成是 CIPPS 实现的最低层次，是过程集成和企业集成的基础。

② 过程集成 印刷制造系统在实现信息集成的基础上通过优化理论将传统印刷制造系统中的串行工艺流程优化为并行过程，并利用智能技术实现系统内数据和资源的高效实时共享，最终实现印刷制造系统内不同过程的高效交互和协同工作。

③ 企业集成 印刷制造系统在实现过程集成的基础上为提高自身市场竞争力，通过企业间信息共享与集成构建“虚拟企业联盟”或“动态企业联盟”，从而充分利用全球制造资源，以便更好、更快、更节省地响应市场。过程集成强调企业内部系统的集成，企业集成则强调企业间不同系统的集成。

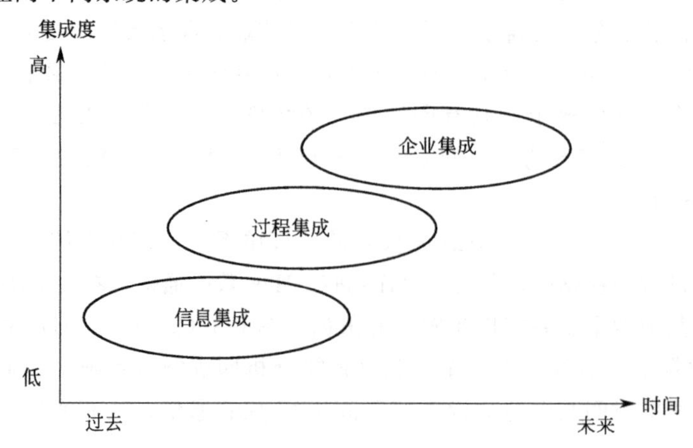

图 6-4 CIPPS 集成三个层次的关系

上述的三个阶段虽然在系统集成层次上有逐层递进深化的关系，但在 CIPPS 实现过程中并不是只有完成低层次的集成后才能进行更高层次的集成，它们的关系如图 6-4 所示。例如，在 CIPPS 实施过程中，当印前实现信息集成后，就可以做印前阶段的过程集成，而不需要等印刷制造系统整个信息集成过程完成。值得注意的是，无论是信息集成、过程集成，还是企业集成，都不能忽略人的重要性，都需要在组织与人员集成的支持下开展工作。

6.3.2　管理在 CIPPS 中的关键作用

计算机集成印刷系统在进行系统集成优化实施时，管理、生产组织模式这一宏观层次是十分重要的。解决多目标、随机、受多种约束的复杂系统，应该采用宏观和中观、微观层次相结合，定性和定量相结合的思路。管理、生产组织模式是现代先进生产系统中首要的决定性因素。因此，在计算机集成印刷系统的研究和开发中，管理是重要内容。各种先进的生产模式和管理思想，如集成制造、“推式”生产、精良生产及“拉式”生产，企业经营过程重组的理念、协同生产、敏捷化生产等，都是十分重要的。从实现的角度，即 CIPPS 在企业的应用，管理更是一个突出的重要因素。单纯从技术到技术很难解决企业面临的各种问题。

生产系统的优化问题是管理（也是控制）在微观层次上的体现。计算机集成印刷系统不是只停留在定性层次上的集成优化，还必须发展到建立在数学和智能等层次上的定量优化，这一点是需要特别重视的。

6.3.3　信息技术的引入

信息技术的全面、深入和及时应用是计算机集成印刷系统的另一个主要技术特征，这也决定了 CIPPS 的生命力。信息技术的引入，使得 CIPPS 呈现以下几个方面的主要技术特征：

① 集成化　如前所述，CIPPS 的集成化从早期的信息集成发展到过程集成，再到企业集成，信息技术都是贯穿始终的重要支撑技术。对于印刷企业而言，信息集成、过程集成和企业集成都是有用的，有利于改善企业的竞争能力。而信息集成则是我国印刷企业当前实施 CIPPS 的重点。

② 网络化　从早期基于局域网的印前流程网络发展到企业内办公自动化系统和 ERP 系统，再发展到基于广域网或“云服务”的集团企业内的自动化系统、ERP 系统和基于 Internet 的电子商务系统。

③ 数字化　开始是建立图文的数字化，然后建立数字化的桌面出版系统（DTP）、数字化制版（CTP）和数字化控制系统等。产品的全生命周期的全数字化生产与控制是未来印刷企业 CIPPS 的努力目标。

④ 虚拟化　从二维的虚拟印刷桌面打样到印刷品三维仿真，基于虚拟现实的印刷生产系统控制是未来重要的发展方向之一。

⑤ 智能化　从印刷机故障诊断专家系统的应用到智能化车间级管理、基于印刷品的智能化设备预设系统等智能化工具，将会在印刷系统中有更多的应用。

6.3.4　我国 CIPPS 实施的重点

工业化国家 CIMS 的发展和应用强调生产制造层的设备高度自动化，而我国当前不可能走这条技术发展路线。国内企业生产经营的瓶颈是新产品的开发设计能力薄弱、管理粗放，而且车间层只能适度自动化。因此我们的技术发展路线是加强设计和管理，并实现企业的（或企业部分的）信息集成，这是我国CIMS的一个特点。从信息集成向过程分析和优化（过程集成）及企业间集成的方向发展，是计算机集成制造系统技术内涵实现的一个途径。

计算机集成印刷系统集成了印刷生产系统和管理系统，其实现过程不仅面临大量的技术难题，同时还面临管理难题。从技术方面看，在三个不同的集成阶段，需要解决的关键使能技术各有不同。根据当前我国印刷工业的发展现状，目前CIPPS的实施重点在信息集成和过程集成阶段。

在信息集成阶段，需要解决的关键使能技术如下：

① 信息标准化及其接口实现　目前，印刷设备的信息标准化集中于基于XML的JDF数据标准。当前，JDF已逐渐成为行业标准，因此，在信息标准化及其接口实现时，首先需要解决基于JDF数据标准的设备接口研发和针对不同设备功能的JDF数据编辑器的研发问题。

② JDF数据库实现与工厂网络化互联　要实现印刷制造系统中各自动化单元的互联和信息高效实时的共享，首先需要建立JDF数据库。JDF基于XML，如何在数据库中实现高效的JDF数据管理是基本问题；在实现JDF数据库的基础上，可利用网络通信技术，实现具备JDF数据传输和JMF即时消息通信能力的设备互联网络。

在过程集成阶段，需要解决的关键使能技术如下：

① CIPPS建模与集成策略　对印刷制造系统内各单元进行集成，首先需要合适的集成策略来指导系统内信息和资源的共享与集成，然后对印刷制造系统进行过程建模，在建模的基础上进行相应流程控制软件的研发，以支持印刷制造系统的集成。

② CIPPS过程优化理论　要使印刷制造系统内各单元设备的集成效益最大化，一般还需要对原有的工艺流程进行优化或再造，前端工序应尽量将后续的工序信息考虑进来，使工艺流程成为并行流程，减少串行流程迭代反复的过程，从而提高作业效率和减少材料浪费。只有这样，才能在信息集成的基础上充分发挥设备单元的潜力，使得集成后的印刷制造系统实现最大目标价值。例如，使用PDF文件印刷预飞检查，减少在制版后才发现错误的时间与材料的浪费。再如，对印刷工艺员的工艺计划工序进行优化再造，实现计算机辅助印刷工艺规划，尽量减少工艺规划中因后续印刷加工信息的不全面而产生的错误，从而提高工艺规划的效率和准确性，也可提高整个系统的生产效率。

③过程集成平台构建　构建针对印刷制造系统的信息特征，使用满足印刷企业过程集成优化应用需求的集成平台是实现过程集成的关键。作为印刷集成系统支持环境的集成平台，应该提供分布环境下透明的同步/异步通信服务功能，使用户和应用程序无须关心具体的操作系统和应用程序所处的网络物理位置。此外，集成平台还需要为应用提供透明的信息访问服务，通过实现异种数据库系统之间数据的交换、互操作、分布数据管理和共享信息模型定义，使集成平台上运行的应用、服务或客户端能够以一致的语义和接口实现对数据（数据库、数据文件、应用交互信息）的访问与控制。最后，集成平台应能在用户无须对原有系统进行修改（不会影响原有系统的功能）的情况下，在原有系统的基础上加上相应的访问接口，将现有的、用不同技术实现的系统互联起来，通过为应用提供数据交换和访问操作，使各种不同的系统能够相互协作。

第7章

可扩展置标语言

可扩展置标语言（extensible markup language，XML）也称可扩展标记语言和可扩展标识语言，是由万维网协会（W3C）于1996年开始开发的一种置标语言，是标准通用置标语言（standard generalized markup language，SGML）的一个子集。XML作为一种面向各类信息的数据存储工具和可配置载体的开放式标准，是文本处理及网络数据交换中的一种重要的标记语言。JDF数据标准便是基于XML的。本章主要对XML语言的基本发展历史、XML文档结构组成及语法规则、XML Schema和XML的编辑与浏览工具进行简要介绍，以使读者对XML有一个初步的了解。

7.1 XML概述

XML是一种用于信息描述的语言，而非计算机编程语言。它不能像C++、Java等编程语言实现逻辑运算，但可实现信息的描述与存储。XML文档是以“.xml”为扩展名的文本文件，可以使用“记事本”这类文本编辑器打开并编辑，也可被Internet Explorer 4.01或更高的版本浏览。

XML标准可以追溯到IBM公司于1969年为解决不同系统中文档格式不同的问题所开发的通用标记语言（generalized markup language，GML）。GML是一套信息编码系统，使信息独立于出版和传送媒介之外，使文本可在不同设备与软件间以相同的方式被编码与传输，实现信息共享。1985年，IBM继续完善GML，使之成为标准通用标记语言（standard generalized markup language，SGML）。ISO于1986年采纳了SGML，并发布了为生产标准化文档而定义的标记语言标准ISO 8879。但由于SGML存在“复杂度太高”和“开发成本高”的问题，使得SGML在Web上的推广受到阻碍。为适应互联网应用发展的需求，特别是网络数据交互和业务集成的需求，W3C专门成立专家组开发了一种复杂度不高，兼具SGML的强大功能和可扩展性的新标记语言，即XML语言。1998年2

月，W3C 批准了 XML 1.0 规范 V1 版本。XML 一经推出，便在数据描述领域得到广泛应用。

例如，在印刷工业领域，CIP4 组织基于 XML 制定了用于描述印刷生产与管理信息的 JDF 标准，PODi（Print On Demand initiative，按需印刷倡议联盟）组织基于 XML 制定了用于可变数据页面信息的 PPML 标准。图 7-1 简要描述了标记语言从 GML 开始发展的历程。

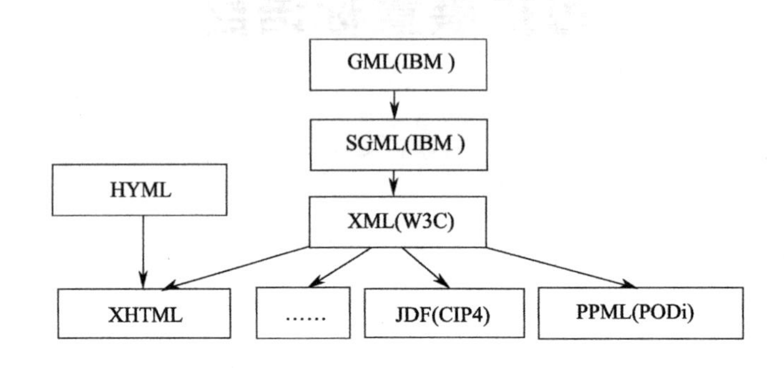

图 7-1 标记语言发展历程简图

XML 标准本身简单，但与 XML 相关的标准却种类繁多。例如，W3C 制定的相关标准就有 20 多个，不同行业采用 XML 也制定了许多数据标准，重要的电子商务标准就有 10 多个，还包括上述的印刷工业的 JDF 和 PPML 等。总的来说，XML 相关的标准可以分为元语言标准（meta-language）、基础标准（foundation-language）和应用标准（application-language），其标准体系如图 7-2 所示。

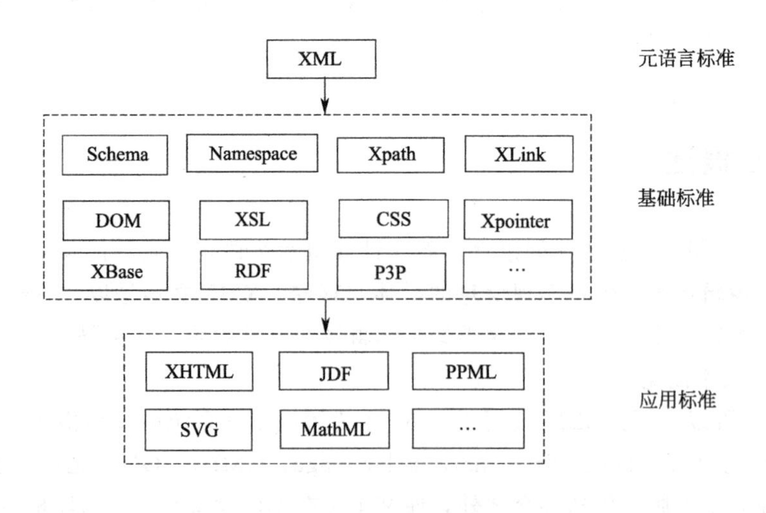

图 7-2 XML 标准体系

元语言标准用来描述标准的元语言，是 XML 标准本身，它是整个标准体系的核心，其他 XML 相关标准都是用它制定的或为其服务；基础标准则都是为 XML 的进一步实用化制定的标准，规定了采用 XML 制定标准时的一些公用特征、方法和规则，如 Schema；应用标准则是针对某一信息描述的具体应用需求使用 XML 标准（元语言标准）而制定的数据标准，如 JDF 和 PPML。为满足本课程后续学习的知识需求，本章将重点介绍元语言标准 XML 的语法，并简要介绍 Schema。

7.2 XML 语法

7.2.1 XML 概述

从 XML 的命名来看，XML 的核心还是置标语言。但 XML 不仅是置标语言，而且还是可扩展的置标语言。“置标”的定义是：为了处理的目的，在数据中加入附加信息，这种附加信息称为置标。“置标语言”的定义则是：运用置标法描述结构化数据的形式语言。在 XML 中，置标就是对数据添加一些可代表一定语意的“标记”。例程 7-1 是一个简单的 XML 文档。

例程 7-1：

```
<? xmlversion="1.0"encoding="UTF-16"? >
<印刷机>
    <设备名称>单张纸胶印机</设备名称>
    <生产厂家>北人集团
      <地址>北京</地址>
    </生产厂家>
    <出厂日期>2007 年 10 月 20 日</出厂日期>
</印刷机>
```

上面的 XML 文件中所有带有“<>”的附加信息即为置标，如<印刷机>、<设备名称>、<生产厂家>等均为置标。不难发现这些置标的标记名称都是用户自己定义的，这即是 XML 的可扩展性。因此，“可扩展性”是指 XML 允许用户按照 XML 规则自由定义标记名，这样使得 XML 文件能够很好地体现数据的结构和含义。

观察例程 7-1 中的 XML 文档，一个 XML 文档最基本的构成是 XML 声明和 XML 元素。<? xml version=" 1.0" encoding=" UTF-16"? >是一个 XML 声明。version=" 1.0" 定义 XML 的版本为 1.0，encoding=" UTF-16" 定义 XML 文档所使用的编码为 UTF-16。

XML 声明下面是文档中的各个 XML 元素。每个元素都必须包括一个“起始标记”和一个“结束标记”。一个元素的“起始标记”和“结束标记”间可以包含文本数据或再嵌套其他元素，其中被嵌套的元素是该元素的子元素或称该元素是被嵌套元素的父元素。紧跟在 XML 声明之后的元素称为“根元素”，又称为“文档元素”，其他元素都封装（被嵌套）在根元素中。XML 文件有且仅有一个根元素。

例程 7-1 中，包含五个元素，其中“<印刷机>…</印刷机>”为根元素，它的起始标记是“<印刷机>”，结束标记是“</印刷机>”。“<设备名称>…</设备名称>”“<生产厂家>…</生产厂家>”“ <出厂日期>…</出厂日期>”都是根元素的子元素，“<地址>…</地址>”元素又是“<生产厂家>…</生产厂家>”的子元素。

例程 7-2 中的两个 XML 文档都存在错误。其中，“A. xml” 中缺少根元素，“B. xml” 中根元素的子元素的起始标记和结束标记嵌套有误（“设备名称” 与 “出厂日期” 元素交叉）。

例程 7-2：

```
A. xml
＜? xml version＝"1. 0"encoding＝"GB2312"? ＞
＜设备名称＞单张纸胶印机＜/设备名称＞
＜出厂日期＞2007 年 10 月 20 日＜/出厂日期＞
B. xml
＜? xml version＝"1. 0"encoding＝"GB2312"? ＞
＜印刷机＞
  ＜设备名称＞单张纸胶印机＜出厂日期＞
  ＜/设备名称＞2007 年 10 月 20 日＜/出厂日期＞
＜/印刷机＞
```

应用程序要分析和利用 XML 文档中的数据，则首先需要通过 “XML 解析器” 来处理 XML 文档。XML 解析器是 XML 文档和应用程序之间的一个 “桥梁”，它为应用程序从 XML 文档中解析出所需要的数据（见图 7-3）。XML 文档必须符合一定的语法规则，只有符合这些规则，XML 文档才可以被 XML 解析器解析。一个严格遵守 XML 语法的 XML 文档称为 “格式良好的（well-formed）” XML 文档。一个 “格式良好的” XML 文档具有良好的结构性，这大大提高了应用程序处理 XML 数据的准确性和效率。

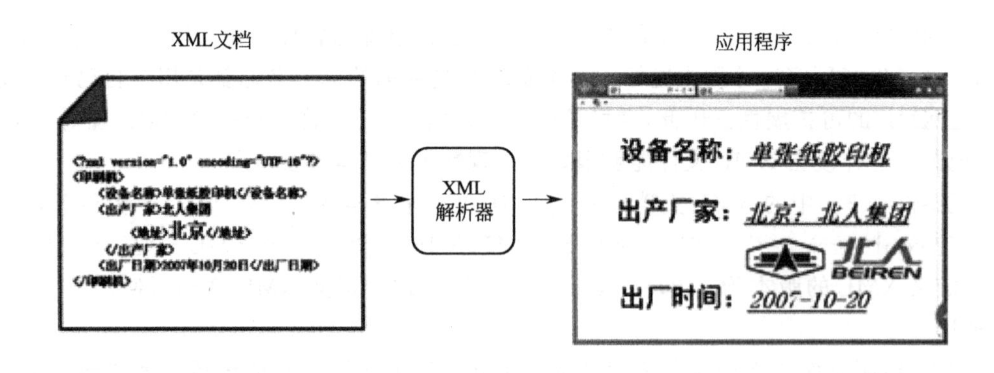

图 7-3 XML 解析器功能示意图

7. 2. 2 “格式良好的” XML 文档

尽管 XML 的可扩展性允许 “随心所欲” 地建立自己的 “标记名” 集，但不能 “随心所欲” 地写 XML 文档，而必须严格遵守 XML 语法的规定。若所写的 XML 文档未严格遵守 XML 语法，则该文档不是一个 “格式良好的” XML 文档，应用程序处理该 XML 文档时将无法对文档数据进行处理。

“格式良好的”XML文档无论是从物理结构上讲，还是从逻辑结构上讲，都必须遵守XML 1.0规范中的语法规则。在前文中已经涉及了“格式良好的”XML文档应该满足的部分条件，下面将总结并补充应该遵守的基本语法规则：

① 文档应包含一个或多个元素。

② 文档中有且仅有一个根元素，该元素无任何部分出现在其他元素中。

③ 元素必须正确关闭，即任何元素要有正确的起始标记和结束标记。

④ 元素不能交叉嵌套。

⑤ 属性值必须加引号。

值得注意的是，上面列出的只是基本规则，“格式良好的”XML文档还有其他具体的要求，即XML语法。在实际应用中常使用两类工具来检验一个XML文档是否是“格式良好的”：一个是用Internet Explorer 4.01或更高的版本打开要检验的XML文档，如果报错，那么该文档就不是“格式良好的”；另外就是用一些XML编辑软件中的“检查格式良好”的工具进行检验，图7-4所示示意了Altova XMLSpy软件中“检查格式良好”的按钮工具。

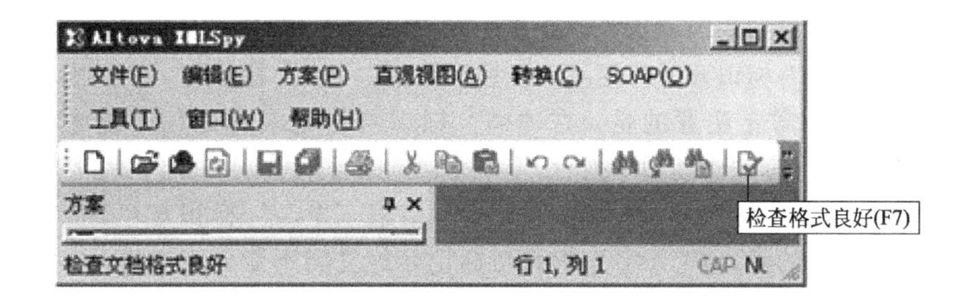

图7-4 Altova XMLSpy软件中“检查格式良好”的按钮工具

7.2.3 XML声明

在一个规范的XML文档中，第一行必须是“XML声明”，其前面不能有空白或其他的处理指令以及注释。XML声明以“<?”标识开始，以“? >”标识结束。在“<?”后面紧跟着处理指令名称“xml”。XML声明的主要作用是告诉XML处理程序，将XML中的某些标记交由某个事先制作好的程序来解释。例程7-3是一个简单的XML声明。

例程7-3：

```
<? xml version="1.0"encoding="UTF-16"? >
```

(1) XML声明中的版本属性

一个XML声明必须包含“version”属性，指明该XML文档使用的XML版本号。一个简单的XML声明可以只包含“version”属性。目前该属性的取值只能是1.0，1.1版本还没有正式公布。

(2) XML声明中的编码属性

XML声明中可以指定“encoding”属性的值，该属性规定XML文档采用哪种字符集进行编码。如果在XML声明中没有指定“encoding”属性的取值，那么该属性的默认值是“UTF-8”。XML文档使用UTF-8编码，不仅可以包含拉丁字母a、b、c等，还可以包括汉字、日本的片假名和平假名、朝鲜语以及其他许多语言中的文字。一般常见的编码如下：

- 简体中文码——GB2312。
- 繁体中文码——BIG5。
- 压缩的Unicode编码——UTF-8。
- 压缩的UCS编码——UTF-16。

7.2.4 元素

当写好一个XML声明时，一个新的XML文档就宣告诞生了。下面就是XML文档的实质内容——元素。XML文档中的元素分为“非空元素”和“空元素”两种。

(1) 非空元素

“非空元素”的起始标记是“＜标记名称＞”，结束标记是“＜/标记名称＞”。元素的起始标记和结束标记之间的内容称为该元素所标记的内容，简称“元素的内容”。

起始标记以“＜”标识开始，用“＞”标识结束，“＜”标识与“＞”标识之间是标记名称和属性列表。需要注意的是，在“＜”标识与标记名称之间不能含有空格，在“＞”标识的前面可以有空格和回车换行。

结束标记以“＜/”标识开始，用“＞”标识结束，“＜/”标识与“＞”标识之间是标记名称。需要注意的是，在“＜/”标识与标记名称之间不能含有空格，在“＞”标识的前面可以有空格和回车换行。

非空元素的语法格式如下：

＜标记名称 属性列表 ＞元素的内容＜/标记名称＞

或：

＜标记名称＞元素的内容＜/标记名称＞

另外，在非空元素中还需要注意以下几点：

① 每个非空元素都必须包括一个起始标记和一个结束标记。

② 一个元素的起始标记和结束标记中的标记名称必须一致。

例如，在＜Hello＞Hello，World！＜/Hi＞中，起始标记的标记名称是“Hello”，而结束标记的标记名称是“Hi”，标记名称不一致，故该元素不是“格式良好的”。

③ 在标记中标记名称必须区分大小写。

例如，在＜Comment＞Customer info text＜/comment＞中，标记名称的第一个字母大小写不一致，故该元素不是“格式良好的”。

(2) 空元素

在元素的起始标记和结束标记之间没有“元素的内容”，则称该元素为空元素。为了简便起见，对于空元素，可以在非空元素格式的基础上不写结束标记，而在起始标记的“＞”标识前加斜杠“/”来确认。这样的标记称为“空标记”。

具体来讲，空标记以“＜”标识开始，用“/＞”标识结束，“＜”标识与“/＞”标识之间是标记名称和属性列表。需要注意的是，在“＜”标识与标记名称之间不能含有空格，在“/>”标识的前面可以有空格和回车换行。使用空标记标识一个空元素的语法格式如下：

<标记名称 属性列表 />

或：

<标记名称/>

例程 7-4 中示例了两个正确且等价的空元素。在 XML 文档的实际编写过程中，用空标记标识一个空元素更为常用。

例程 7-4：

```
<Empty></Empty>
<Empty/>
```

7. 2. 5　属性

属性是指元素的属性，可以为元素添加附加信息。属性可以在非空元素的“起始标记”和空元素的“空标记”中的属性列表处声明。

属性是一个名值对，即属性必须由名称和取值组成。在一个标记中可以包含任意多个属性，属性名不能重复，用“＝”为属性名指定一个取值。属性的语法格式如下：

属性名称＝" 取值"

例如，<桌子 width＝" 200" height＝" 500" length＝" 800" ></桌子>。

7. 2. 6　注释

注释以“<! --”开始，以“-->”结束，XML 解析器将忽略注释的内容，不对其做解析处理。注释语法格式如下：

<! --注释内容-->

例程 7-5 是含有一个注释的合法的 XML 文档。

例程 7-5：

```
<?xml version="1.0"encoding="UTF-8"standalone="no"? >
<! --简单的 XML 文件-->
<家具>
    <桌子 width="200"height="500"length="800"></桌子>
    <凳子 width="60"height="260"length="800"/>
</家具>
```

值得注意的是，当在 XML 文档中使用注释时，要遵守以下几个规则：

① 在注释文本中不能出现字符“-”或字符串“--”，否则 XML 解析器会将它们和注释结束标记“-->”相混淆。

② 不能把注释文本放在标记之中。

例如，在<家具<! --简单的 XML 文件-->></家具>中，注释文本放在起始标记中，因此它不是一个“格式良好的”元素。

③ 注释不能被嵌套，其中不能再包含另一对注释符号。

④ 注释文本不能放在 XML 声明之前，必须确保把 XML 声明作为 XML 文档的第一行。

7.2.7 名称空间

由于 XML 文档中的元素名和属性名可由用户自由定义，因此将不可避免地产生使用相同的元素名、属性名来置标不同意义的数据内容这类命名冲突问题。名称空间（namespace）标准则是为解决这类命名冲突问题而提出的。名称空间标准通过隶属不同的名字空间来相互区别不同意义的相同元素名和属性名。值得注意的是，在一些工业应用中，对于不同的元素名和属性名也会用名字空间来声明其各自隶属的名字空间，以便 XML 解析器能根据名称空间区别地处理这些元素名和属性名。

名称空间的声明必须在元素的“起始标记”中用保留属性“xmlns”来声明，分为有前缀和无前缀的名称空间。

（1）有前缀和无前缀的名称空间

“有前缀的名称空间”使用“前置命名法”声明，其语法如下：

xmlns：前缀=名称空间名

例如，<JDF xmlns：HDM=" http：//www.heidelberg.com/Schema/HDM" ></JDF >。

“无前缀的名称空间”使用“默认命名法”声明，其语法如下：

xmlns=名称空间名

例如，< JDF xmlns = " http：//www.heidelberg.com/Schema/HDM" > </JDF >。

需要注意的是，“xmlns”与“：”、“：”与名称空间的前缀之间不要有空格。另外，名称空间的前缀和名称空间的名字是区分大小写的，如例程 7-6 中分别声明了三个不同的“有前缀的名称空间”。

例程 7-6：

```
xmlns:XAUT="www.xaut.edu.cn"
xmlns:XAUt="www.xaut.edu.cn"
xmlns:XAUT="www.XAUT.edu.cn"
```

（2）名称空间的作用域

名称空间的作用域是指一个名称空间声明可以作用到哪些元素和属性。有前缀和无前缀的名称空间的作用域是不同的。

若一个元素声明的是“有前缀的名称空间”，当该元素和该元素的所有子元素准备隶属该名称空间时，则必须在元素前引用这个“名称空间的前缀”，使得该元素隶属于该名称空间。一个元素通过在标记名称前添加“名称空间的前缀”和“冒号”来实现引用（前缀、冒号和标记名称之间不要有空格），如例程 7-7 所示。

例程 7-7：

```
<?xml version="1.0"encoding="UTF-8"? >
<XAUT:Student xmlns:XAUT="http://www.xaut.edu.cn">
    <XAUT:张三>博士毕业</XAUT:张三>
    <XAUT:李四>硕士毕业</XAUT:李四>
</XAUT:Student>
```

若一个元素声明的是“无前缀的名称空间”，则该名称空间可作用到声明它的元素，以及该元素内没有引用“名称空间的前缀”的所有子元素。

例程 7-8：

```
<?xml version="1.0"encoding="UTF-8"? >
<Student xmlns="http://www.xaut.edu.cn"
        xmlns:XJU="http://www.xju.edu.cn">
        <张三>博士毕业</张三>
        <XJU:李四>硕士毕业</XJU:李四>
</Student>
```

例程 7-8 中的“Student”元素既有“无前缀的名称空间”声明，又包含“有前缀的名称空间”声明。首先，“Student”元素的子元素“张三”和“李四”默认隶属于无前缀的名称空间。但是“李四”的标记名称前引用了“名称空间的前缀”——“XJU”，因此，“李四”默认隶属于“无前缀的名称空间”被“有前缀的名称空间”覆盖，从而隶属于“有前缀的名称空间”。

7.3　XML 模式简介

XML 模式是使用 XML 语法定义的一个 XML 基础标准，XML 模式文档（Schema 文档）是扩展名为“.xsd”的文本文件。XML 模式的制定是为了约束 XML 文档中的文档结构、元素、属性、数据类型等。对于 JDF 标准，则有专门的 Schema 文档来约束使用哪些元素、属性、数据类型及文档结构来描述印刷生产与管理的相关信息。

（1）根元素

XML 模式文档的根元素必须是“schema”，且必须包含名称空间声明“xmlns：xs=" http：//www.w3.org/2001/XMLSchema" ”。根元素“schema”还可以包含其他多个名称空间，例程 7-9 中的“schema”根元素还包含了其他两个名称空间声明。

例程 7-9：

```
<xs:schema xmlns:xs="http://www.w3.org/2001/XMLSchema"
    xmlns:jdf="http://www.CIP4.org/JDFSchema_1_1"
    xmlns:jdftyp="http://www.CIP4.org/JDFSchema_1_1_Types">
      ...
</xs:schema>
```

（2）元素约束

XML 模式用“element”元素来约束 XML 文档中的元素。若“element”是根元素的子元素，则这样的元素称为全局元素。全局元素可以约束 XML 文档中任何级别上的子元素。

XML 模式把元素分为“简单元素”和“复杂元素”两类。

①“简单元素” 将没有子元素和属性的元素称为“简单元素”，即该元素为“简单类型”。XML 模式使用“简单类型”的“element”来约束。XML 模式中“简单类型”的“element”的定义格式如下：

<xs：elementname=" 元素名称" type=" 简单数据类型" />

其中，“元素名称”就是对应的 XML 文档中元素的名称，“简单数据类型”是对“元素的内容”文本数据的限制。XML 模式可以使用的“简单数据类型”有 int、float、double、date、time、string 等。例如，<xs：element name=" 生产日期" type=" xs：date" />。“elemnet”约束（定义）的 XML 文档中的“生产日期”没有子元素和属性，且“元素的内容”的数据类型必须是“xs：date”，即必须是“yyyy-mm-dd”的形式。

②“复杂元素” 将有属性或子元素的元素称为“复杂元素”，即该元素为“复杂类型”。XML 模式使用“复杂类型”的“element”元素来约束。XML 模式中“复杂类型”的“element”的定义格式如下：

```
<xs: element name=" 元素名称" >
  <xs: complexType>
  ...
  </xs: complexType>
</xs: element>
```

例如，例程 7-10 中使用“element”元素约束（定义）了 XML 文档中名称为“老师”的元素。

例程 7-10：

```
<xs:element name="老师">
  <xs:complexType>
    <xs:sequence>
      <xs:element name  ref="姓名"/>
      <xs:element name  ref="学历"/>
```

```
    <xs:element name  ref="职称"/>
  </xs:sequence>
 </xs:complexType>
</xs:element>
```

例程 7-10 中的“element”元素约束 XML 文档中名称为“老师”的元素必须顺序地包含三个子元素，其中的“<xs: element name　ref=" 子元素名称" />”的作用是：当前“element”元素约束的 XML 文档的子元素名称由参数“ref”指定，同时指明对该子元素进行约束的“element”元素中的元素名称是“子元素名称”。

（3）属性约束

XML 模式用“attribute”元素来约束 XML 文档中的属性。“attribute”元素的格式如下：

<xs: attribute name=" 属性名称" type=" 基本数据类型" use=" 条件" />

其中，use 的可取值为“required”“optional”“fixed”“default”。

“attribute”元素必须在“复杂类型”的“element”元素中使用，指出“复杂类型”约束的 XML 标记应当有什么样的属性。

例程 7-11：

```
<xs:element name="操作人员">
 <xs:complexType>
  <xs:simpleContent>
   <xs:extension base="xs:string">
    <xs:attribute name="工号"type="xs:int"use="required"/>
   </xs:extension>
  </xs:simpleContent>
 </xs:complexType>
</xs:element>
```

在例程 7-11 中的“复杂类型”元素中使用了“attribute”元素来约束“操作人员”元素必须要有“工号”属性，且“工号”属性是由整型数字组成的字符串。

7.4　XML 编辑工具

XML 是由标记及其所标记的内容构成的纯文本文件，因此编制 XML 文档时所使用的工具有很多的选择。这些工具通常可分为两大类，即普通编辑工具和专用编辑工具。

7.4.1　普通编辑工具

普通编辑工具是最基本的文本编辑器，也是最简单的工具。它们虽然不能真正理解 XML，但用于编辑和创建一个 XML 文档是足够的。

① 记事本和写字板　由于 XML 本身就是纯文本文件，因此可用“记事本”和“写字板”这类单纯处理文本的工具进行编辑。在这类编辑环境中编辑 XML 文档很简单，只需要将 XML 文档内容输入这两个工具中，编辑完后以“.xml”作为扩展名保存文件即可。当然也可以新建一个文本文档，然后把该文档的扩展名重命名为“.xml”，再将以上两个工具打开并将 XML 文档内容输入，编辑完后保存即可。

② Office 2003 组件　2003 及其以上版本的 Microsoft Office 组件增强了对 XML 的支持，用户可以使用 Word 文字处理程序和 FrontPage 网页设计程序等对 XML 文档进行编辑。

7.4.2 专用编辑工具

专用编辑工具相对于普通编辑工具具有理解 XML 文档的能力，同时还有所见即所得、彩色标识 XML 文档中不同类型的内容等这类辅助编辑功能。常用的专用编辑工具较多，本书将介绍 Altova XMLSpy 2006 软件。

Altova XMLSpy 2006 是由奥地利的 Altova 软件公司开发的专业 XML 工具软件，该公司是从事专业化 XML 相关技术与工具软件开发的公司，Altova XMLSpy 2006 软件就是其中的一个高端产品，用户可以从“http://www.altova.com”网站直接获得软件的最新版本，但是用户只能拥有 30 天的免费试用期，因为它是一个付费软件。本书为叙述方便，约定后续文中用“XMLSpy”指代“Altova XMLSpy 2006 软件”。

XMLSpy 能为使用 XML 技术的程序员提供一个完整的开发环境。图 7-5 所示为 XMLSpy 的操作界面。用户可以使用软件中提供的菜单工具为自己的 XML 工作服务，并且它还是一个支持中文的 XML 编辑工具。

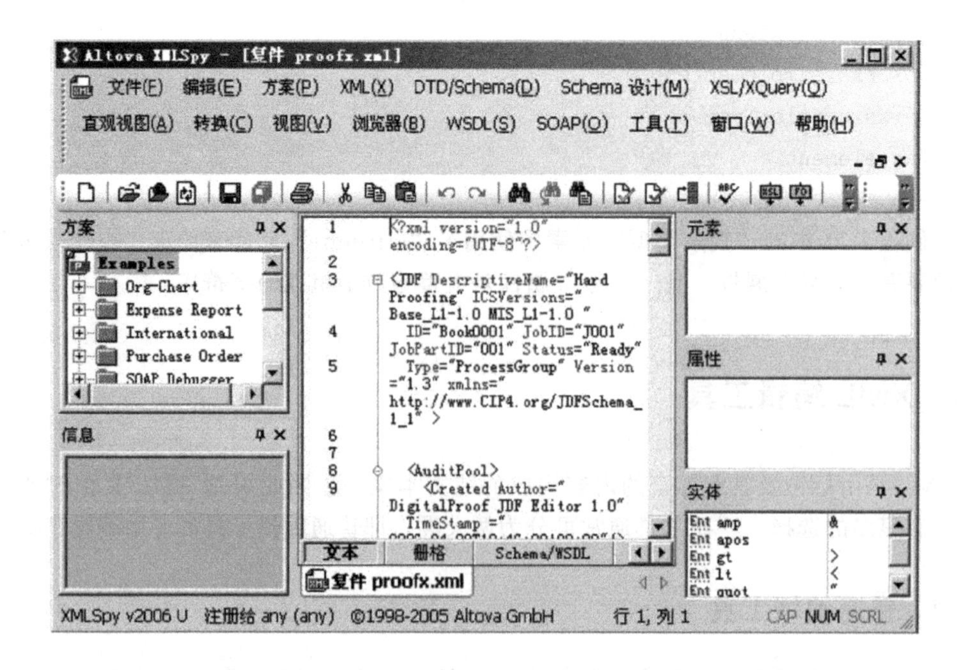

图 7-5　Altova XMLSpy 2006 操作界面

7.5 XML 浏览工具

JDF 是基于 XML 的，即一个 JDF 文档（或 JDF 实例）是一个 XML 文档，一个有效的 JDF 文档首先是一个“格式良好的”XML 文档。JDF 模式（JDF Schema）是 CIP4 提供的用于约束 JDF 的内容和数据类型的 XML 模式。因此，为了让读者能更快地进入对 JDF 的学习，本节将用 JDF 文档替代 XML 文档、用 JDF 模式替代 XML 模式以进行本节内容的讲解，让读者了解如何使用一定的浏览工具方便地阅读和理解 JDF 文档和 JDF 模式。

7.5.1 常用浏览工具

阅读 JDF 文档或 JDF 模式可以使用一些 XML 专用编辑工具（如 Altova XMLSpy 2006）或 Internet Explorer 4.01 以上版本的浏览器。其中，XML 专用编辑工具可以提供一些直观且视图化的工具来帮助用户阅读和理解 JDF 文档和 JDF 模式。此外，针对 JDF 文档，一些专门的 JDF 浏览软件，如 CIP4 网站上可以免费下载到的 CIP4 JDF Editor，也是一个非常不错的选择。

7.5.2 JDF 文档的阅读与分析

首先，可以利用 XMLSpy 来阅读和分析 JDF 文档的结构层次，具体的操作步骤如下：

① 使用 XMLSpy 打开一个 JDF 文档，如图 7-6 所示。在图 7-6 中，其左边有一列图标被标识出来，单击这些“⊖”图标，图标所在行对应的元素的所有子元素均将被隐藏，然后只显示该元素的起始标记。

```
1       <?xml version="1.0" encoding="UTF-8"?>
2
3     ⊟ <JDF DescriptiveName="Hard Proofing" ICSVersions="Base_L1-1.0 MIS_L1-1.0 "
4         ID="Book0001" JobID="J001" JobPartID="001" Status="Ready"
5         Type="ProcessGroup" Version="1.3" xmlns="http://www.CIP4.org/JDFSchema_1_1" >
6
7
8     ⊖   <AuditPool>
9           <Created Author="DigitalProof JDF Editor 1.0"  TimeStamp ="
      2006-04-20T19:46:28+08:00"/>
10        </AuditPool>
11
12    ⊖   <CustomerInfo CustomerID="Cust_001">
13          <Comment>Customer info text</Comment>
14    ⊖     <Contact ContactTypes="Customer">
15          <Company OrganizationName="Name of Componany" />
16          <Person FirstName="Karl" FamilyName="Mustermann" />
17          <Address City="Musterstadt" Street="Musterstr" PostalCode="123456" />
18          <ComChannel Locator="+49 00001234" ChannelType="Phone" />
19          <ComChannel Locator="mustermann@muasterconpany.com" ChannelType="Email" />
20        </Contact>
21        </CustomerInfo>
```

图 7-6 在 XMLSpy 中打开 JDF 文档

② 通过单击左侧的“⊖”图标，可以得到该 JDF 的结构。例如，图 7-7 所示就是得

到的 JDF 根节点下所有子元素的视图。同样，在左侧有一列图标被标识出来，单击这些“⊕”图标，图标所在行对应的元素的所有子元素均将被展开，然后可以查看元素的细节。

图 7-7 在 XMLSpy 中 JDF 节点的结构层次

利用编辑主窗口下方的“栅格（Grid）”按钮，可得到更直观的、可视化的该 JDF 文档的结构层次，JDF 节点的栅格图如图 7-8 所示。

XML

JDF

= Descriptive...	Hard Proofing
= ICSVersions	Base_L1-1.0 MIS_L1-1.0
= ID	Book0001
= JobID	J001
= JobPartID	001
= Status	Ready
= Type	ProcessGroup
= Version	1.3
= xmlns	http://www.CIP4.org/JDFSchema_1_1
AuditPool	
CustomerInfo	CustomerID=Cust_001
ResourcePool	
ResourceLinkPool	
JDF (2)	

图 7-8 在 XMLSpy 中 JDF 节点的栅格图

在没有 XMLSpy 工具的情况下，Internet Explorer 也是一个不错的工具。操作步骤和使用 XMLSpy 很相似，首先用 Internet Explorer 6.0 打开 JDF 文档，如图 7-9 所示，单击左侧的“－”图标，可以得到与 XMLSpy 中“⊖”图标一样的效果。图 7-10 中的最后五行是单击“－”图标后得到的结构。随后，“－”图标变为“＋”图标，且“＋”图标与 XMLSpy 中“⊕”图标的效果一样。

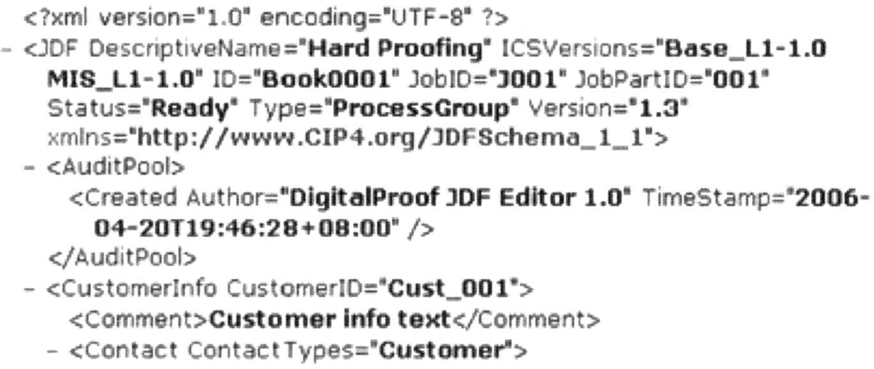

```
  <?xml version="1.0" encoding="UTF-8" ?>
- <JDF DescriptiveName="Hard Proofing" ICSVersions="Base_L1-1.0
    MIS_L1-1.0" ID="Book0001" JobID="J001" JobPartID="001"
    Status="Ready" Type="ProcessGroup" Version="1.3"
    xmlns="http://www.CIP4.org/JDFSchema_1_1">
  - <AuditPool>
      <Created Author="DigitalProof JDF Editor 1.0" TimeStamp="2006-
        04-20T19:46:28+08:00" />
    </AuditPool>
  - <CustomerInfo CustomerID="Cust_001">
      <Comment>Customer info text</Comment>
    - <Contact ContactTypes="Customer">
```

图 7-9　在 Internet Explorer 6.0 中打开 XML 文档

```
  <?xml version="1.0" encoding="UTF-8" ?>
- <JDF DescriptiveName="Hard Proofing" ICSVersions="Base_L1-1.0
    MIS_L1-1.0" ID="Book0001" JobID="J001" JobPartID="001"
    Status="Ready" Type="ProcessGroup" Version="1.3"
    xmlns="http://www.CIP4.org/JDFSchema_1_1">
  + <AuditPool>
  + <CustomerInfo CustomerID="Cust_001">
  + <ResourcePool>
  + <ResourceLinkPool>
  + <JDF ID="Link0001" JobPartID="01" Type="Combined"
```

图 7-10　在 Internet Explorer 6.0 中 JDF 节点的结构

7.5.3　JDF 模式的阅读与分析

对 JDF 模式进行阅读与分析有助于快速了解 JDF 元素需要什么样的元素、属性及数据类型。对 JDF 模式的理解，对编程人员在印刷流程知识不够丰富或没有充分阅读 JDF 说明书的情况下进行程序开发是大有益处的。

下面通过一个 JDF 模式的片段来学习在“模式视图”中如何分析模式中的各项约束。

例程 7-12：

```
<xs:schema xmlns:xs="http://www.w3.org/2001/XMLSchema">
<xs:element name="ByteMap">
    <xs:complexType>
      <xs:sequence>
          <xs:element name="FileSpec"minOccurs="0"/>
          <xs:element name="Band"maxOccurs="unbounded"/>
          <xs:element name="PixelColorant"maxOccurs="unbounded"/>
      </xs:sequence>
```

```
        <xs:attribute name="BandOrdering"type="NMTOKEN"use="optional"/>
        <xs:attribute name="Resolution"type="jdf:XYPair"use="required"/>
      </xs:complexType>
    </xs:element>
    </xs:schema>
```

首先把例程 7-12 中的模式代码保存在一个扩展名为“.xsd”的文件中，然后用 XMLSpy 打开，得到“文本”视图下显示文本代码的效果，如图 7-11 所示。在编辑主窗口的下方有一排可单击的按钮，单击“Schema/WSDL”，可得到“模式”视图下显示的效果，如图 7-12 所示。

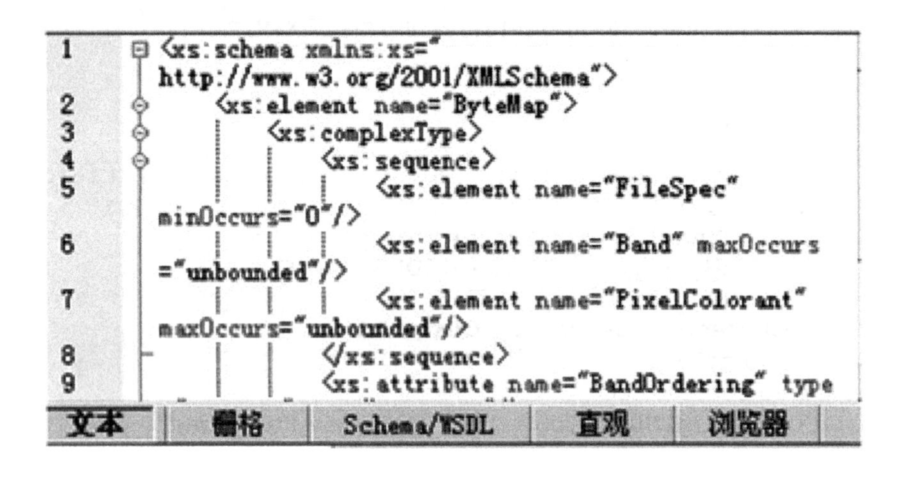

图 7-11 在 XMLSpy 中的“文本”视图显示效果

在图 7-12 中，最左端的是被约束的“ByteMap”元素，与之连接的分支线的上部连接的是“attributes”节点，单击“⊞”图标可看到“ByteMap”元素的所有属性，虚线框表示可选的属性，如图 7-13 所示。分支线的下部连接的是“顺序包含”图标，该图标表示“ByteMap”元素顺序地有右面连接的子元素。

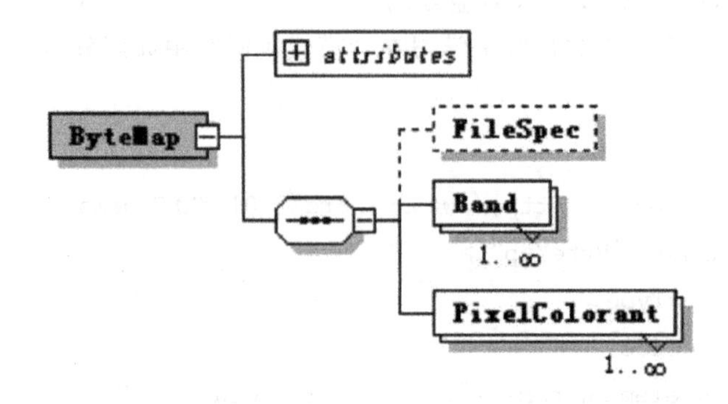

图 7-12 在 XMLSpy 中的“模式”视图显示效果

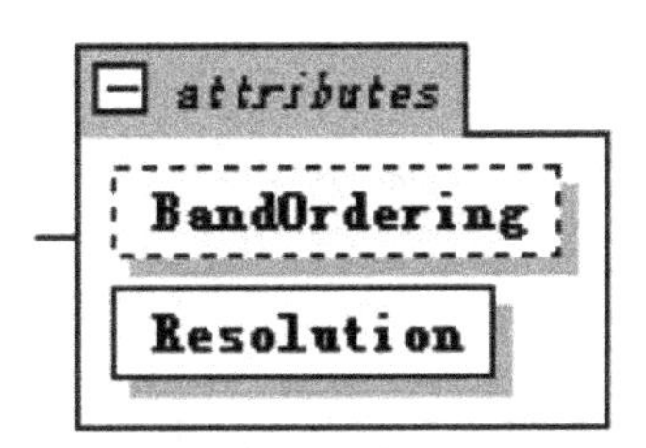

图 7-13　“模式”视图中显示的可选的属性

图 7-14 所示是“模式”视图下显示的 JMF 节点元素的元素结构。

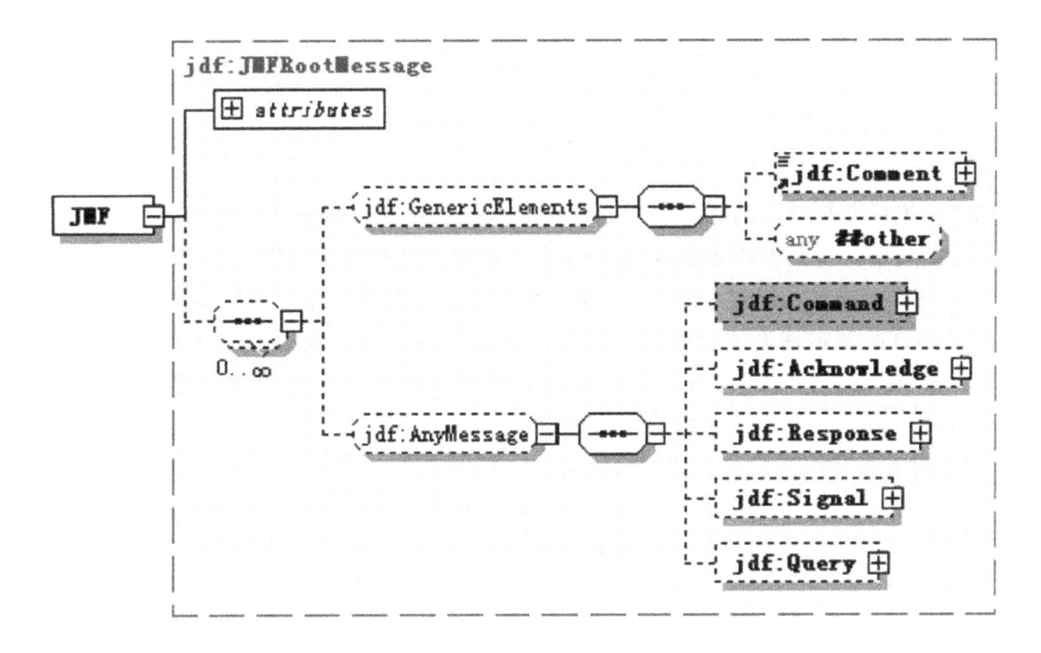

图 7-14　JMF 节点元素在“模式”视图中显示

第8章

JDF 数据标准

JDF 数据标准是目前国际印刷工业界的事实标准，是实现计算机集成印刷系统中信息集成的关键技术。然而 JDF 数据标准是一个非常庞大的体系，JDF 1.x 和 JDF 2.x 各版本对 JDF 标准的描述均超过 1000 页，因此本书无法在有限的篇幅内详细地讲解其技术细节，只能对 JDF 基本理论进行概述。首先，本章对 JDF 1.x 标准的体系结构进行阐述，然后对 JDF 1.x 基本语法和 ICS 定义设备 JDF 接口的原理进行讲解，最后通过拼大版 JDF 文件让读者对 JDF 语法有更直观的认识。

CIP4 为了更好地实现对智能印刷的支持，对 JDF 1.x 进行了较大范围的完善，升级为 JDF 2.x 版本，并将 JDF 2.x 中的 JDF 更名为 XJDF（Exchange Job Definition Format）。因此，为表述方便，本书约定在后续将 JDF 1.x 称为 JDF 标准，JDF 2.x 称为 XJDF 标准。

8.1 JDF 标准概述

在 1995 年的 Drupa 上，CIP3（International Cooperation for the Integration of Prepress，Press，Postpress）第一次提出使用一种畅通的数据交换和标准化的工作流程来重建印刷过程。在 2000 年春季的 Drupa 例会——Seybold 会议上，Adobe、Agfa、Heidelberg 和 Man Roland 共同提出了一种基于 XML 的数据格式——作业定义格式（job definition format，JDF）。它具有与生产设备无关，格式统一且覆盖生产全过程的特点。CIP4（International Cooperation for the Integration of Prepress，Press，Postpress and Process）的首席运营官 Jim Harvey 认为，JDF 首先是用于印刷作业描述和机器的共同语言，其次，它是工作流程的设置、控制与监视的一种柔性方法。

8.1.1 JDF 概述

JDF 是一个数据交换标准，不是一个可以买到的应用设备或软件产品。基于 JDF 的工作流程解决方案能够在数字化的生产环境下，使印刷系统具有成为一个具备高效率的柔性制造系统的潜力。所谓柔性制造系统，就是可以快速且低成本地从一种产品切换到另一种产品的生产，使生产系统具有高度的柔性以应对需求的不确定性和环境的不确定性。

需要特别注意的是，JDF仅仅是信息集成的手段，使用了基于JDF的工作流程解决方案只代表系统内部的数据交换变得顺畅，但是实现一个真正高效率的、柔性的生产系统，还需要对系统内部做进一步的过程集成优化。例如，实施“并行工程”。

JDF标准的信息描述原理不仅融合了Adobe的PJTF和CIP3的PPF的作业描述原理，同时也融合了用于印刷作业跟踪标准IFRAtrack和PrintTalk的消息描述原理。作为印刷系统中的数据交换标准，它覆盖了印刷生产全过程，把生产相关的所有信息以树形结构封装（结构化）在基于XML的JDF文档中。JDF通过JDF文档的传输和共享，实现信息集成。下面将分析印刷系统中的哪些信息可被JDF结构化。

首先，业务员使用客户的生产询问就可以制定一个JDF文档。这个JDF文档封装了客户数据、产品数据等信息。待创建（或确定）了一个生产订单后，这个JDF文档会增加生产说明信息。当生产说明被封装在JDF文档后，便可直接被生产后期的“任务交付”功能模块利用。在生产过程计划中，差不多就要从产品描述出发，把所有为了制造出该产品所需的工序、处理过程和所用的设备等信息都详细地封装到该JDF文档中。为了使生产轻松，这些处理过程描述应尽可能地作为现有的JDF模板来装载，在一定的情况下进行调用。如果需要，这个JDF文档还可以进一步被完善或修改。在整个生产过程中，作业生产的跟踪信息对于生产控制、生产评估、后期结算以及修正订单报价等都是有用的，所以这类信息也应该封装到JDF文档中。最终，可以看到这个JDF文档封装了以下信息：客户主数据、产品描述、过程描述、生产资料、过程运行和记录。

JDF把不同的信息封装在不同的JDF节点中，这些节点在JDF文档中是以一个树形结构来确定的。通过它们的模块化设计，在需要的时候，可以根据要求进行修改或做进一步完善。所有处理过程在进行生产时，它们的运行参数和变化都在JDF中被记录，这样这些处理过程都能在以后需要的时候被重建起来，并且这些记录数据还可用于生产评估。

(1) 客户主数据

客户主数据如地址、联系人、电话、E-mail等，通常是以一个详细的客户档案在数据库中进行保存和维护的。在JDF中，对于每一个生产任务的重要客户信息是在“CusterInfo”（客户信息）这个JDF元素中保存的。因此，这些数据在生产运行过程中能直接被各个不同的过程利用。

(2) 产品描述

在JDF中通过对产品的描述，建立起了一个有等级的、有序的节点组成的树形结构。在JDF的产品描述结构中，最终产品和中间产品作为产品节点被标识，并且产品是从客户的角度来进行描述的。对于标准的产品类型可以把相应的产品节点存档，使用者就能以JDF模板的形式在以后需要时对其进行调用。

具体如何实现产品描述中的生产意图（如印刷质量、装订方式等），是在过程描述中被描述的，而不依赖于产品描述。

(3) 过程描述

与产品描述相似，过程描述可以让我们获知生产的整个处理完成过程，也是以JDF

的树形结构来存储的。所有中间产品的生产过程都必须调查清楚，然后放入一个运行队列中。过程描述结构类似产品描述结构，所有的生产步骤都作为节点来描述。单个的过程（如折页、装订和裁切）可以按一定顺序组合，确定出一个工作组（如印后加工）。进一步，过程中所需的生产资料可以确定下来。由于JDF是模块化的，因此很容易进行修改，以适应变化的生产情况。

（4）生产资料

实现一个生产过程必须在过程开始前确定出相应的生产资料。在JDF的树形结构中，资料作为资源来标识。资源可以是生产过程进行加工的资料，也可以是生产过程制造的中间产品及成品。在JDF中，资源也可以是数字化的，如PDF文档；进一步，设备参数在JDF中也可被视为资源，如ICC-Profile。某些生产过程在继续之前需要一个“通过许可”，例如，在打样过程后，客户的签名（数字的）对于后续的生产过程是必需的，同样，这样的元素在JDF中也被视为资源。

在一个生产过程中，所需的资料作为“输入资源”被标识，生产过程输出的资料作为“输出资源”被标识。

（5）过程运行

在生产产品时，生产步骤依循一个定义好的运行顺序。生产运行顺序是通过资源的输入与输出来定义的。在JDF中，使用资源链接（RessourceLink）元素来描述。

过程运行的描述存放在节点信息（NodeInfo）元素中，它可以在生产计划时或在后续的生产准备中确定。节点信息元素又包含在JDF树形结构中的每一个节点里。该元素包含节点实施运行需要的所有逻辑信息。

节点信息元素包含的主要信息首先是准确的生产过程时间，其次是该生产过程需要哪台设备或哪个工人。这样对过程运行做详尽描述的好处是：生产可以通过明确的生产时间和资源计划等条件（哪个过程什么时间在哪台设备上运行，由此可以进行早期的准备工作）被一致性地、统一地确定下来。

因为JDF是模块化构建的，所以和过程描述一样，过程运行可以在需要时随时进行修改。

（6）记录

在整个生产运行过程中，各种运行指数和数据都可收集并记录到JDF数据中，然后用于生产评价。每一个加工步骤结束时，该处理过程的重要数据都要被记录在稽核库（AuditPool）元素中，该元素是定义该处理过程的JDF节点的子节点。在该元素中，记录的信息有：JDF节点的创建和变化；在过程运行和资源消耗中的重要数据；过程的开始与结束时间、准备时间、中断时间、操作者更换；资源供应和资源的分配与收集；生产过程节点中的突发事件和问题；过程中发现的错误（如不需要的资源链接、错误的资源链接、缺少资源、缺少链接等）。这些错误都可以通过JMF消息通信或在测试过程中获得。

稽核库元素有文件收集、整理和利用的特点，由此在生产过程结束后无须对其追加更多的修改；通过对整个生产过程的记录，生产过程中的错误、校正和变化等得到追踪，因此可获得一个好的生产透明度；同时，对于每一个生产任务中被追踪的重要数据都可用于商务评价；发现和检查出来的错误一旦得到记录，那么在以后的生产中就可以被避免。

8.1.2 JDF 标准的构成体系

如前所述，JDF 首先被视为是用于印刷作业描述的共享描述语言，然后是共通的机器语言，最后是设置、控制与监视工作流程的一种柔性方法。为了实现这些功能，JDF 标准主要包含了三个方面的标准：印刷作业描述、系统内实时消息通信描述和工作流程的组织。

① 印刷作业描述　它与静态的印刷作业有关，涉及印刷客户的具体要求、全部工序的说明和技术参数。

② 系统内实时消息通信描述　它与动态的消息有关，涉及工作流程的状态监视、设备控制和信息的反馈等。

③ 工作流程的组织　它与工作流程中的设备有关，涉及设备的功能分工和接口界面，用于保证工作流程中的设备能够协同工作。

为此，JDF 标准体系拥有三个标准子集：JDF、JMF 和 ICS。其中，JDF 是作业定义格式（job definition format），属于“印刷作业描述”方面的标准；JMF 是作业消息格式（job message format），属于“系统内实时消息通信描述”方面的标准；ICS 是协作互通性规范（interoperability conformance specification），属于“工作流程的组织”方面的标准。它们之间的关系可以用图 8-1 表示。ICS 基于 JDF 和 JMF，通常 JDF 和 JMF 被统称为 JDF。目前，JDF 和 JMF 是在一个 JDF 规范说明书中定义的，ICS 则是由一套 ICS 说明书来定义的。截止到 2013 年年底，JDF 规范说明书（JDF 与 JMF 标准）最新版本为 1.5 版本。由于 ICS 是基于 JDF 与 JMF 标准的，因此 ICS 说明书的最新版本相对滞后，有分别基于 JDF 1.2、JDF 1.3 和 JDF 1.4a 的版本。下面将分别简要地介绍 JDF、JMF 和 ICS。

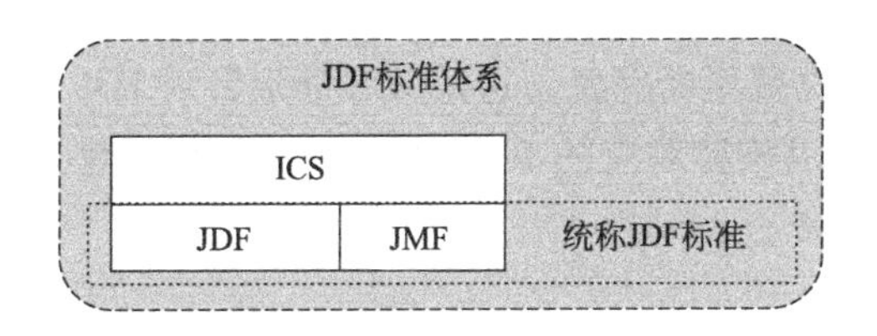

图 8-1　JDF 标准体系

（1）JDF

JDF 是在整合 PPF 和 PJTF 的功能与作业描述原理的基础上，做了进一步的扩充和延伸。通过 JDF，可以对所有的生产过程进行详细定义。当前的 JDF 1.4 定义了 11 个常规过程（general process）、35 个印前过程（prepress process）、3 个印刷过程（process）和 49 个印后过程（postpress process），同时定义了 20 个意图资源（intent resource）、191 个过程资源（process resource），几乎覆盖印刷制造的全部过程。印刷制造的执行系统和 MIS 均可在 JDF 的支持下进行应用集成。

（2）JMF

JDF 印刷工作流程是动态相互作用的过程、设备和 MIS 的集合。为使整个流程有效运行，过程或设备之间必须能在预先规定好的方式下进行通信和相互协作。JMF 格式即是为实现JDF印刷工作流程中的即时通信而专门定义的通信格式。JMF吸收了PrintTalk组织定义的印刷电子商务沟通标准的主要描述内容，因而JMF能实现报价请求、报价和报价确认等电子商务的功能。此外，JMF还吸收了IFRAtrack信息交换标准的主要描述内容，因此，也能够实现作业跟踪，以及对现场作业的远程监控和控制。

JMF在结构上与JDF相似，也基于XML编码。在JDF工作流程系统中，JMF与JDF文件分离，是独立的文件。JDF工作流程中的通信可以分为五种情况，对应到JMF中称为“消息家族”的六个高级元素，即询问（Query）、命令（Command）、回应（Response）、告知收到（Acknowledge）、信号（Signal）和注册（Registration）。

（3）ICS

虽然有了统一的JDF数据交换格式，但要在异构系统中实现真正的协同工作还有一定的困难。事实上，没有任何一台单独的设备能独自完成JDF定义的所有工作，只是支持JDF的一部分。也就是说，在工作流程中支持JDF的两个系统并不意味着就能协同工作。因此，在不同的系统之间需要相互协同工作的时候，首先要弄清对方JDF设备到底具备哪些功能。为此，CIP4定义了一个协作互通性规范（ICS）。

ICS的基本思想是为不同类型的设备定义它应该支持的最小的JDF指令和参数集合。因为并非每个设备都需要支持所有的JDF指令和参数，如将RIP参数发给印刷机是没有意义的。并且，即使对于同一类型的设备，ICS还可以分为不同的ICS类别。例如，对于数码印刷机，ICS拟制定三个类别的协作互通性规范，分别对应桌面打印机、部门级打印机和高端数码印刷机。通过ICS，不仅能够大幅度减少JDF系统供应商的工作量，更为重要的是，可以真正实现异构系统的协同工作。ICS是基于JDF的，所以在标识ICS的版本时，都会标注其基于的JDF版本号，如果ICS是基于JDF 1.3的，即可写为JDF 1.3 ICS。表8-1列出了部分CIP4发布的ICS文件。通过表8-1可以发现，随着市场对印刷产品的不断细化，ICS文件也被不断完善。这些ICS分别针对JDF产品的不同功能进行“协作互通性”规定。只有使用兼容对应的ICS的JDF产品来组建工作流程，才能保证顺畅的信息交流，进而协同工作。

表8-1 部分ICS文件的发布时间对照表

发布时间	ICS文件标题	简称	版本号	基于的JDF版本号
2013-6-17	DWF ICS	DWF	1.4	JDF 1.4a
2010-10-17	Prepress to Conventional Printing ICS	PRECP	1.4	JDF 1.4a
2010-10-17	MIS to Conventional Printing ICS	MISCPS	1.4	JDF 1.4a
2010-9-10	Common Metadata for Document Production Workflows ICS	PDF/VT	1.0	JDF 1.4a
2009-10-26	MIS to Prepress ICS	MISPre	1.4	JDF 1.4a
2009-10-22	Base ICS	Base	1.4	JDF 1.4a
2009-10-22	JMF ICS	JMF	1.4	JDF 1.4a
2009-10-22	MIS ICS	MIS	1.4	JDF 1.4a
2009-10-22	Layout Creator to Imposition ICS	LayCrImp	1.4	JDF 1.4a
2009-2-27	Integrated Digital Printing ICS	IDP	1.3	JDF 1.3
2008-6-03	MIS to Conventional Printing-Sheet Fed ICS	MISCPS	1.3	JDF 1.3

续表

发布时间	ICS文件标题	简称	版本号	基于的JDF版本号
2008-6-03	Prepress to Conventional Printing ICS	PRECP	1.3	JDF 1.3
2008-6-03	Commercial Web：MIS to WebPress ICS	MISWebComm	1.3	JDF 1.3
2008-6-03	Newspaper：MIS to WebPress ICS	MISWebNewspaper	1.3	JDF 1.3
2008-6-02	Customer to MIS ICS	CusMIS	1.3	JDF 1.3
2007-8-09	MIS ICS	MIS	1.3	JDF 1.3
2007-7-30	JMF ICS	JMF	1.3	JDF 1.3
2007-7-29	MIS to Prepress ICS	MISPre	1.3	JDF 1.3
2007-7-27	Office Digital Printing ICS	ODP	1.3	JDF 1.3
2007-7-26	Layout Creator to Imposition ICS	LayCrImp	1.3	JDF 1.3
2007-7-26	MIS to Finishing ICS	MISFin	1.3	JDF 1.3
2007-7-18	Base ICS	Base	1.3	JDF 1.3
2007-3-29	MIS to Conventional Printing-Sheet Fed ICS	MISCPS	1.0	JDF 1.2
2006-2-27	Integrated Digital Printing ICS	IDP	1.0	JDF 1.2
2006-2-19	Base ICS	Base	1.0	JDF 1.2
2006-2-09	MIS ICS	MIS	1.0	JDF 1.2
2006-6-02	MIS to Prepress ICS	MISPre	1.01	JDF 1.2
2005-7-20	Layout Creator to Imposition ICS	LayCrImp	1.0	JDF 1.2
2005-6-20	Binding ICS	Binding	1.0	JDF 1.2
2005-6-20	Prepress to Conventional Printing ICS	PRECP	1.0	JDF 1.2

为了对市场上JDF产品兼容ICS的程度给出一个具有信服力的结论，以保证使用者能够方便地选购JDF产品并组建顺畅的工作流程，CIP4把ICS认证工作授权给了美国印刷工业协会/印艺技术基金会（Printing Industries of America/Graphic Arts Technical Foundation，PIA/GATF）。JDF产品提供商可以向PIA/GATF提出ICS认证申请，然后PIA/GATF将根据所需认证的JDF产品的功能选择对应的ICS规范，并进行产品测试，最后给出JDF和JMF的顺从等级。在JDF 1.3 ICS之前，只给出JDF的顺从等级，也就是JDF的顺从等级与JMF的顺从等级是同义的。但是，一个JDF产品会出现JDF的顺从等级高于JMF的顺从等级的情况。因此，在JDF 1.3 ICS之后，PIA/GATF把对JDF和JMF的顺从等级鉴定分离开来。

不难理解，ICS还是JDF产品的开发指南。因为，所开发的产品应该支持的JDF指令和参数是由ICS规定的。只要是根据ICS开发的JDF产品都能通过PIA/GATF的ICS认证。

8.1.3 ICS的内容与其相互间的关系

ICS为不同功能的JDF产品指定了九部分的ICS，从而为不同的设备规定了所应该兼容的最小JDF子集。下面具体介绍这些ICS文件。

首先，每一个ICS文件都定义了JDF标准的一个子集。其中“Base ICS”定义了任何JDF产品都应该兼容的JDF子集，也就是JDF产品所应实现的最基本的JDF功能；“JMF

ICS”定义了一个具有JMF通信功能的JDF产品所应兼容的JMF子集；“MIS ICS”定义了MIS系统中所有的接口都应该兼容的最基本的JDF子集和JMF子集；“MIS to Prepress ICS”定义了MIS系统与印前系统相互通信时，MIS应该兼容的最基本的JDF子集和JMF子集；“MIS to Conventional Printing-Sheet Fed ICS”和“MIS to Finishing ICS”分别定义了MIS系统与传统单张纸印刷机以及印后加工单元间互通信时，MIS应该兼容的最基本的JDF子集和JMF子集；“LayCrImp ICS”中的LayCrImp是“Layout Creator to Imposition”的缩写，即版式设计软件到拼大版软件间，它们进行信息交流时需要遵循的JDF子集；“Integrated Digital Printing ICS”和“Binding ICS”两个ICS文档是基于JDF 1.2而创建的，“Binding ICS”定义的是具有骑马订、装订软封面或硬封面的JDF印后设备所应兼容的JDF子集。然而，值得注意的是，虽然“Integrated Digital Printing ICS”在ICS 1.3下尚未出现，但是ICS 1.3推出了一个新的ICS文档——Office Digital Printing ICS，可以把“Office Digital Printing ICS”理解为是市场将数字印刷设备进一步细化出专业办公用数字印刷设备的必然结果。

图8-2给出了部分ICS文档间的关系。图中居于上层的ICS文档是基于下层的ICS文档的，也就是说，上层的ICS文档定义的JDF子集应该包含了下层文档定义的JDF子集，图中并列排放的ICS文档则是相互独立的。CIP4在编写这些ICS文档时，为了避免信息的大量重复，上层的ICS文档只写出了下层的ICS文档所定义的JDF子集之外的JDF子集。也就是说，上层ICS定义的JDF子集加上下层所有的ICS文档所定义的JDF子集才是该ICS最终定义的JDF子集。以“MIS to Prepress ICS”为例，它定义的JDF子集应该是“MIS to Prepress ICS”内的JDF子集加上位于其下层的“MIS ICS”“JMF ICS”和“Base ICS”所定义的JDF子集。

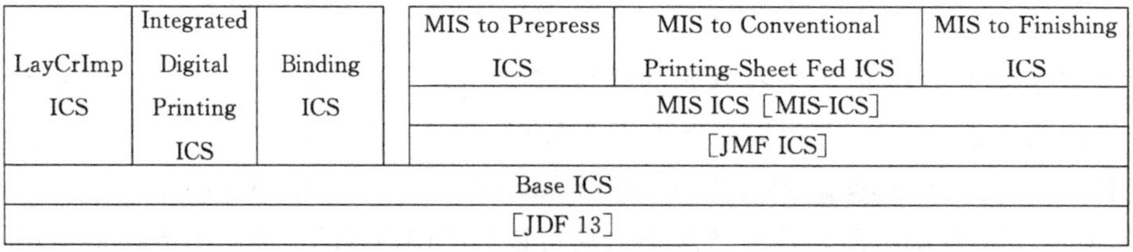

<table>
<tr><td rowspan="3">LayCrImp ICS</td><td rowspan="3">Integrated Digital Printing ICS</td><td rowspan="3">Binding ICS</td><td rowspan="3"></td><td>MIS to Prepress ICS</td><td>MIS to Conventional Printing-Sheet Fed ICS</td><td>MIS to Finishing ICS</td></tr>
<tr><td colspan="3">MIS ICS [MIS-ICS]</td></tr>
<tr><td colspan="3">[JMF ICS]</td></tr>
<tr><td colspan="7">Base ICS</td></tr>
<tr><td colspan="7">[JDF 13]</td></tr>
</table>

图8-2 ICS文档的层次结构关系

综上所述，ICS显然是定义了某一功能的JDF产品所应兼容的JDF最小子集，其实就是定义了JDF产品的接口。ICS定义了JDF接口需要发送什么JDF（JMF）信息和接收什么JDF（JMF）信息。因此，这些在JDF产品的开发中显得特别重要，而在研究JDF本身方面，ICS就显得不那么重要了。

在JDF产品的开发过程中，也不需要阅读所有的ICS文档，只要阅读与JDF功能对应的ICS文档和其下层的所有ICS文档即可。

8.2 基于JDF的印刷制造信息集成数据规范

8.2.1 印刷过程与JDF节点

在JDF中，单个原子操作视为一个过程（process），定义为一个过程节点，多个过程的组合定义为一个过程组节点。一个完整的印刷制造作业信息由若干个过程节点、过程组节点和产品节点来定义，这些节点用根树表示形成 JDF 节点树（见图 8-3）。在 JDF 节点树中，最终产品及其组成部分以产品节点的形式定义在根及层次靠近根的分枝节点上；生产产品的过程组以过程组节点的形式定义在节点树的中部，它是过程节点的父辈；具体的生产描述以过程节点的形式定义在叶节点上，是过程组的子辈。一个 JDF 节点树定义一个作业。所有的节点共同描述了一个产品，即描述产品和如何生产该产品。产品节点、过程组节点和过程节点都是以 JDF 为元素名，以 Type 的属性值来指示元素类型的，此类元素也称为 JDF 节点。在例程 8-1 中，过程节点的 Type 属性值为特定生产操作（如 ConventionalPrinting 和 Cutting），过程组节点中，Type＝" ProcessGroup"，产品节点中，Type＝" Product"。过程所需的制造信息（主要是指印刷制造生产过程中的工艺信息、物料信息和生产信息）被精确地定义在对应的过程节点内。例程 8-2 为笔者编写的 JDF 文档 [也称作业传票（job ticket）]，它定义打印输出过程的过程节点，其精确定义了打印输出过程的输出内容、承印物信息和打印工艺参数。

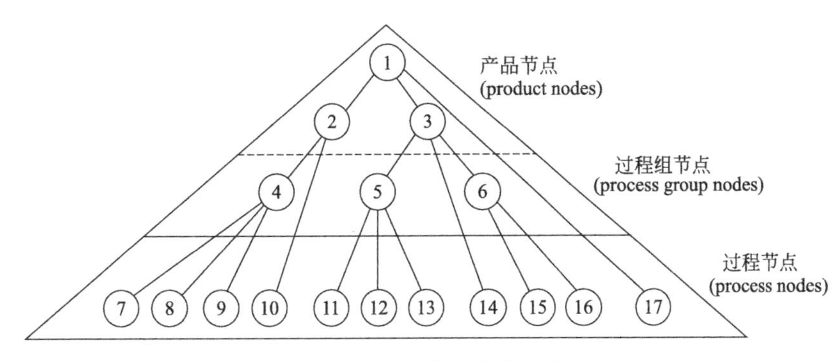

图 8-3　JDF 节点树示意图

例程 8-1：

```
<JDF Type="Product"  DescriptiveName="封面"… >
  <JDF Type="ProcessGroup"DescriptiveName="封面生产" …>
    <JDF Type="ConventionalPrinting"DescriptiveName="封面印刷"…>
    …
    </JDF>
    <JDF Type="Cutting"DescriptiveName="封面裁切" …>
    …
    </JDF>
  </JDF>
</JDF>
```

例程 8-2：

```
<JDF xmlns="http://www.CIP4.org/JDFSchema_1_1"ID="Link0022"JobPartID="
02"  Status="Waiting"ICSVersions="Base_L1-1.0 MISBC_L1-1.0"Type="ImageSet-
```

```
ting" DescriptiveName="打印输出"Version="1.3">
    <ResourcePool>
      <RunListID="Link0021"Class="Parameter"Status="Available">
        <LayoutElement>
        <FileSpec URL="file:///out/ColorBook1.TIFF"/>
        </LayoutElement>
      </RunList>
      <ImageSetterParams ID="Link0023"Class="Parameter"CenterAcross="Feed-
Direction"CutMedia="true"MirrorAround="None"Polarity="Positive"Sides="One-
SidedBackFlipX"Status="Available"/>
      <ExposedMedia ID="Link0025"Class="Handling"ColorType="Color"ProofName
="colorbook"ProofQuality="Halftone"ProofType="Page"Status="Unavailable ">
        <MediaRef rRef="Link0024"/>
        <FileSpec URL="File:///proofer.icc"/>
      </ExposedMedia>
      <Media ID="Link0024"Class="Consumable"
  FrontCoatings="InkJet"Grade="3"ImagableSide="Front"
  MediaType="Paper"Opacity="Opaque"Thickness="8.0"Weight="200"Status="A-
vailable"/>
      </ResourcePool>
      <ResourceLinkPool>
        <RunListLink rRef="Link0021"Usage="Input"/>
        <MediaLink rRef="Link0024"Usage="Input"/>
        <ImageSetterParamsLink rRef="Link0023"Usage="Input"/>
        <ExposedMediaLink rRef="Link0025"Usage="Output"/>
      </ResourceLinkPool>
    </JDF>
```

在过程组节点中有一类特殊的过程组节点——灰盒子（GrayBox）。正如前面定义的那样，过程节点必须和所有的资源相连。但如果在 MIS 中获取不到所有的信息，则 JDF 提供“灰盒子”来定义必要条件中的最少部分。

“灰盒子”是一个拥有 Types 属性的过程组节点。在“灰盒子”里可以不包含其他的过程组节点或过程节点。执行“灰盒子”的控制器会把含有所需要的资源的过程节点插入过程组节点中，然后删除各自的 Types 属性。如果控制器不能根据 Types 列表创建所有的处理过程，那么它会为那些不能建立的残存的过程创建另一个灰盒子。

在创建过程节点的过程中，其各自的资源必须链接到过程节点中。例程 8-3 和例程 8-4 分别是在 Prinect 系统中“灰盒子”被执行前后的 JDF 代码。

例程 8-3：

```
<JDF DescriptiveName="Text@PlateMaking"ID="Link940609000053"JobPartID="1009"Status
```

```
="Waiting"Type="ProcessGroup"Types="Imposition RIPing ImageSetting">
    <AuditPoll>
        <Created Author="ProcessEditorFrameWork"TimeStamp="2005-06-05T14:50:00+
00:00"/>
    </AuditPoll>
    <ResourceLinkPool>
        <ExposedMediaLink Usage="Output"rRef="Link939546000037">
      <Part SheetName="Text"SignatureName="SIG#1"/>
    </ExposedMediaLink>
    <RunListLink Usage="Input"rRef="Link940156000042"/>
    <LayoutLink Usage="Input"rRef="Link940468000044"/>
  </ResourceLinkPool>
</JDF>
```

例程 8-4:

```
<JDF DescriptiveName="Text@PlateMaking"ID="Link940609000053"JobPartID="
1009"Status="Waiting"Type="ProcessGroup">
  <AuditPoll>
    <Created Author="JDF Connector"TimeStamp="2005-06-05T14:50:00+00:00"/>
  </AuditPoll>
  <ResourcePool>
    <RunList Class="Parameter"ID="Link940156009042"LOcked="false"Status="
Unavailable">
      <ByteMap/>
    </RunList>
</ResourcePool>
<JDF  ID="Link940609990053"JobPartID="1009.P"Status="Waiting"Type="Pro-
cessGroup"Types="Imposition RIPing">
    <ResourceLinkPool>
      <RunListLink Usage="Input"rRef="Link940156000042"/>
      <LayoutLink Usage="Input"rRef="Link940468000044"/>
      <RunListLink Usage="Output"rRef="Link940156009042"/>
    </ResourceLinkPool>
</JDF>
<JDF  ID="Link940609980053"JobPartID="1009.1"Status="Waiting"Type="Image-
Setting">
      <ResourceLinkPool>
      <RunListLink Usage="Input"rRef="Link940156009042"/>
      <ExposedMediaLink Usage="Output"rRef="Link939546000037">
```

```
      <Part SheetName="Text"SignatureName="SIG#1"/>
    </ExposedMediaLink>
    </ResourceLinkPool>
  </JDF>
</JDF>
```

从被执行前后的JDF代码中可以看出，执行前后整个过程组节点的JobPartID属性值没有改变。控制器在“灰盒子”中创建的过程组节点或过程节点将各自获得一个属于自己的JobPartID属性值。这个JobPartID属性值是根据整个过程组节点的JobPartID属性值扩展而来的，其扩展值紧跟于“.”之后。例如，在例程8-4中创建的过程组节点的JobPartID=" 1009. P"；创建的过程节点的JobPartID=" 1009. 1"。

8.2.2 JDF的资源定义

过程在执行时所需要的制造信息都被定义为JDF资源，即前面所讲述的输入和输出资源，在JDF文档中它们是ResorcePool元素的子元素，见例程8-2中黑体加粗的代码。根据定义的对象不同，JDF资源可以分为意图资源（intent resources)、参数资源（parameter resources)、执行资源（implementation resources）和物理资源(physical resources)。意图资源只是定义了生产什么样的产品，没有定义如何去生产它们。参数资源定义了过程的细节信息和非物理的数据（如例程8-2中的ImageSetterParams元素和RunList元素)。执行资源定义了用于执行过程的设备和操作者的细节，JDF 1.3中只定义了雇员（employee）和设备（device）两个执行资源。物理资源描述了过程所需的物理实体的细节信息（如例程8-2中的Media元素和ExposedMedia元素)。每个资源的定义中，必须要有ID属性、资源的状态（Status）属性和类型(Class）属性。ID属性一般是由JDF文档的生产软件自动分配的唯一标识码，状态的属性值指示所对应的资源是可用（Available）还是不可用（Unavailable）等状态。类型属性的属性值指示所对应资源属于哪一类型，例如，意图资源的Class属性值是“Intent”，参数资源的Class属性值是“Parameter”，物理资源的Class属性值可以是“Consumable”“Handling”或“Quantity”等。每个资源的Class属性值都在JDF说明书中被明确定义。

需要说明的是，在一个具有多个JDF节点的JDF文档中，各个JDF节点所需要的输入与输出资源的存放位置有两种：一种是将各个JDF节点的输入与输出资源都存放在自己JDF节点的直接子元素ResourcePool中；另一种就是将每个JDF节点的输入与输出资源都集中存放在该JDF文档根JDF节点的直接子元素ResourcePool中。

在JDF 1.3中，NodeInfo元素和CustomerInfo元素作为一种资源被定义在ResourcePool中，而不再是JDF节点的直接子元素。其中，NodeInfo元素是一个参数资源，它包含了其对应的过程的行程安排和调度信息，它可以是整个作业的或子作业(Job Part）的资源。因此，该资源对过程的执行具有重要意义。例程8-5就是一个简单的NodeInfo资源，它定义了对应过程预期的最终结束时间。例程8-6是一个客户信息资源，它在CustomerInfo元素内定义了与客户相关的信息，如客户的名称、所属单位、客户类型和多种联系方式等信息。如果需要更多的联系信息，用户还可以根据 JDF 标准来添加。例程 8-7 是一个交货意图资源，交货意图元素（DeliveryIntent）的直接子元素 Required 定义了交货时间是 2007-09-18T00:00:00+00:00(Actual="2007-09-18T00:00:00+00:00")，且这个时间是一个时间段（DataType="TimeSpan"），即这不是一个精确的时间。与直接子元素 Required 同辈的 DropIntent 元素可以定义交货意图的细节信息，如时间、地点和数量等。在 DropIntent 元素的子元素 Required 中重复了前面定义的交货时间，子元素 DropItemIntent 定义了需交付物理资源的数量为 5000 份（Amount=" 5000" ）。

例程 8-5：

```
<ResourcePool>
    <NodeInfo LastEnd="2000-12-24T06:02:42+01:00"ID="Link006"Class="Parameter"Status="Available"/>
  ...
</ResourcePool>
```

例程 8-6：

```
<ResourcePool>
        <CustomerInfo CustomerID="Cust_001"ID="Link007"Class="Parameter"
Status="Available">
        <Comment>Customer info text</Comment>
        <Contact ContactTypes="Customer">
        <Company OrganizationName="XAUT"/>
        <Person FirstName="Rubai"FamilyName="Luo"/>
        <Address City="Xi'an"Street="Jinhua Street"PostalCode="710048"/>
        <ComChannel Locator="+81 00001234"ChannelType="Phone"/>
        <ComChannelLocator="luorubai@126.com"ChannelType="Email"/>
        </Contact>
    </CustomerInfo>
    ...
</ResourcePool>
```

例程 8-7：

```
    <ResourcePool>
    <DeliveryIntentID="Link008"Class="Intent"Status="Available">
    <Required Actual="2007-09-18T00:00:00+00:00"DataType="TimeSpan"/>
    <DropIntent>
      <Required Actual="2007-09-18T00:00:00+00:00"DataType="TimeSpan"/>
```

```
    <DropItemIntent Amount="5000"/>
  </DropIntent>
</DeliveryIntent>
...
</ResourcePool>
```

8.2.3 JDF 模式

基于 XML 的信息集成，即用 XML 对制造信息进行描述，实现系统间数据的交换与共享。通过 XML 模式（Schema）语言定义基于 XML 的数据交换的格式和内容，可以在集成双方建立统一的交互模型。因此，在基于 XML 的印刷制造信息集成的应用领域，CIP4 为 JDF 数据的格式和内容制定了 XML 模式，称为 JDF 模式。JDF 模式定义了印刷制造信息的通用标记和数据格式。JDF 模式对于兼容 JDF 产品的开发者而言，是其产品兼容的 JDF 信息的数据规范。对于 JDF 的执行系统而言，它被用于解析 JDF 数据，可以通过一致的 JDF 接口进行动态的信息集成。当把资源用 XML 文档进行描述时，所需的属性名及相关的参数类型都要按照该模式中的规范进行。例如，“<Deliverylntent ID="Link008"Class="Intent"Status="Available">”中的 Status 属性就利用到例程 8-8 中黑体加粗代码的规范。

例程 8-8：

```
<xs:schema targetNamespace="http://www.CIP4.org/JDFSchema_1_1"elementFormDefault="qualified"attributeFormDefault="unqualified"version="V1.2-002"xmlns:xs = " http://www.w3.org/2001/XMLSchema " xmlns: jdf = " http://www.CIP4.org/JDFSchema_1_1"xmlns:jdftyp="http://www.CIP4.org/JDFSchema_1_1_Types">
<xs:include schemaLocation="JDFResource.xsd"/>
  <xs:import namespace="http://www.CIP4.org/JDFSchema_1_1_Types"schemaLocation="JDFTypes.xsd"/>
  <xs:attributeGroup name="ResourceAttribs">
  <xs:attribute name="AgentName"type="jdftyp:string"use="optional"/>
  ...
  <xs:attribute name="rRefs"type="jdftyp:IDREFS"use="optional"/>
  <xs:attribute name="SpawnIDs"type="jdftyp:NMTOKENS"use="optional"/>
  <xs:attribute name="SpawnStatus"type="jdftyp:eSpawnStatus_"default="NotSpawned"/>
  <xs:attribute name="Status"type="jdftyp:eResourceStatus_"use="required"/>
  <xs:attribute name="UpdateID"type="jdftyp:NMTOKEN"use="optional"/>
  </xs:attributeGroup>
</xs:schema>
```

8.3 基于 JDF 的印刷制造信息的执行机制

8.3.1 资源推动机制

执行 JDF 节点时采用了资源推动机制，即对于每一单个 JDF 节点都定义了一系列对应的输入资源和输出资源。当输入资源全部为可用状态时，JDF 节点的执行系统可根据 NodeInfo 参数资源中的行程安排在计划好的时刻消费全部输入资源，同时生产出对应的输出资源，如图 8-4 所示。

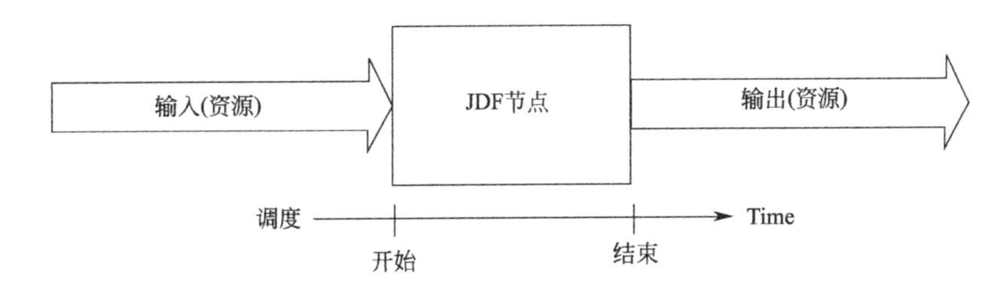

图 8-4 单个节点的执行示例

当多个单个 JDF 节点协同完成一项生产任务时，是单个 JDF 节点资源推动机制的推广。每一单个 JDF 节点都定义了一系列对应的输入资源和输出资源，第一个 JDF 节点的输入资源被其 JDF 节点的执行系统消费，同时生产出对应的输出资源。当该输出资源输入下一个 JDF 节点时，又成为输入资源被消费，如此传递推动 JDF 节点们有序地被执行。以图 8-5 中的“封面生产”为例，“封面印刷”和“封面裁切”两个 JDF 过程节点协同完成“封面生产” JDF 过程组节点，三者的等级关系可以用节点树的形式描述，其执行过程如图 8-5 所示。

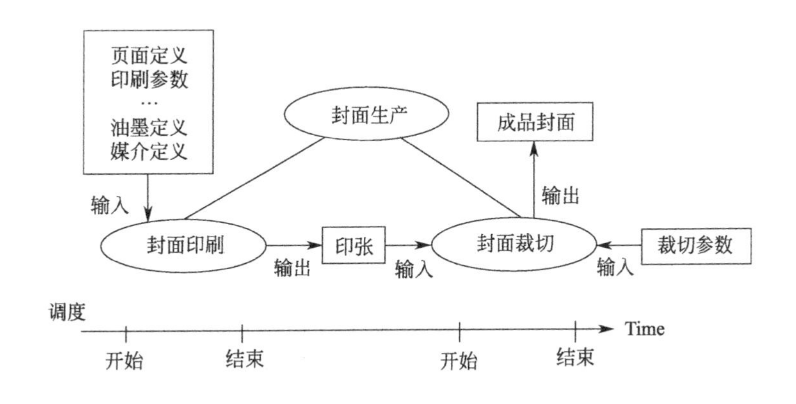

图 8-5 资源推动机制示例

JDF 节点的输入和输出资源，必须在每个 JDF 节点中的 ResorceLinkPool 元素内的子元素中有定义，且 Usage 属性的属性值指示了是输入（Input）还是输出（Output），如例程 8-2 中黑体加粗的代码。

例程 8-9 中的代码示例了 JDF 节点间依靠资源链接来实现节点的连接。例程 8-9 中，ID 为 Link0001 的 JDF 节点和 ID 为 Link0022 的 JDF 节点分别为 Ripping（输出页面栅格化）的组合过程节点和出样张的过程节点。“CombinedProcessIndex”属性指示了该资源与在“Types”属性值中顺序列出的第 $n+1$ 的过程相关（n 为 CombinedProcessIndex 属性值）。运转表（RunList）是 Ripping 组合过程节点的输出资源，也是出样张过程节点的输入资源，正是这种资源的链接驱动，实现了过程节点的连接。两个过程节点资源链接库中的运转表资源链接（RunListLink）便定义了这种资源的驱动和过程节点连接。

例程 8-9：

```
<JDF DescriptiveName="Hard Proofing"ICSVersions="Base_L1-1.0 MIS_L1-1.0 "ID="
Book0001" …  >
        …
    <JDFID="Link0001"JobPartID="01"  Type="Combined"
        Types="ColorSpaceConversion Interpreting RenderingColorSpaceConversion Screening"
        Category="PrePress"Status="Waiting"Activation="Active">
    <ResourceLinkPool>
    …
    <RunListLink rRef="Link0021"CombinedProcessIndex="4"Usage="Output"/>
    </ResourceLinkPool>
    </JDF>
    <JDF xmlns="http://www.CIP4.org/JDFSchema_1_1"ID="Link0022"JobPartID="
02"  Status="Waiting"ICSVersions="Base_L1-1.0 MISBC_L1-1.0"Type="ImageSet-
ting"Version="1.2">
        <ResourceLinkPool>
        <RunListLink rRef="Link0021"Usage="Input"/>
        …
        <ExposedMediaLink rRef="Link0025"Usage="Output"/>
      </ResourceLinkPool>
    </JDF>
</JDF>
```

根据前面的论述，由于 JDF 节点所需资源有两种存放方式，因此一个具有多个 JDF 节点的 JDF 文档的大致结构如例程 8-10 或例程 8-11 所示。通过示例可以看出，定义的资源可以集中放在 JDF 文档的根 JDF 节点下，也可以分别放在资源所属的 JDF 节点内。但是定义的资源链接必须在其定义的 JDF 节点内。

例程 8-10：

```
<JDF …>
      <ResourcePool>
```

```
    <ResourceA/>
    <ResourceB/>
    ...
</ResourcePool>
    <ResourceLinkPool> ... </ResourceLinkPool>
    <JDF ...>
    <ResourceLinkPool> ... </ResourceLinkPool>
    </JDF>
    <JDF ...>
      <ResourceLinkPool> ... </ResourceLinkPool>
</JDF>
      </JDF>
```

例程 8-11：

```
<JDF ...>
  <ResourcePool>
    <ResourceA/>
    ...
  </ResourcePool>
    <ResourceLinkPool> ... </ResourceLinkPool>
    <JDF ...>
    <ResourcePool>
    <ResourceA/>
    ...
    </ResourcePool>
    <ResourceLinkPool> ... </ResourceLinkPool>
    </JDF>
    <JDF ...>
    <ResourcePool>
      <ResourceB/>
      ...
    </ResourcePool>
      <ResourceLinkPool> ... </ResourceLinkPool>
  </JDF>
    </JDF>
```

8.3.2 JDF 作业分离与合并机制

为了把一个作业的不同部分（即过程节点或过程组节点）提交到分布式的控制器、设备、其他工作区域或工作中心执行，JDF 提供了分裂（spawning）与合并（merging）机制。JDF 分裂是提取一个 JDF 子节点并建立一个新的、包含用于执行原始作业中该子节点的所需全部制造信息的完整 JDF 文档的过程。合并是将相互独立的分裂出去的 JDF 节点与原始 JDF 的信息合并在一起。分裂-合并机制可以递归使用。图 8-6 示意了子作业（节点）P. b 的分裂与合并过程。

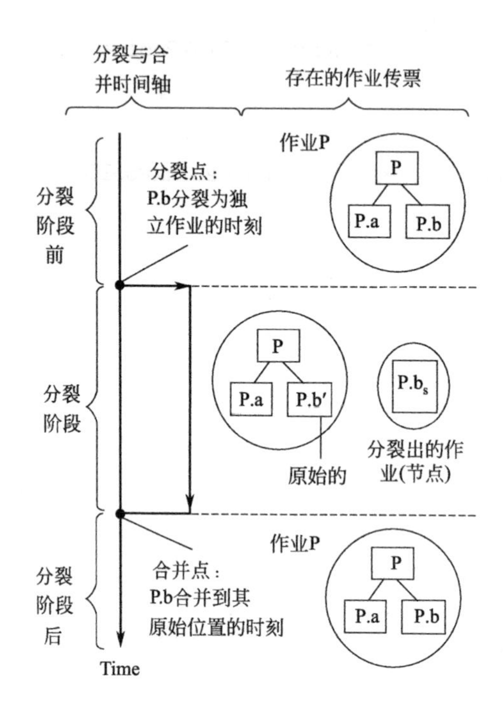

图 8-6　分裂与合并的机制及其过程

图 8-6 中，整个过程由分裂点与合并点分为分裂阶段前、分裂阶段和分裂阶段后。分裂阶段前出现在子节点 P. b 未分裂出去期间，存在一个 JDF 文档（作业传票）。分裂阶段贯穿子节点 P. b 的分裂阶段，存在两个 JDF 文档，一个是原始的 JDF 文档，一个是已分裂出去而成为独立可被执行的新 JDF 文档。在新的 JDF 文档中除了保留所有制造信息外，还添加了分裂信息，其中最重要的是 AncestorPool 元素，里面包含的 Ancestor 子元素记录了此分裂出的新节点的父节点是谁，在递归分裂合并时，父节点的 AncestorPool 元素要复制到新的分裂出的 JDF 文档的 AncestorPool 元素中，然后在其内加入新的 Ancestor 元素，且加入位置是已有的所有 Ancestor 元素的后面。因此，最后一个 Ancestor 元素记录它的父节点，倒数第 2 个记录其父节点的父节点，如例程 8-12 所示。分裂阶段后出现在分裂出的节点合并回原始节点之后，存在一个 JDF 文档。这个 JDF 文档与分裂阶段前的 JDF 文档可能是不一样的，因为分裂出的 JDF 如果已经被执行，那么执行后的一些制造信息将发生改变。如在未被执行前，则分裂处的子节点中的输出资源状态应为“Unavailable”，在被成功执行后，其状态将为“Available”。合并时，AncestorPool 元素的信息是合并路径的依据。

例程 8-12：AncestorPool 元素。

```
<AncestorPool>
    <Ancestor FileName="file:///grandparent.jdf"NodeID="p_01"/>
    <Ancestor FileName="file:///parent.jdf"NodeID="p_02"/>
</AncestorPool>
```

8.3.3　JDF 工作流程的功能部件

为了组建一个兼容 JDF 的印刷制造工作网络，实现对 JDF 作业的建立、修改、发送、解析和执行等功能，CIP4 对工作网络中的各个功能模块进行了角色定义和分工。定义的功能部件有设备（machine）、设备驱动（device）、代理（agent）和控制器（controller）。

① 设备　它可以是一个物理装置或应用软件，是接受代理的控制指令并执行特定加工过程的功能部件。

② 设备驱动　接收从代理或控制器发送来的 JDF 信息，然后解释其中的 JDF 节点形成控制指令并驱动设备工作。其中，控制指令不属于 JDF 标准范畴。支持 JMF 通信的设备驱动可以与控制器实现动态的交互作用。

③ 代理　具有读写 JDF 信息，即创建和修改 JDF 文档（节点）的功能。它具备创建一个作业、在已有的作业中添加节点或修改其中的节点的能力。代理可以是软件程序、自动化的工具，甚至是文本编辑器。

④ 控制器　控制代理所创建的信息发送到正确的设备驱动上。控制器至少能在一个设备驱动上激发处理过程，或它控制其下一级的某一控制器能在一个设备驱动上激发处理过程。在某些情况下，控制器与控制器间可以是金字塔形的控制结构，上层的控制器可以控制其下一层的控制器，最底层的控制器则必须具备控制设备驱动的能力。为实现控制器间协同工作，实现控制器间的相互通信和其与设备驱动间的通信，控制器间必须支持 JDF 文档的交换协议，甚至要支持 JMF 通信。控制器间的功能可以用于确定处理过程的计划数据和调度数据，如加工时间和计划产量。

综上所述，四个功能部件中与 JDF 标准有直接联系的是设备驱动、代理和控制器。在进行信息集成的软硬系统开发时，也应该更多地对这三部分内容进行关注。

图 8-7 给出了一个 JDF 功能部件间交互作用形成的金字塔形的控制结构的实例。在图 8-7 中，双向箭头表示双向通信，单向箭头表示单向通信。“控制器/代理”表示具有代理工具的控制器，即该控制器具有读写 JDF 功能。工作流程中，各部件名称后面的数字用来表示它们间的从属关系，如“设备驱动 1.1”从属于“控制器/代理 1”，也就是“控制器/代理 1”控制“设备驱动 1.1”。

位于最上层的控制器负责指令和监视工作流程执行的各个方面，是一种主控制器。管理信息系统（management information systems，MIS）就是这类控制器。工作流程中各部件间的信息通信是通过 JDF 来实现的，但它是一个静态的通信过程，要实现动态的实时通信则要利用 JMF 消息。对于系统设计者来说，图 8-7 只是一个简单的示例。要设计一个能有效处理已有工作流程机制的流程结构，是一件具有很大机动性的决策工作。

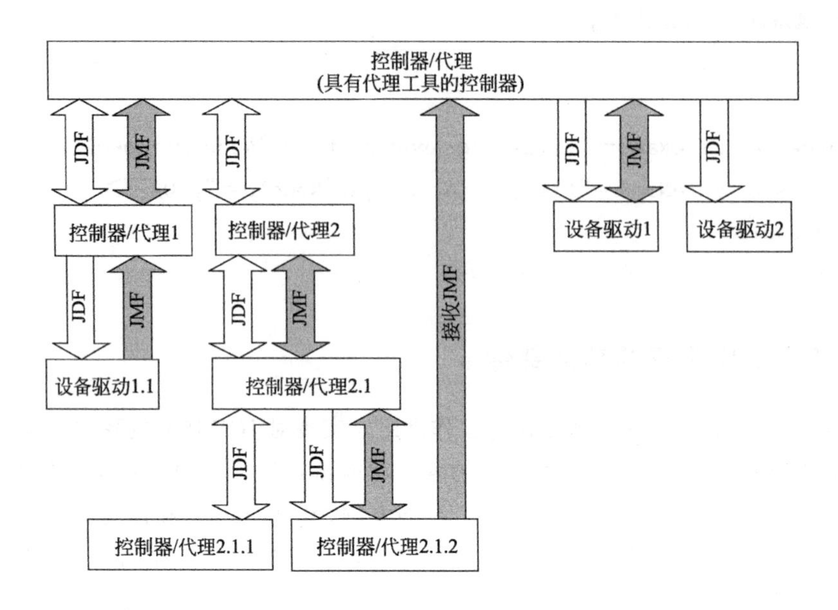

图 8-7 JDF 和 JMF 在工作流程中的交互作用示例

8.4 基于 JMF 的消息通信及其数据规范

一个 JMF 消息是一个以 JMF 为根节点的 XML 文档。JMF 消息可以用于的场合有：系统设置、设备驱动和作业的动态状态以及错误跟踪、管道（pipe）控制、设备驱动设置和作业更换、队列处理、队列中作业优先权设置以及设备性能描述等。

针对 JMF 消息家族中的六个成员，JMF 根节点可以直接包含“Query”“Response”“Signal”“Command”“Acknowladge”“Registration”中的一个或多个元素。根据 JMF 根节点中包含的元素，可以分别定义询问、响应、信号、命令、确认和注册这 6 类 JMF 消息。下面分别介绍这 6 类 JMF 消息。

8.4.1 询问消息

询问（Query）消息是一个从网络中的客户端（控制器）发送给控制器（或设备驱动）的询问，为了在不改变控制器（或设备驱动）状态的情况下获得所需要的消息，在发出一个询问消息后，将返回一个响应消息。如果询问消息中包含了一个“Subscription（订阅）”元素，那么控制器就会在感兴趣的事件发生时持续地向指定的 URL 地址发送所需要的信号消息，除非客户端向控制器发送一个包含“StopPersistentChanne（停止持续信道）”的命令消息。使用“Subscription”元素的消息交互示意图如图 8-8 所示。

下面来看一个例子：一个 ID 为“K007”的控制器向 ID 为“R007”的 RIP 设备驱动询问 RIP 设备所处的状态。它们间的消息通信过程示意如图 8-9 所示。为了获知 RIP 设备所处的状态，首先需要由控制器发送一个询问消息给 RIP 设备驱动，然后 RIP 设备驱

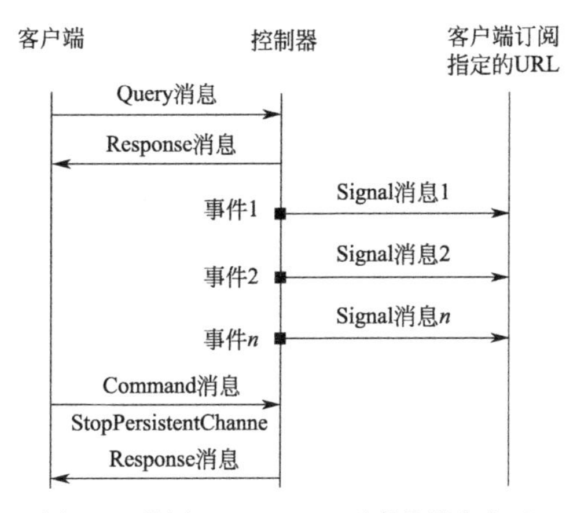

图 8-8　使用 Subscription 元素的消息交互

动接收询问后根据实际情况立刻返回一个响应消息来告知当前所处的状态。其中，发送的询问消息可以是例程 8-13 所示的一个询问消息。

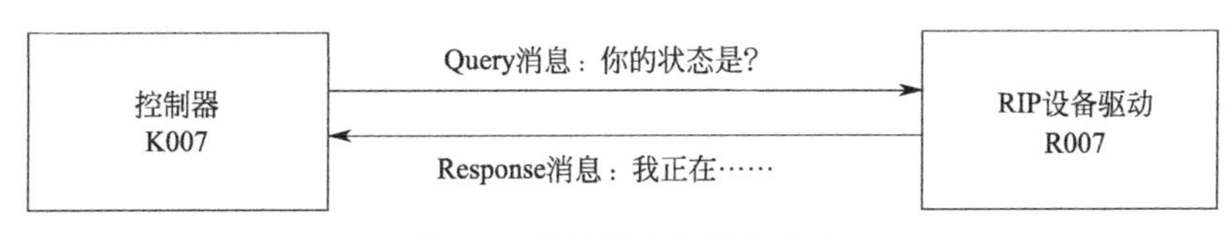

图 8-9　询问消息的消息交互

例程 8-13：

```
<JMF xmlns="http://www.CIP4.org/JDFSchema_1_1"TimeStamp="2007-07-25T11:38:23
+02:00"Version="1.3"SenderID="K007">
   <Query ID="M007"Type="KnownDevices"/>
</JMF>
```

例程 8-13 所示的询问消息中，JMF 根节点下包含了一个“Query”元素。在 JMF 元素的属性中定义了该 JMF 遵循的名字空间（xmlns=" http://www.CIP4.org/ JDF-Schema _ 1 _ 1" ）、消息的发送时间（TimeStamp=" 2007-07-25T11：38：23+02：00" ）、JMF 标准遵循的版本（Version=" 1.3" ）和该消息的发送者（SenderID=" K007" ）。JMF 标准在定义 JMF 消息时都以 JMF 为根元素，且 JMF 元素都须具备属性“TimeStamp”“Version”“SenderID”。

作为询问消息，JMF 元素的直接子元素是“Query”元素。JMF 标准中，每个“Query”元素都须具备属性“ID”和“Type”。“ID”属性用来唯一标识该询问消息，“Type”属性定义了询问消息所需询问的内容。当 Type=" KnownDevices" 时，表示该询问消息用于询问下游控制器或设备的情况。

8.4.2　响应消息

响应（Response）消息用于回答询问消息或命令消息。响应消息从控制器（或设备驱动）向递交询问消息或命令消息的控制器（或设备驱动）发送。

例程8-14中的响应消息就是回答例程8-13中的询问消息。响应消息中，“JMF”元素的直接子元素是“Response”元素。“Response”元素必有的属性是“ID”“Type”“refID”。其中，“refID”属性用于联系其对应的询问消息或命令消息，也就是说，定义了该响应消息是回答哪个询问消息或命令消息。如在例程8-14中，refID=" M007"，其值就是例程8-13中“Query”元素的ID的属性值，也就说明例程8-14的响应消息就是回答例程8-13中的询问消息。“Response”元素内包含了“DeviceList”元素，它用于详细描述设备的信息。其中，DeviceStatus=“Setup”就是描述了该设备正处于工作设置阶段，而这个设备就是ID号为R007（DeviceID=" R007" ）的设备。DeviceStatus的属性值还可以是Aborted、Stopped、Inprogress和Cleanup等。可以注意到，“JMF”元素的“SenderID”属性与“DeviceID”属性的属性值是一样的。因为这两个属性是对一个设备驱动处于两种身份时对其进行唯一标识，“SenderID”属性是标识发送者身份的唯一性，“DeviceID”属性是标识其作为设备驱动身份的唯一性。

例程8-14：

```
<JMF xmlns="http://www.CIP4.org/JDFSchema_1_1"TimeStamp="2007-07-25T11:38:
25+02:00"Version="1.3"SenderID="R007">
      <Response Type="KnownDevices"ID="M008"refID="M007">
        <DeviceList>
        <DeviceInfo DeviceStatus="Setup">
          <Device DeviceID="R007"/>
        </DeviceInfo>
      </DeviceList>
    </Response>
</JMF>
```

8.4.3 信号消息

信号（Signal）消息是在某些事件发生时发送给其他控制器（或设备驱动）的一种单向消息。这类消息能够用于自动地发布状态的改变。

控制器可以通过三种方法获得信号消息。第一种方法是通过包含一个“Subscription”元素的询问消息来发起初始的询问，这就是图8-8所示的方法。第二种方法是在JDF节点中通过“NodeInfo”资源中的JMF元素来发起初始的询问。在“NodeInfo”资源中的JMF元素是用来定义一个JMF询问消息的，因此同样可以在该JMF询问消息中包含一个“Subscription”元素。这两种方法都是需要一个起始的询问消息来订阅（发起）信号消息，不同的是传递起始询问消息的路径不同。第一种方法通过HTTP或SOAP这类方法来向控制器发送起始的询问消息，第二种方法则是通过相应的JDF节点来传递起始的询问消息。值得注意的是，这两种方法获得的信号消息都包含“refID”属性，并以此来引用一个持久的信道。

第三种获得信号消息的方法有别于前两种方法，它不需要一个起始的询问消息来订阅（发起）信号消息，而是通过硬连线的（hard-wired）方式来建立信道。例如，当一个控制器（或设备驱动）在启动服务或中断服务时就会自动产生一个信号消息，然后可根据一个初始化文件中列出控制器的 URL 发送给各个控制器。还比如，当某控制器连入新的网络时也可以自动产生一个信号消息，然后发送给网络中其他的控制器，以此告知大家它所能提供的服务。这种方法获得的信号消息是不能包含“refID”属性的，因为它不需要用“refID”来引用一个持久的信道。例程 8-15 是一个不包含“refID”属性的信号消息。

例程 8-15：

```
<JMF xmlns="http://www.CIP4.org/JDFSchema_1_1"TimeStamp="2007-07-25T12:28:01+02:00"Version="1.3"SenderID="Press001">
  <Signal ID="S123"Type="Status">
    <StatusQuParams JobID="Link007"JobPartID="P01"/>
    <DeviceInfo DeviceStatus="Setup"/>
  </Signal>
</JMF>
```

作为信号消息，“JMF”元素的直接子元素是 Signal 元素，它的“Type”属性指明该信号消息所通知的消息类别，Type=" Status" 表示该信号消息是关于状态方面的。例程 8-15 中的 Signal 元素拥有“StatusQuParams”和“DeviceInfo”子元素。“StatusQuParams”可以精炼地描述关于设备驱动和作业各方面的信息；“DeviceInfo”可以描述设备驱动当前的状态。例程 8-15 中的信号消息描述了编号为“Press001”（SenderID=" Press001"）的印刷设备正为生产“Link007”作业（JobID=" Link007"）中的“P01”子作业（JobPartID=" P01"）进行试机（DeviceStatus=" Setup"）。

8.4.4 命令消息

命令（Command）消息在语法上相当于询问消息，但是它能改变目标设备驱动的状态。命令消息发出后就会立即返回一个响应消息。如果在命令消息中包含一个“AcknowledgeURL”属性，那么设备驱动就可以返回一个带有 Acknowledge=" true" 的响应消息，并且在执行完命令消息后还将向“AcknowledgeURL”属性指定的地址发送确认消息。

例程 8-16 示范了如何用“ResumeQueueEntry”命令消息来使队列中的一个作业开始执行。首先，命令消息是以“Command”元素作为“JMF”元素的直接子元素。“Command”元素的“Type”属性指明该命令消息的类型。这里的命令消息的类型是“ResumeQueueEntry”，即该命令消息是用于控制重新开始某一个队列条目的。“Command”元素的子元素“QueueEntryDef”用于指定一个确定的队列条目，它拥有的“QueueEntryID”属性用于描述该队列条目的 ID，该 ID 是由队列的管理者生成的。因此，例程 8-16 的命令消息是 ID 为“MIS A”的 MIS 向 ID 为“Printer001”的打印机发出的开始执行

ID 为“job-001”的队列条目的命令。

例程 8-16：

```
<JMF xmlns="http://www.CIP4.org/JDFSchema_1_1"DeviceID="Printer001"SenderID="MISA"TimeStamp="2007-07-25T12:32:48+02:00"Version="1.3">
  <Command ID="M008"Type="ResumeQueueEntry">
    <QueueEntryDef QueueEntryID="job-001"/>
  </Command>
</JMF>
```

例程 8-17 是例程 8-16 的响应消息。它描述了 ID 为“Printer001”的打印机正在执行 ID 为“job-001”的队列条目，且该队列条目对应的作业是 ID 为“job-001”的作业，此时打印机的队列不再接受新的队列条目（Status=" Full" ）。

例程 8-17：

```
<JMF xmlns="http://www.CIP4.org/JDFSchema_1_1"TimeStamp="2007-07-25T12:32:48+02:00"Version="1.3"SenderID="Printer001">
  <Response ID="M009"Type="ResumeQueueEntry"refID="M008">
    <Queue DeviceID="Printer001"Status="Full">
      <QueueEntry JobID="job-001"QueueEntryID="job-001"Status="Running"/>
    </Queue>
  </Response>
</JMF>
```

8.4.5 确认消息

确认（Acknowledge）消息是控制器用来非同步地响应命令消息（或询问消息）的一种消息。确认消息类似于响应消息，但响应消息是同步响应的即时消息。为了定义确认消息是回答哪个命令消息（或询问消息），与响应消息一样，使用“refID”属性联系其起始的命令消息（或询问消息）。

确认消息可在一个长的反应时间后来告知命令消息的发送者其命令消息被执行的结果。正如 8.4.4 节中所述，只有包含了“AcknowledgeURL”属性的命令消息才能发起确认消息。图 8-10 示意了命令消息和确认消息间的消息交互。

在进行确认消息的代码示例之前，先简单地了解管道资源（Pipe Resource）和管道推动（PipePush）消息的执行机制。

在印刷与印后折页这两个邻近的处理过程中，折页处理过程通常并不需要等印刷处理过程把所有的印张都生产完才开始生产，只要印刷的印张达到一定的数量，折页处理过程就可以启动生产，这就是一个重叠过程（overlapping）。因此，为了在重叠过程中定义印张这类不仅被消耗又能被补充的资源，JDF 使用“管道资源”来描述这类资源。“管道”

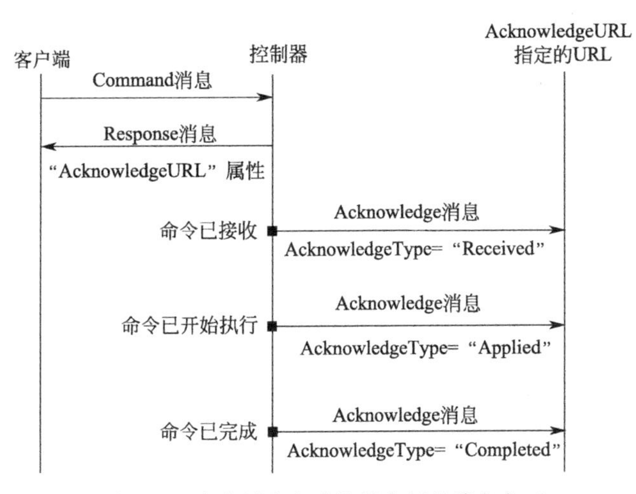

图 8-10　命令消息和确认消息间的消息交互

犹如一个动态的缓存器，当 P1 过程输出的资源进入管道成为"管道资源"后，且"管道资源"的数量达到"2"水位时，P2 过程开始工作；当"管道资源"的数量达到"4"水位时，P1 过程停止输出资源；当"管道资源"的数量被消耗到"3"水位时，P1 过程要重新开始输出资源；在 P1 过程还未完成所有生产任务，且"管道资源"的数量被消耗到"1"水位时，P2 过程则停止工作。这就是"管道资源"的工作原理，如图 8-11 所示。

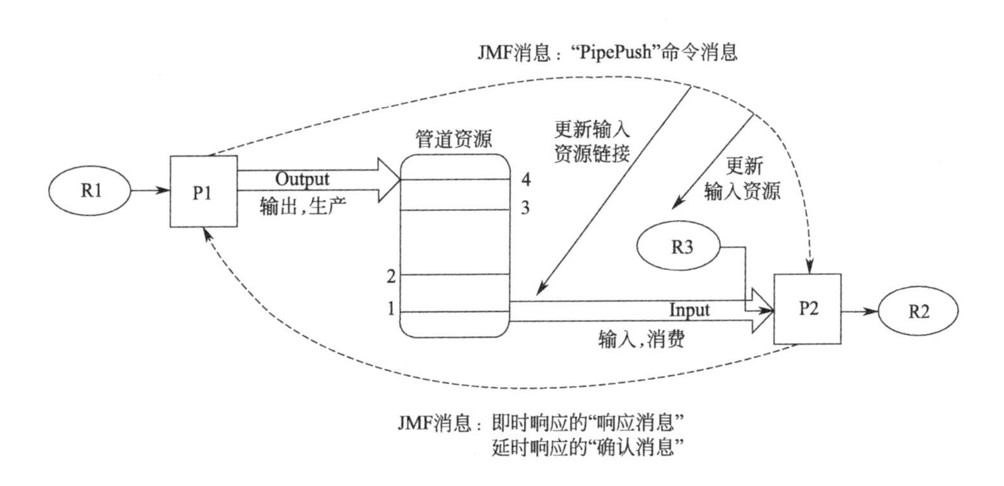

图 8-11　"PipePush"消息的执行机制

在图 8-11 中，P2 过程的控制器通过 P1 过程的控制器发过来的"PipePush"命令消息来知道"管道资源"的可用性，并相应地改变 P2 过程的状态。在"PipePush"命令消息给 P2 过程后，P2 过程的控制器会立即执行两件事情：一是更新 P2 过程过程节点的输入资源，另一个是更新 P2 过程过程节点的资源链接。同时，P2 过程的控制器在接收到"PipePush"命令消息后会立即向 P1 过程的控制器返回一个响应消息。在命令消息被执行完后，P2 过程的控制器还会返回一个延时的确认消息，以此向 P2 过程的控制器告知命令执行的结果。这个过程就是"PipePush"（管道推动）消息的执行机制。例程 8-18 就是一个“PipePush”（管道推动）消息的执行机制中的确认消息。

在例程 8-18 的确认消息中，“JMF”元素的直接子元素是“Acknowledge”元素，使用“refID”属性联系其起始的“PipePush”命令消息，Type＝" PipePush" 则表示该确认消息是响应一个“PipePush”命令消息的。“Acknowledge”元素的子元素“JobPhase”则描述了在执行“PipePush”命令消息后 P2 过程就已经开始处理“J1”作业中的“P1”子作业了。

例程 8-18：

```
<JMF xmlns="http://www.CIP4.org/JDFSchema_1_1"TimeStamp="2007-07-25T12:32:48+02:00"Version="1.3"SenderID="Printer001">
  <Acknowledge ID="M109"Type="PipePush"refID="M010">
    <JobPhase JobID="J1"JobPartID="P1"Status="InProgress"/>
  </Acknowledge>
</JMF>
```

8.4.6 注册消息

注册（Registration）消息是 JDF 1.3 新定义的一个 JMF 消息家族成员。注册消息能够要求“该注册消息的接受者”发送命令消息到其指定的第三方“命令消息接收者”。因此，通过注册消息，可以在第三方“命令消息接收者”与“该注册消息的接受者”间建立一个用于获得命令消息的持久信道。

注册消息中，“JMF”元素的直接子元素是“Registration”。“Registration”元素必须含有一个“Subscription”子元素，在“Subscription”元素中则指定了第三方“命令消息接收者”。

8.5 ICS 与工作流程部件的界面

从图 8-7 中可以看出，控制器需要处理位于其上层和下层的工作流程部件，而作为主控制器的 MIS 只需要处理位于其下层的工作流程部件，设备驱动只需要处理位于其上层的工作流程部件。从这方面来看，其中暗示了两类界面，一类界面是用来处理位于其下层的工作流程部件的界面，另一类界面是用来处理位于其上层的工作流程部件的界面。为此，CIP4 将用来处理位于其下层的工作流程部件的界面定义为“管理者界面”（manager interface），将用来处理位于其上层的工作流程部件的界面定义为“工人界面”（worker interface）。“管理者界面”可以发送 JDF 实例、JMF 消息和其他数据给在设备驱动或控制器中的“工人”，也可以接收“工人”反馈回的信息。“工人界面”可以接收来自控制器或 MIS 中的“管理者”的 JDF 实例、JMF 消息和其他数据，也可以给“管理者”反馈信息。

因此，在图8-7中，只要哪儿存在一个从下往上来的箭头，那么这儿就存在一个“管理者界面”；只要哪儿存在一个从上往下来的箭头，那么这儿就存在一个“工人界面”。针对MIS、控制器/代理和设备驱动来说，MIS必须实现“管理者界面”；控制器/代理必须实现“管理者界面”和“工人界面”；设备驱动必须实现“工人界面”，但不需要实现“管理者界面”。

ICS为不同的设备规定了所应兼容的最小JDF子集，具体来说就是规定了设备所应具有的最小处理能力。因此，CIP4在定义ICS的内容时，是通过在ICS文档中定义工作流程部件的界面所应具有的最小处理能力来实现的。图8-12示意了ICS与两类界面的关系。

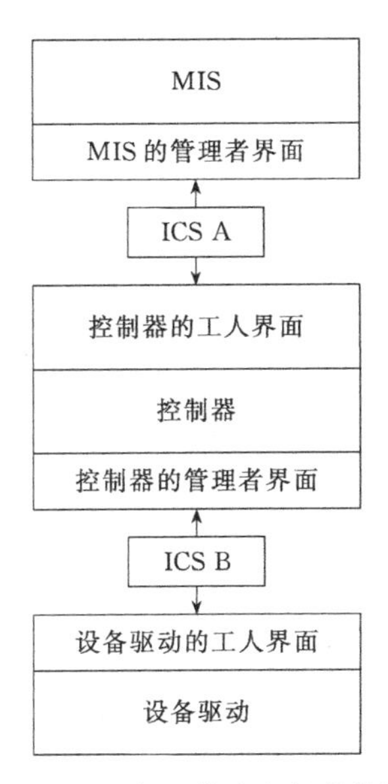

图8-12 ICS与工作流程部件的界面

8.6 拼大版中的JDF实例

利用Creo Preps Version 5.1先进行拼大版的模板创建，然后利用该模板建立新作业，根据需要导入页面或加入空白页（在后续的印前工作流程可以置入页面，如在印能捷中），最后通过打印的方式生成拼大版的JDF作业传票，以便在使用时调用。下面对已导入页面的拼大版的JDF作业传票进行分析。

8.6.1 拼大版节点概述

拼大版（Imposition）节点是一个过程节点。过程节点的位置在节点继承关系的较下层，每一个过程节点均代表独立的生产过程，不能嵌套下一级节点。在节点树中为叶节点。拼大版节点是大量印前过程节点中的一个。

拼大版节点的资源驱动过程见表8-2。

表 8-2　拼大版节点的资源驱动过程

输入资源	过程	输出资源
Layout(版式)	Imposition(拼大版)	RunList(运转表)
RunList(Document)[运转表(文档)]		
RunList(Marks)[运转表(标记)]		

JDF 描述拼大版节点的继承树结构中，在＜JDF＞父辈单元（Parent Element）下包含三个子女单元（Child Element），即“AuditPool”“ResourcePool”和“ResourceLinkPool”，这三个子女单元分别为稽核库、资源库和资源链接库。“AuditPool”一般包含作者（Author）（可以是一个人或一个中介器）和时间戳（TimeStamp）。“ResourcePool”中包含资源单元清单，它有四个派生（Descendent），即一个“Layout”资源和三个“RunList”资源，分别为版式资源和三个运转表。这四个资源对应于表 8-2 中的三个输入资源和一个输出资源。在“ResourceLinkPool”下面同样有四个派生，即一个“LayoutLink”资源和三个“RunListLink”资源。四个资源链接与资源库中的四个派生是一一对应的，清晰地描述了拼大版节点资源的输入与输出过程。T 资源的链接通过＜TLink rRef＝" " Usage＝" " /＞来定义。rRef 属性值为链接资源的 ID 属性值。

例程 8-19 的代码就展示了拼大版节点的总体文档结构。在拼大版节点的根节点属性中，“xmlns：SSi”和“xmlns：CPC”定义了两个私人的命名空间，也就是说，其命名空间内的元素和属性都是非 JDF 标准。

例程 8-19：

```
<JDF xmlns="http://www.CIP4.org/JDFSchema_1_1"Type="Imposition"Status="Waiting"Version="1.2"ID="AD3227D80-B648-11D9-B820-000D9332D85A"JobID="imp-1" xmlns:SSi="//SSiJDFExtensions.xsd"
    xmlns:CPC="http://www.creo.com/CPC/JDFExtensions.xsd">
  <AuditPool>
    <Created Author="Creo Preps Version 5.1"TimeStamp="2005-04-26T19:46:28+08:00"/>
  </AuditPool>
  <ResourcePool>
  <Layout ID="AD3227DDA-B648-11D9-B820-000D9332D85A"  Class="Parameter"Status="Available>
  …
  <RunList  ID="AD3227DE4-B648-11D9-B820-000D9332D85A"  Class="Parameter"Status="Available"PartIDKeys="Run">
  …
  <RunList  ID="AD3227DEE-B648-11D9-B820-000D9332D85A"  Class="Parameter"Status="Available"PartIDKeys="Run">
  …
  <RunList  ID="AD3227DEF-B648-11D9-B820-000D9332D85A"  Class="Parameter"Status
```

```
="Unavailable">
    ...
  </ResourcePool>
  <ResourceLinkPool>
    <LayoutLink rRef="AD3227DDA-B648-11D9-B820-000D9332D85A"Usage="Input"/>
    <RunListLink rRef="AD3227DE4-B648-11D9-B820-000D9332D85A"Usage="Input"
ProcessUsage="Document"/>
    <RunListLink rRef="AD3227DEE-B648-11D9-B820-000D9332D85A"Usage="Input"
ProcessUsage="Marks"/>
    < RunListLink rRef = " AD3227DEF-B648-11D9-B820-000D9332D85A " Usage = "
Output"/>
  </ResourceLinkPool>
</JDF>
```

8.6.2 版式资源与运转表资源

拼大版节点涉及版式资源、运转表（文档）、运转表（标记）、运转表。它们都属于参数资源（Parameter Resource）。在例程8-19中可以看到各个资源都有一个Class属性，其属性值就是定义该资源属于哪类资源。在例程8-19中，其Class属性值均为“Parameter”，说明资源都为参数资源。在例程8-19中还可发现，每一资源都有一个Status属性，取值“Available”或“Unavailable”，显示出该资源的状态信息（可利用或不可利用），根据实际情况，JDF还提供其他可选的Status属性值。为了使资源在MIS系统中能进行有效的管理，资源均有ID属性，以标识其唯一性。

例程8-20为版式资源。在版式资源中，每一书帖（Signature）依次定义为一个印张（Sheet）。每一印张又含有Side属性，可取值为“Front”（正面）或“Back”（反面）的两个印刷面（Surface）。对于每一个印刷面都需定义工作风格（WorkStyle）属性，取值可为“SW”或“SS”，取“SW”表示该印刷面为正反印刷，取“SS”表示该印刷面为自翻版印刷。

版式资源（Layout）的每个印刷面都会包含多个内容对象（ContentObject）或标记对象（MarkObject）。内容对象就是印刷页面内容，标记对象则是各种与印刷工艺有关的标记，如折页标记、裁切标记、打孔标记或彩色控制条等。在定义这些对象时，将涉及多种矩形框（如页面内容矩形框、成品矩形框和出血矩形框等）和各页面在版式中的具体定位。

对于涉及的多种矩形框在JDF中是用“*a*”“*b*”“*c*”“*d*”来表示的。其中，*a*为左下*X*坐标，*b*为左下*Y*坐标，*c*为右上*X*坐标，*d*为右上*Y*坐标。如例程8-20中Sheet元素的属性SurfaceContentsBox="0 0 3163.46457 2049.44882"。从该印张的内容框可以看出，印张的左下角就是印张上版式坐标系的坐标原点。其中，JDF在定义长度的时候，其数值的单位是Point，即$^{1}/_{72}$in[1]。

---

[1] 1in=2.54cm。

拼版的本质就是把各种内容放置到恰当的位置上，JDF在定义各自的位置时应用到了当前变换矩阵（CTM），在JDF中，矩阵用“$a\ b\ c\ d\ e\ f$”来表示，其表示的变换矩阵为：

$$\boldsymbol{T}=\begin{bmatrix} a & b & 0 \\ c & d & 0 \\ e & f & 1 \end{bmatrix}$$

理论上，在二维空间进行坐标变换时，使用2×3的矩阵就可以，但在实践中更普遍地是使用3×3的矩阵，因此，将2×3的矩阵加上“0 0 1”的第三列而成为一个3×3的矩阵。当利用3×3的矩阵进行坐标变换时，二维坐标$P(X,Y)$表示为三维向量$[X\ Y\ 1]$进行计算。

在版式定义中，一般会用到的CTM是：

$$\boldsymbol{T}=\begin{bmatrix} 1 & 0 & 0 \\ 0 & 1 & 0 \\ \mathrm{d}x & \mathrm{d}y & 1 \end{bmatrix}$$

该CTM是表示向X方向平移$\mathrm{d}x$，向Y方向平移$\mathrm{d}y$。如在例程8-20中的CTM="1 0 0 1 2166.519685 187.93701"就表示该内容对象的左下角位于版式坐标系中的“2166.519685，187.93701”处。当然，它们的单位也是Point。

例程8-20：

```
<LayoutID="AD3227DDA-B648-11D9-B820-000D9332D85A"
Class="Parameter"Status="Available">
  <Signature SSi:PressRunNo="1">
    <Sheet Name="Sheet-1"SurfaceContentsBox="003163.46457
2049.44882"SSi:WorkStyle="SW">
      <Surface Side="Front"SurfaceContentsBox="003163.46457
2049.44882"SSi:Dimension="2539.84252 1675.27559"
SSi:MediaOrigin="311.811025 187.086615">
      …
      <Surface Side="Back"SurfaceContentsBox="003163.46457
2049.44882"SSi:Dimension="2539.842521675.27559"
SSi:MediaOrigin="311.811025187.086615">
      …
    </Sheet>
  </Signature>
  <SignatureSSi:PressRunNo="2">
    <Sheet Name="Sheet-2"SurfaceContentsBox="003163.46457
2049.44882"SSi:WorkStyle="SS">
      <Surface Side="Front"SurfaceContentsBox="003163.46457
2049.44882"SSi:Dimension="2539.84252 1675.27559"
SSi:MediaOrigin="311.811025 187.086615">
      <MarkObject CTM="100100"ClipBox="003163.46457
```

```
2049.44882"Ord="0"/>
          <ContentObject CTM="1001 2166.519685 187.93701"TrimCTM="1
0012202.519685 223.93701"TrimSize="612.28346 792.28346"
ClipBox="2202.519685 215.43301 2823.307145 1024.72441"Ord="0"
SSi:TrimBox="00612.28346 792.28346"SourceTrimBox="00612.28346
792.28346"/>
          <ContentObject...Ord="1"/>
          <ContentObject...Ord="2"/>
          ...
        </Sheet>
        </Signature>
    </Layout>
```

版式资源中的内容对象和标记对象都含有一个 Ord 属性，它可以为每个版式中的对象提供一个标识，这将有助于在运转表资源中将页面内容置入对应的位置，从而实现页面内容和标记内容的拼大版。

例程 8-21 为运转表（文档）资源。运转表（文档）资源是页面内容的结构清单，每个页面内容都定义在一个 RunList 中，且通过其 Run 属性的属性值来找到其在版式中的对应位置。例如，当例程 8-21 中页面内容的 Run=" 0"，那么它在版式中的位置就应该是例程 8-20 中 Ord=" 0" 内容对象（ContentObject）所在的位置。

JDF 是不能描述页面内容的，因此拼大版中的页面内容的文档需要用页面描述语言进行描述，并单独地放于 JDF 文档的外部。为了让拼好的大版能找到这些页面内容，JDF 通过资源的外部链接（External Links）来实现。资源的外部链接用于将 JDF 的内部描述指向 JDF 文档外部的对象。链接采用统一资源定位器（uniform resource locator，URL）来实现，如例程 8-21 中的“<FileSpec URL=" file：// Desktop /LUO1. PDF" MimeType= " application/pdf" />”。当该 JDF 文档传递到控制器中进行执行时，控制器会到 URL 指定的地址处寻找需要的页面文档，然后再进行后续相关的操作。

运转表（标记）资源与运转表（文档）资源的定义方式类似，只不过 URL 链接的是标记文档。

例程 8-21：

```
    <RunList ID="AD3227DE4-B648-11D9-B820-000D9332D85A"
Class="Parameter"Status="Available"PartIDKeys="Run">
      <RunList Run="0"Pages="0~0">
        <LayoutElement>
          <FileSpec URL="file://Desktop/LUO1.PDF"
MimeType="application/pdf"/>
          <CPC:PageInfo PageGeometryCTM="1001-36-36"PageTrim="612
792"/>
    </LayoutElement>
```

```
    </RunList>
    <RunListRun="1"Pages="0~0">
      <LayoutElement>
        <FileSpec URL="file://Desktop/LU01.PDF"
MimeType="application/pdf"/>
        <CPC:PageInfo PageGeometryCTM="1001-36-36"PageTrim="612
792"/>
      </LayoutElement>
    </RunList>
    <RunList Run="2"Pages="0~0">
      <LayoutElement>
        <FileSpec URL="file://Desktop/LU03.PDF"
MimeType="application/pdf"/>
          <CPC:PageInfoPageGeometryCTM="1001-36-36"PageTrim="612
792"/>
        </LayoutElement>
      </RunList>
      …
    </RunList>
```

输出资源的运转表是印刷面在拼大版后形成的结构化列表。如果拼大版过程是 RIP 前的拼大版，那么该运转表将会是 RIP 中解释（Interpreting）处理过程的输入资源。如果拼大版过程是 RIP 后的拼大版，那么该运转表将会是数字印刷或出图（ImageSetting）处理过程的输入资源。JDF 中的出图处理过程含义丰富，它包含了照排过程或 CTP 出印版过程，甚至包含数字打印过程。例程 8-22 是输出资源的运转表的 JDF 定义。

例程 8-22：

```
    <RunList ID="AD3227DEF-B648-11D9-B820-000D9332D85A"
Class="Parameter"Status="Unavailable">
      <LayoutElement>
        <FileSpec URL="file:///outputFile"/>
      </LayoutElement>
    </RunList>
```

第9章

基于 JDF 的计算机集成印刷系统

基于 JDF 的计算机集成印刷系统的实施是一个循序渐进的过程，也是一个不断完善的过程。本章将首先简述 CIPPS（计算机集成印刷系统）的联网搭建方式——分散式和中央式，然后通过海德堡的 Prinect 解决方案来阐述中心式的实现。最后，通过两个实际的案例让读者对 CIPPS 的实施以及通过 CIPPS 集成优化后的印刷系统有更直观的认识和更深刻的理解。

9.1 联网结构的基础

CIPPS 实施的首要基础工作是完成系统的数字化联网搭建。联网结构的高效性和可扩展性直接决定了一个联网项目是否能长期、持续地保持有效。联网的构架风格还决定了网络中各软件间相互协作的工作效率。因此，一个联网结构的基本要求是具备对所有生产数据进行处理的能力，此外还需同时满足以下几点：

① 具有安全和可靠的数据传送与数据管理的规则。

② 能保证数据的安全性。

③ 必须考虑到安全的数据传送、高速的运转以及迅速的响应。

④ 能避免不必要的数据传送。

⑤ 整个系统应该功能完备，可将来自不同厂商的产品（设备）顺畅地集成到一个工作流程中。

⑥ 具有一个稳健的机制，以确保在发生问题的情况下不中断生产过程。

对于有序的生产可能还体现不出对上述条件的需求。但如果在下面的这种生产情况下，就会很清晰地体会到上述条件的需求：在一特定的生产工作流程中，一个印刷作业需要三种印刷方式处理，其中两种印刷方式是在公司内部进行加工，第三种印刷方式是由一个外包商协作加工；印后加工是与这两条印刷生产线重叠进行的，也就是说，印后加工是在所有印张全部被印刷完之前就开始工作的；由于交货期的原因，在一个突然的通知下启用第二条印后加工生产线，同时还需要在印刷开始后对计划进行修正。在这种复杂的情况下，如何使 JDF 保持高效地持续传输，这就需要一个满足上述条件的、合适的联网结构。

下面将对两种联网构架理论进行说明，同时还提供了一些目前市场上已有的解决方案。

印刷工业中的 JDF 虽然是一个全面的数据交换标准，但是 JDF 的说明书中并没有描述什么信息要在哪里提供，也没有描述谁有权在哪里可以使用和修改 JDF 信息。JDF 只定义了在一个基于 JDF 的联网系统中所需要的功能部件，即设备、设备驱动、代理和控制器。

① 设备　一个物理装置或应用软件，它是接收代理的控制指令并执行特定加工过程的功能部件。

② 设备驱动　解释从代理和控制器发送来的 JDF 信息，然后驱动设备工作。

③ 代理　具有读写 JDF 信息，即创建和修改 JDF 文档（节点）的功能。

④ 控制器　控制代理所创建的信息并发送到正确的驱动上。

在一个高级别的计算机集成印刷系统内，设备驱动、代理和控制器不仅要有处理 JDF 的能力，还应该提供 JMF 接口以实现双向的消息通信机制。

对于基于 JDF 的过程集成，这里有两种不同的联网构架方法：分散式的构架风格和中央式的构架风格。

在分散式的联网构架中（见图 9-1），JDF 文件从一个应用软件被发送到下一个应用软件中。JDF 可以通过相关的软件保存在一个文件系统或一个专门的数据库中。分散式的联网构架在 JDF 被有序地传送的情况下，其实现是相对比较容易的，并且不需要一个基于服务器的结构。然而，这里面会存在一些问题，如谁在什么时候有权修改 JDF 信息，以及如何保证工作流程中的所有成员都能利用到最新的 JDF 信息？另外，复杂的、重叠的处理过程不能可靠地被映射。

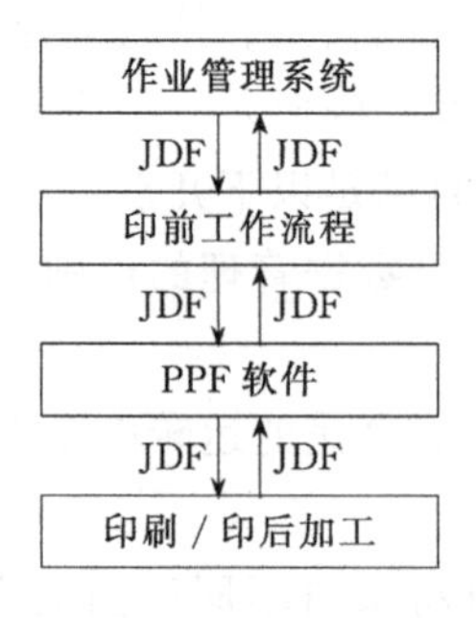

图 9-1　分散式的联网构架

中央式的联网构架可更形象地称为卫星式联网构架，其主要特征是系统中各功能部件会围绕一个中央功能部件进行联网通信。根据中央功能部件的不同，中央式的联网构架可以分为“以 JDF 为中心的联网构架”（见图 9-2）和“以 MIS 为中心的联网构架”（见图 9-3）两种。

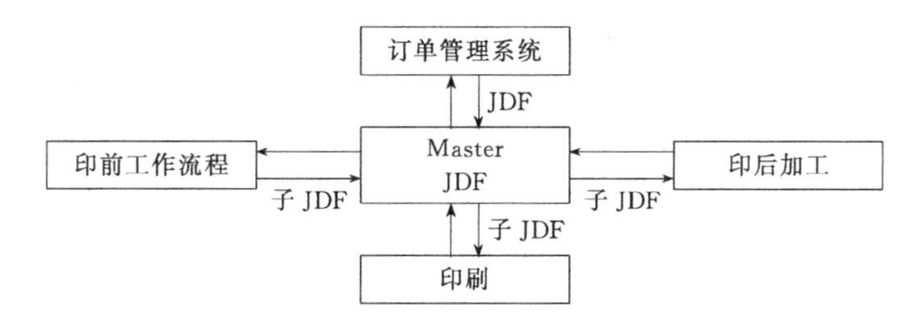

图 9-2 以 JDF 为中心的联网构架

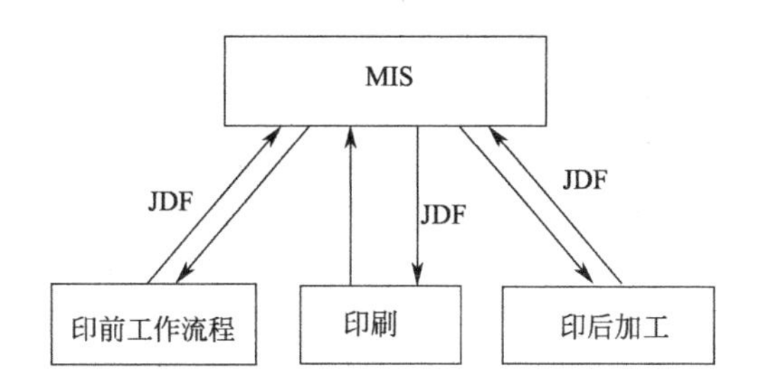

图 9-3 以 MIS 为中心的联网构架

在以 JDF 为中心的联网构架中，所有的 JDF 信息都存放在一个由服务器来管理的位于中央的数据库中。数据库里含有不同的机制来进行专业的数据管理。这些机制包括：一个 JDF 文件可被工作流程中的多个参与者同时访问的机制；对半成品的可靠处理机制；对失败事务的处理机制；在运行过程中的数据复制和文件备份的机制。在服务器中，JDF 文件可以被应用软件选择出其中的一部分，然后进行更改或扩充操作，最后又把这部分 JDF 文件放回到原始的 JDF 文件中。这种中央式的 JDF 存储和管理方法与分散式的联网构架相比，具有以下五点优势：

① JDF 文件可持续地受到监视。

② 可以对 JDF 文件中的子部分进行良好的写入与读出操作。

③ 针对谁在什么时候可以对 JDF 树中特定的部分进行定义操作规定了清晰的规则。

④ 可以对 JDF 文件进行“一致性”检测（如检测输入文件的正确性、JDF 文件是否规范）。

⑤ 更好地维护环境。

在以 MIS 为中心的联网构架中，“作业管理系统”或 MIS 系统将直接担任起过程控制器的角色。因为作业管理系统或 MIS 系统可以控制全部的作业进程，相当好地完成了过程控制器的任务。

中央式的联网构架将会在运行的可靠性方面显现出巨大的优势。如果要实施一个中央式的联网构架，则非常重要的一项工作就是决定使用哪个供应商的中央服务器，因为中央服务器在联网构架中扮演了最为主要的角色。

9.2 海德堡的 Prinect 的联网结构

海德堡的 Prinect 是“以 JDF 为中心的联网构架”的 CIPPS 实施的典型案例。Prinect

的一体化解决方案覆盖了印刷生产的整个流程，它提供了一系列的应用软件来构建一个“终端到终端”（end to end）的贯穿整个生产过程的网络结构。本节将重点分析 Prinect 解决方案中的联网结构。

9.2.1 Prinect 解决方案中的总体结构

Prinect 解决方案中的一系列应用软件最早是通过 PPF 接口来实现软件间的相互连接与通信的。目前，这些应用软件以及海德堡的设备都发展为拥有 JDF 接口的产品。为了使网络中处理过程的可靠性、柔性和透明性得到最优化，Prinect 解决方案采用了以 JDF 为中心的联网构架，并实现了 JDF 文件的存储、分裂和合并。

Prinect 解决方案中应用软件及设备在网络中的布局如图 9-4 所示。从功能上看，整个网络可以分为三层：应用软件层、中央服务层和 JDF 处理层。

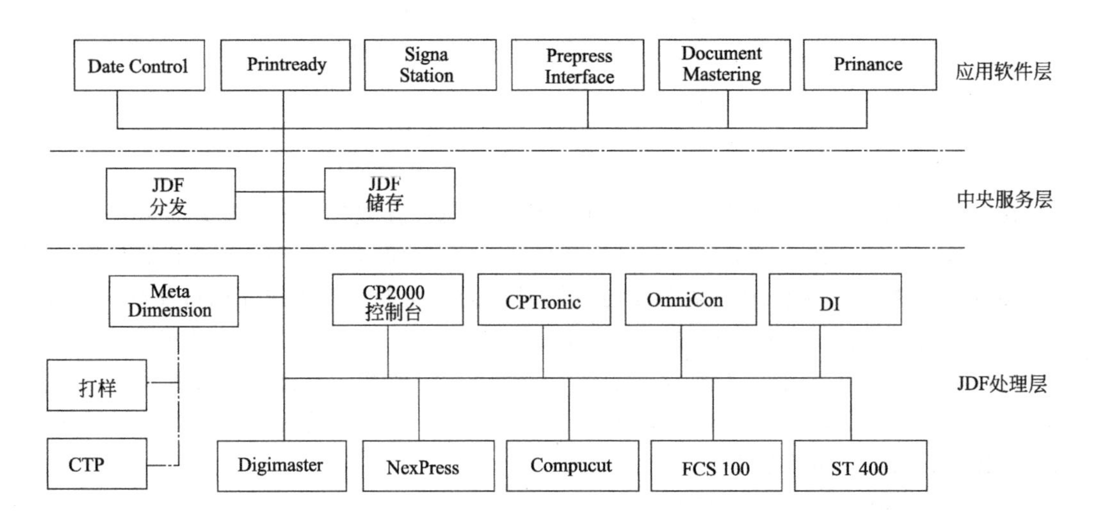

图 9-4 Prinect 解决方案中应用软件及设备在网络中的布局

在图 9-4 中，应用软件层的应用软件包含订单管理系统（或 MIS 系统）、印前工作流程和生产计划系统，应用软件层的主要功能是编辑 JDF 文件、修改和读取 JDF 文件。主 JDF 文件（Master JDF）则在中央服务层中被存储和管理。最后，JDF 处理层可摘取包含在 JDF 文件中的指令，并转换到生产的处理过程中。生产过程在被全部或部分执行完后，其执行结果将反馈到中央服务层。

9.2.2 Prinect 的应用软件层

在应用软件层中，最重要的三个软件是 Prinect Prinance、Prinect Data Control 和 Prinect Printready System。

“Prinect Prinance”是一个 MIS 系统，具有订单管理的能力，“Prinect Data Control”是一个生产计划系统，“Prinect Printready System”则是一个印前工作流程。

“Prinect Prinance”的接口可以通过集成在“Prinect Printready System”中的“Prinect Integration Layer”（PIL）使得作业数据对于生产的处理过程是可用的。如果其所连

接的是一个完整的生产过程，那么Prinance将通过PIL来访问JDF文件中的AuditPool元素（稽核池），并将它里面的信息用于实际成本核算和作业估价。

“Prinect Printready System”是一个以JDF作为其内部数据格式的、基于文件的印前工作流程。由于使用PIL，“Prinect Printready System”又可被视为MIS系统和中央服务层间的界面。由“Prinect Meta Dimension”控制的印版曝光机（晒版机）使用JMF向“Prinect Printready System”发送它们当前的状态（如剩余时间、印版的可用性），这样就能实现每个工作站的“透明性”。在印前工作流程中已经添加了生产数据的JDF数据会被传送到中央服务层中，从而实现数据的中央式存储和管理。

“Prinect Data Control”作为生产计划系统，它组合了来自印前和MIS的数据流，同时还将这些数据传送到印刷和印后加工的设备上，并且它还能控制来自这些设备的实时数据。尽管“Prinect Data Control”具有这些组合功能，但是它不应该与中央式的JDF服务器混淆，因为“Prinect Data Control”不能中央式地管理JDF，更确切地说，它只能转换和传送JDF。

9.2.3 Prinect的中央服务层

中央服务层在Prinect的构架中是一个非常核心的部分。在这层，JDF数据得到了保存，同时又可被发送给各个不同的JDF处理过程。中央服务层的实现形式是一个数据库支持的印刷车间服务器，该服务器用于将生产资源集成到JDF工作流程中。组成中央服务层的两个部分是JDF的存储器和JDF的发送器。

在JDF的存储器中，主JDF数据被保存、完善和修正。JDF文件的部分可以被应用软件摘取出来，并实现修改或扩充操作，然后再存回去。当因应用软件层存在不正确的输入或某JDF文件不符合CIP4的标准而发生错误时，那么一个“一致性”检测（如检测输入的正确性、JDF文件是否规范）可有效地保证工作流程仍然处于正确的运行状态，同时发出一个报错消息（如显示报错的原因、在什么地方出错）来帮助解决这个传递问题。JDF的发送器则负责把正确的JDF节点分配到正确的处理过程中。

此外，对于支持JMF通信的生产系统来说，中央服务层还应能从集成的生产系统中收集JMF消息，并将这些消息发给MIS系统进行分析与处理。

9.2.4 Prinect的JDF处理层

JDF处理层是由一系列拥有JDF接口的设备组成的。JDF处理层可实现与中央服务层的通信，并能通过HTTP发送JMF信息给各个不同的应用软件。JDF处理层中单个设备的JDF接口如图9-5所示。

下面将重点分析以下两个JDF处理器：

- Prinect CP2000控制台（速霸系列印刷机的控制台）。
- Prinect FCS 100（折页和骑马订的控制台）。

Prinect CP2000控制台从中央服务层的印刷车间服务器中以JDF子文件的形式获得作业和机械设备的预设数据。其具体操作过程首先是JDF处理器发出请求，然后服务器响应请求并对作业的相关部分进行分裂操作，进而从JDF文件中摘取出这部分信息作为JDF子文件，然后将该JDF子文件发送到JDF处理器上。这个JDF子文件包含了该生产

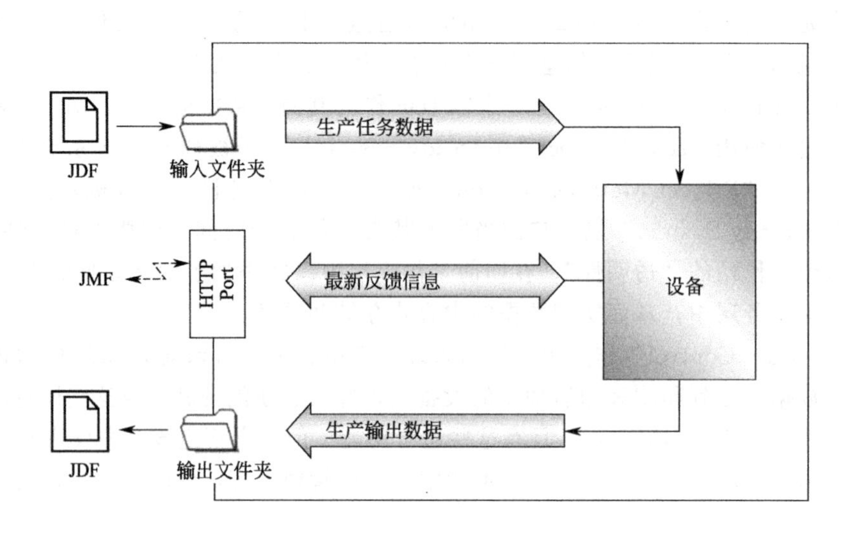

图 9-5 单个设备的 JDF 接口

阶段所需的所有作业和机械设备的预设数据。该机械设备可以通过传送过来的这些数据进行预设。另外，中央控制台可以访问不断更新的电子作业传票。在加工处理过程中，关于生产的当前状态可以通过 JMF 消息反馈给中央服务层。最后，在该印刷阶段的处理过程会在相关节点的“AuditPool”元素中进行记录。

Prinect FCS 100 是一个印后通信模块，折页和骑马订的设备预设数据是通过“Compufold”和“Compustitch”来接收的。同样，关于生产的当前状态可以通过 JMF 消息反馈给中央服务层，处理过程会在相关节点的“AuditPool”元素中进行记录。

9.3 JDF 集成案例

CIP4 国际印刷生产革新奖（CIP4 International Print Production Innovation，CIPPI）是 CIP4 组织于 2005 年开始，为奖励在全球范围内最为成功的 JDF 集成案例而创立的顶级奖项。CIPPI 奖设置以下三个奖项：

① 在实现工艺过程自动化的进程中具有最大的技术革新。

② 在自动化实施进程中实现了最佳的投资回报率。

③ 作为过程自动化的成果在效率和客户响应方面具有巨大的进步。

通过分析 CIPPI 奖的集成案例，不仅可以了解如何去构建一个富有效率的计算机集成印刷系统，而且可以更深刻地理解 CIPPS 如何对印刷工业和印刷本质进行改造。下面将分别介绍两个 CIPPS 集成案例，一个是对本企业内的印刷设备进行集成优化，一个是实现企业间生产资源的集成优化。

9.3.1 企业内的印刷设备集成优化案例

本案例是 CIPPI 中“在自动化实施进程中实现了最佳的投资回报率”的获奖案例。在该案例中，该集成优化项目历时两年多，用于实现企业内印刷系统的设备集成优化。下面从项目的实施过程来对案例进行介绍。

（1）项目执行前的工作流程环境和条件

Yamazen 公司集成优化前引进了海德堡的 RIP 和 CTP，并把生产完全地转变为基于 CTP 的印前制版。根据业务的需要，他们装配了不同的海德堡印刷设备，如 SM 74-8P、SM 102-4、MOV 和两台 GTO，来满足所有种类的印刷需求（如名片、传单、小开本书、小册子、表格、活页小册、招贴和目录册等）。承接的卷筒纸胶印业务则进行外包生产，转交业务方式为胶片。

Yamazen 在集成优化前的工作流程结构如图 9-6 所示。办公自动化系统把作业文件发送给数字拼版中心进行拼版处理，然后用 Delta 印前服务器进行 RIP 处理后将数据传递给 CTP 进行印版生产。同时，Delta 印前服务器生成的 PPF 数据经过海德堡的印前接口（prepress interface）以脱机交换方式（如存储卡）传递给相关的印刷设备。印刷设备利用 PPF 提供的生产控制信息，快速进行设备预设并进入正常的工作状态，生产出合格的印刷品。

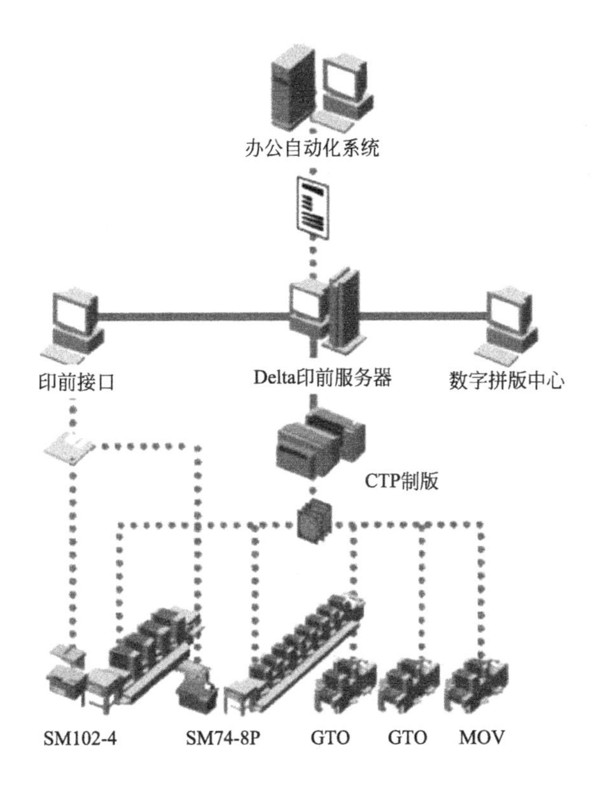

图 9-6　2005 年前的工作流程

（2）问题分析与解决计划

如上所述，该印刷系统引入了很多不同类型的印刷机来满足客户的需求，但这种生产环境存在优劣两面性：一方面，这样可以相当柔性地满足客户的需求；另一方面，生产作业呈现出的复杂性将会扰乱有效的生产，同样也难于精确地获得作业的成本信息。在外包业务中，可能存在胶片输出的费用。

针对这些问题，他们希望在没有操作人员的干涉下通过以下措施简化复杂的生产过程并尽量减少总的生产时间和花费。总的来说，执行集成优化后想达到的目标如下：

① 在操作人员较少的干涉下获得精确和详细的作业跟踪数据。

② 降低外包业务中卷筒胶印中胶片的费用，目标为减到0%。

③ 降低生产控制时间，实现非生产的间接工作减少30%。

④ 降低印刷的准备时间但保持高的印刷质量。

⑤ 减少印前阶段的时间和人力。

为实现以上的集成优化目标，计划采用的实施方法如下：

① 通过数字化消除胶片费用。计划在集成优化阶段引入PDF工作流程，转交外包业务的方式改变为TIFF数据传输，彻底省去胶片输出费用。

② 专注于彩色印刷业务。公司内部专注于高利润的彩色印刷业务，其他印刷业务则转包给其他的印刷公司，以此来消除复杂的生产管理所带来的人力费用。

③ 引入MIS。为了有效地对作业信息进行管理，计划引入MIS来获得并管理不同的数据。在生产期间通过调节生产节奏来消除重叠的作业，实现高的生产效率。

④ 获取更多的精确数据。为了精确地获得设备的工作数据，每一个操作者不得不每天做一个详细的生产报告，但这会消耗操作者很多的时间。另外，这样收集的数据不仅可能不正确，而且人工输入对管理是无益的。收集更加精确的数据对于管理是非常重要的，因此计划在增加较少的人力的情况下获得更加精确的每日报告。

（3）项目实施简介

在项目实施之前，首先要从生产执行和是否兼容JDF的角度出发，选择一套自动化产品进行集成化生产系统的组建。他们选择工作流程时考虑的首要条件有如下几点：

① 具有兼容JDF能力的系统并在未来JDF可以被扩展。

② 作业管理和色彩管理工作流程具有高级别的自动化和集成化。

③ 能够容易地处理现有数据（DeltaList文件）。

④ 系统基于当前的形势，并在未来具有进一步成长的潜能。

⑤ 降低成本的同时，要实现局部自动化和实现节约生产全过程中的间接人力。

⑥ 将印前和印刷集成，使其成为一个带有高质量色彩管理的高效生产系统。

⑦ MIS要能兼容JDF。

⑧ MIS系统能够容易地响应客户的特殊需求。

通过技术分析，项目选择了海德堡的Prinect Printready System（印前准备模块）和Prinect Meta Dimension（含有RIP的整套PDF工作流程）、Prinect SignaStation（拼版软件）、Tosbac Hidariuchiwa（MIS系统）。通过上述的软件产品，技术人员建立起一个经济的、能够满足项目集成优化所有需求的集成化印刷系统。

（4）项目实施细节和带来的重要改进

① 第一阶段：历时9个月。

主要优化工作：引入MIS，清理主数据，设置作业信息输入，激活系统的操作环境。

获得的重要改进：完成主数据从遗留系统中转换到新的MIS中的工作，开始运行测试。

② 第二阶段：历时两个月。

主要优化工作：a. 从当前的工作流程转换到新的工作流程；b. 校准 CTP 版的输出曲线；c. 操作人员培训。

获得的重要改进：通过激活 Printready 和 SignaStation 中的“预飞”功能，操作人员可以在输出前获得正确的数据，节约了很多由于错误带来的时间浪费与人力浪费。

③ 第三阶段：历时 3 个月。

主要优化工作：实现在 MIS 中进行生产控制，以及发送作业传票给 Printtready 和 CP2000。

获得的重要改进：进一步维护 MIS 的主数据。

④ 第四阶段：历时 3 个月。

主要优化工作：a. 开始印刷色彩管理和设置车间印刷的标准化参数；b. 开始 RGB 工作流程和宽色域颜色复制（使用 4 种颜色印刷，但比传统印刷的色域要宽）。

获得的重要改进：成功地实施了 RGB 工作流程和宽色域颜色复制，在客户和终端用户中确立了他们的新位置。

⑤ 第五阶段：历时 41 个月（进行中）。

主要优化工作：a. 基于 JDF 对所有的生产过程进行集成；b. 自动化的 CTP 工作流程；c. 完全集成的生产管理；d. 色彩解决方案（印刷和印后的闭环的色彩管理过程）。

获得的重要改进：向预定方向靠近。

（5）集成优化后的印刷系统

经过基于 JDF 的集成优化后，得到的印刷系统结构如图 9-7 所示。整个印刷系统是一个基于 JDF 联网的系统。Hidariuchiwa（MIS）管理和控制印刷生产，根据作业任务对印刷机进行调度，然后将调度数据发送给 CP2000 进行印刷机控制，同时 Hidariuchiwa 可以实时监视印刷机的工作情况。Hidariuchiwa 把作业文件发送给 Printtready 和 SignaStation 进行基于 PDF 的印前数据处理，然后将数字印版数据传递给 CTP 制版机进行印版生产。

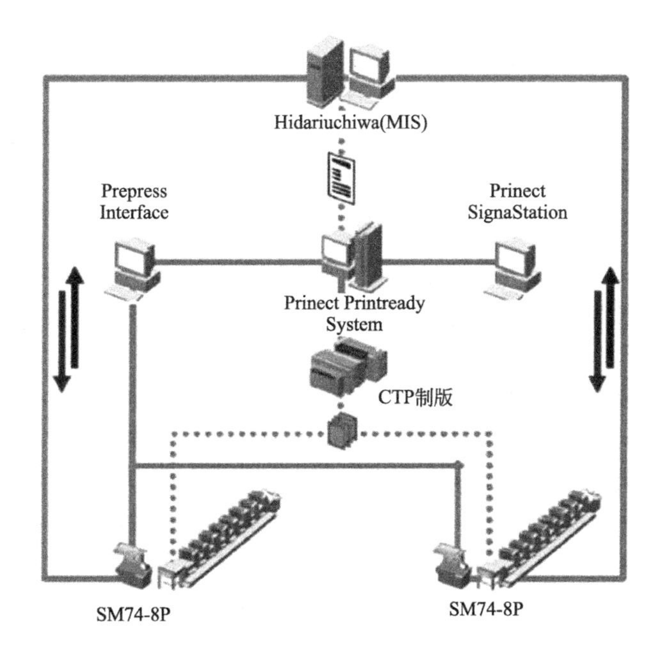

图 9-7　集成优化后的印刷系统

同时，Printtready 生成的 JDF 数据经过海德堡的印前接口（Prepress Interface）通过网络化的联机交换方式传递到相关的印刷设备上。印刷设备利用基于 JDF 的生产控制信息进行快速预设并进入正常的工作状态，生产出合格的印刷品。

集成优化后印刷系统呈现出的主要优点如下：

① 使用基于 PDF/JDF 的印前工作流程，工作效率达到了从未有过的新的高度。在以前的系统中，使用 Delta 技术只能看到 Ripping 的结果，现在 Printready 可以看到任何地方的所有结果，它提高了生产的透明度。在数据管理方面，Printready 使得对每个作业的管理变得容易，如寻找以前的作业。

② 在新系统里，Printready 和 SignaStation 是集成的，制作 PDF 页面和拼版相互独立，由此可大大节省由于错误带来的成本浪费。

③ 新的系统使用了 Heidelberg 公司的“MataDimension Calibration Manager”软件，实现了印制过程中油墨网点扩大的校准。

④ 在 MIS 中，利用印刷车间实时提交来的真实工作状态，实现了对每一印刷设备的即时调度，工作不再凌乱。办公室与车间来往的运动显著降低，甚至操作工能够方便地获得一个自动生成的、详细的生产报告，不再需要手写报告。这让操作工可以专注于生产和提高业绩。

（6）案例点评

从本案例的优化过程可以看出，在对印刷系统进行集成优化的过程中，经营战略和管理方式的转变是确定集成优化目标的核心决策驱动力点，信息技术的引入是项目实施的关键。同时，从项目的时间跨度上可以看出，集成优化的过程不是一蹴而就，而是需要持续改进的。并且，项目的结束只是集成优化一个阶段的结束，要达到理想集成，还需要不断地持续优化。

9.3.2 企业间生产资源的集成优化案例

本案例是 CIPPI 中“在实现工艺过程自动化的进程中具有最大的技术革新”的获奖案例。在本案例中实现了两个印刷生产企业和顾客三者间的生产集成优化，其集成水平达到了“企业集成”的部分优化。下面将从项目的实施过程来对案例进行介绍。

（1）项目执行前的工作流程环境和条件

德国的 Druckhaus Berlin-Mitte GmbH（DBM）是一家能够提供完整印刷服务（从咨询到成品，还可根据客户的要求进行精确的派送服务）的公司。在实施这个集成项目之前，他们就开始实施 JDF 集成。他们已实现将 Hiflex MIS、MAN Roland、Kodak 的 Prinergy 印前工作流程和 KBA 的印刷设备完全集成到 JDF 网络中。相对于 DBM 内部的标准化和高自动化的印刷生产系统，在“印刷获取”上却缺乏一个协调的工作流程。问题主要体现在“询价请求”（request for quote，RFQ）上，具体情况有以下几个方面：

- 通过电子邮件、邮寄或传真的方式接收客户的 RFQ，然后由负责订单的职员将顾客数据（如客户的姓名、地址、联络人、交货期限等）和技术说明（如产品类型、尺寸、色彩、纸张、印后加工的类型等）输入 Hiflex MIS 中，最后产生报价。
- 该报价要么从 Hiflex 中直接通过电子邮件或传真方式发给顾客，要么打印出来邮寄给顾客。

• 当需要订购外包服务（如在印后加工及印刷服务领域）时，生成一个包含产品规格和技术参数的 RFQ。通常是将这份 RFQ 根据不同厂商（外包服务提供商）分别制作成个性化版本发送到多个厂商，最终获得多个供选择的报价。

• 当这些厂商接收到关于外包业务的 RFQ 后，为了生成报价，又不得不再次将顾客数据（如客户的姓名、地址、联络人、交货期限等）和技术说明（如产品类型、尺寸、色彩、纸张、印后加工的类型等）输入他们的管理系统中。

• 通过研究发现，外包服务提供商的大部分时间都用在研究和打电话上，以决定是否提供某一服务。

• 通过电子邮件、邮寄或传真的方式接收到报价回复后，需要对它们进行分别处理。这里既没有一个标准，也没有一个工具可以自动地对这些报价进行比较。

• 一些补充信息（如随后的疑问，其他的看法，进入谈判）同样没有一个标准的样式。与合适的外包服务提供商进行通信不是使用电子邮件就是通过电话。因此这种传递信息的方式是一个耗费时间和金钱的处理过程。

• 当对报价进行评估时，由于从不同外包服务提供商发来的报价从来没有一致的结构，感觉是在比较“苹果”与“橘子”。由于书写报价的个人习惯，往往不能以一个清晰和简明的方式提供一切必要的资料，因此使得评估过程成为一个费力费时的过程。

• 接收订单是通过电子邮件、邮寄或传真的方式。

• 如果时间允许，被拒绝的报价通过电话或电子邮件来通报，这涉及操作人员的时间和精力。

• 通信以异步的方式发生。由于非自动的对外通信方法（如提供的电子邮件自动确认方式）不能确定是否（以及何时）文件已收到，因此导致计划的不方便。

（2）现有问题的分析与问题解决计划

对 DBM 来说，早期的 JDF 集成项目已经使得内部生产高度自动化，并实现了非常高的生产力增长，DBM 的生产力“瓶颈”已经不再是印刷生产本身。DBM 挖掘潜在的生产能力，应该是优化对外通信方式，也就是与印刷顾客、印刷产品管理员或协调员、外包服务提供商和纸张供应商间的通信。

DBM 每年要处理大约 10000 个来自印刷顾客的或发给供应商（或外包服务提供商）的请求。为了高效率地获得印刷订单以及更好的低成本的对外通信方式（如商议、对不同报价的评估、获取订单和跟踪订单等），他们需要一个合适的解决方案，该方案要能优化与印刷生产过程相关的所有成员间的界面。

因此，他们集成优化的精确目标是：缩短在订单确定之前的所有通信过程所耗费的时间。

（3）项目实施简介

由于内部生产系统利用 JDF 实现了高自动化，因此他们认为 JDF 技术同样可以让对外通信过程实现高自动化。所以唯一需要做的就是与一个以前成功为他们实现 JDF 项目的厂商来讨论这个项目，所以最终选择了 Hiflex 来讨论他们的目标。在项目的讨论过程中产生了开发一个工具的想法，希望利用该工具能够实现自动的且基于 JDF 的“印刷获取”过程。

（4）项目实施细节和带来的重要改进

Hiflex为该项目开发了兼容JDF的自动化工具，名为“Hiflex Print Support”，它的功能定位是：在印刷工业中兼容JDF的且基于Web的“获取”工具。该工具不仅能优化印刷商、他们的客户和供应商形成的确定团体间的非常特别的工作流程，而且，所有的合作伙伴（购买方和供应方）在“获取”过程方面也能通过“Hiflex Print Support”获得好处。

为了能实现这个目标，开发“Hiflex Print Support”时需要与经验丰富的印刷工业用户保持密切的合作。在“Hiflex Print Support”开发初期，Hiflex确定了一个含有两组人员的顾问部。顾问部的其中一组是5个印刷企业（含有DBM），另一组是5个具有非常强的印刷产品购买力的印刷服务购买客户。

最终开发出的“Hiflex Print Support”可以在由它发出的报价请求和订单内都附加上JDF文件；该JDF文件包含了管理数据（如客户的名字、产品的名字等）和产品详细说明（如产品类型、尺寸、颜色、数量、交货期等）。并且，“Hiflex Print Support”能够集成到一些MIS系统中，如Hiflex就能对自己的MIS系统的JDF文件入口进行功能升级。因此，DBM能够以JDF文件的形式将RFQ输入使用的Hiflex MIS中。

由于“Hiflcx Print Support”高度优化了销售和获取印刷服务的商业过程和通信过程，使得DBM可以轻松地处理报价和顾客的RFQ。因此，“Hiflex Print Support”将DBM和他们的顾客及供应商高效地连接起来，同时还将报价请求、订单处理、印刷作业的管理集成到一个单一的互联网平台。

当前，DBM正通过“Hiflex Print Support”将自己与他们的顾客和供应商连成“印刷服务网络”。其典型的“印刷服务网络”包含三个公司［DBM、Gutenberg（印刷顾客）和WGO（外包服务提供商）］。其印刷获取过程是：首先，DBM接收来自Gutenberg的关于海报的RFQ，Gutenberg的RFQ包含两类海报作业，“海报1”是用115g的纸张印刷，“海报2”是用500g的卡纸印刷，且两者的印量为650或800；“海报2”涉及卡纸印刷服务，DBM一般都将它作为外包服务转给精于包装印刷的WGO，因此，DBM要向WGO发送一个关于“海报2”的RFQ，并随后获得WGO的报价；WGO的报价最终将被汇总到DBM给Gutenberg的完整的报价单中。

（5）目前得到的工作流程

图9-8所示是实施集成项目以后的印刷获取工作流程。图中实线是报价请求处理过程，虚线是订单处理过程。图中带数字的过程分别是：

① DBM通过“Hiflex Print Support”的Web平台接收RFQ。该入口能轻松地处理报价和印刷顾客的RFQ。目前，Gutenberg向DBM发送报价请求的过程包含以下几个步骤：

- 通过登录进入“Hiflex Print Support”系统。
- 定义印刷作业的“基本数据”（如标题、产品类型等）、“细节数据”（如印量、交货期）和“技术说明”。“技术说明”可以手工输入、通过复制/粘贴或使用“Hiflex Print Support”内部数据库提供的关于印刷和印后的“技术说明”模板。此外，Gutenberg还可以使用他们自己数据库中的“技术说明”。
- 每个“Hiflex Print Support”使用者可根据自己的需求建立单独的印刷服务提供

商数据库。根据有关要求（产品类型）和 Gutenberg 单独的印刷服务提供商数据库，“Hiflex Print Support”会自动提示作业的合适印刷服务提供商。然后，他们就可以选择自己感兴趣的厂商，“Hiflex Print Support”能轻松地获取所有印刷服务提供商的关于能力方面的所有已知信息。

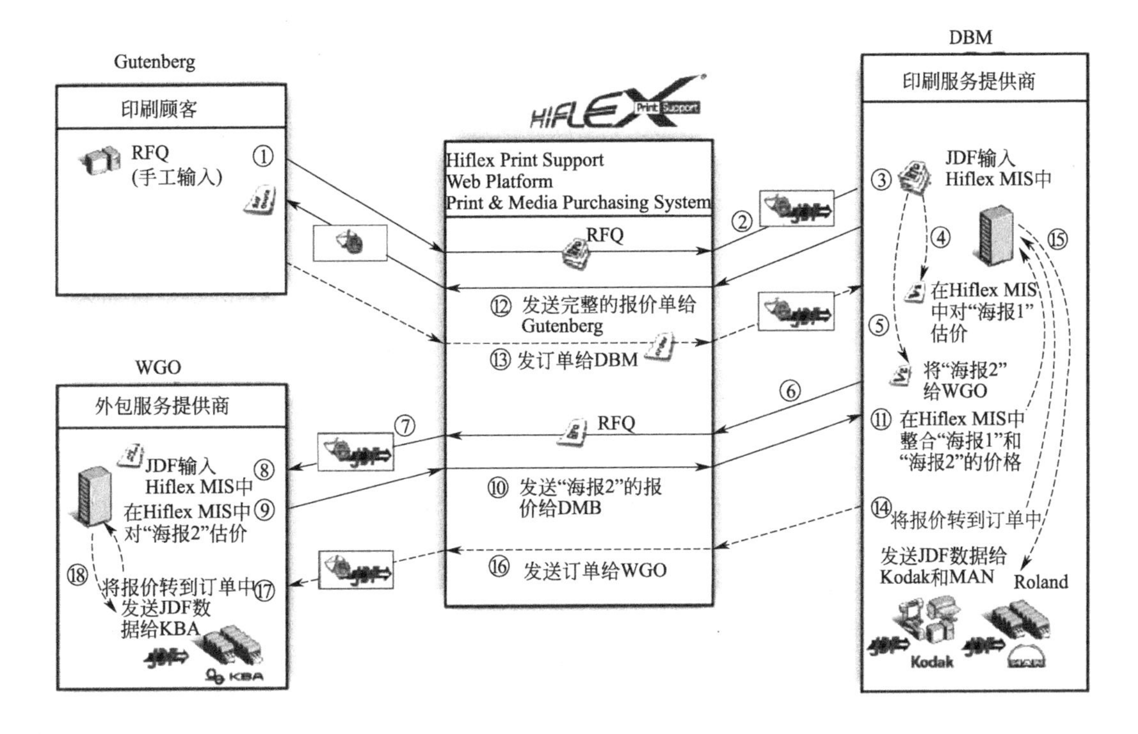

图 9-8　技术革新后的印刷获取工作流程

② 在定义好印刷作业后，Gutenberg 只需单击按钮就可将 RFQ 发送给已选择的印刷服务提供商（DBM 和其他潜在的厂商）。他们还可以附加上其他的文档，如印刷文件的预览图。该系统能够自动生成一个带有 JDF 附件的报价请求的电子邮件，这个 JDF 附件包含了管理数据（客户数据）和技术数据（产品详细说明）。Gutenberg 在发出该 RFQ 电子邮件时，“Hiflex Print Support”会自动地在邮件中生成两个链接。在 DBM 通过电子邮件接收 Gutenberg 的 RFQ（加上 JDF 附件）邮件后，邮件中的这两个链接中的一个可以进入报价的 Web 平台，另一个则取消。

③ 将 RFQ 的 JDF 附件输入 DBM 的 Hiflex MIS 系统中，从而使作业数据在 Hiflex MIS 系统中直接可用，减少了人工数据输入。由于 Gutenberg 的 RFQ 包含两类不同纸张的海报需求，因此 DBM 将分别提供这两类需求的报价。

④ 在 DBM 的 Hiflex MIS 中可以对 Gutenberg 的 RFQ 中的“海报 1”进行估价。

⑤ Gutenberg 的 RFQ 中的“海报 2”则输出到“Hiflex Print Support”中。

⑥ 在“Hiflex Print Support”中自动生成“海报 2”的作业信息。

⑦ 印刷作业（“海报 2”）在“Hiflex Print Support”中被输出和核对后，DBM 只需单击按钮将这个估价请求发送给他们的外包服务提供商（WGO）。同样，系统会自动地在邮件中生成一个包含管理数据和技术数据的 JDF 附件。此外，电子邮件还自动生成两个

链接，一个是可以进入“Hiflex Print Support”中的报价平台，另一个是由WGO来拒绝该RFQ。

⑧ WGO通过“Hiflex Print Support”（电子邮件和JDF）接收到DBM的RFQ，该JDF文件包含了“客户数据”和“产品详细说明”。然后，WGO将JDF数据直接输入他们的Hiflex MIS系统中，使得报价所需的数据直接在Hiflex MIS中可用，减少了人工输入。

⑨“产品详细说明”输入估价功能模块Hiflex Estimate后，“海报2”的两个印量（650和800）的报价可以在Hiflex MIS中生成。该过程只需向Hiflex Estimate中输入很少的信息。

⑩ WGO将“海报2”的报价通过“Hiflex Print Support”发送给DBM。WGO使用DBM的RFQ电子邮件直接跳转到“Hiflex Print Support”的链接，在Hiflex中自动生成的两个印量的价格将同时转录到“Hiflex Print Support”中。一旦WGO将报价加入完毕，DBM就能立刻收到WGO转发过来的含有报价的电子邮件。该邮件包含的详细信息有：RFQ的编号和标题、需要报价的个人和公司、每个印量的总价格/每张的价格/每1000张的价格。另外，还加入一些注释。

⑪ DBM可以将WGO通过“Hiflex Print Support”发来的“海报2”的报价和“海报1”的报价整合到一个报价单中。因此，被Hiflex MIS管理的这个完整的报价单包含了“海报2”和“海报1”的报价。

⑫ 现在，DBM可以发送这个完整的报价单给“Hiflex Print Support”（使用Gutenberg中的RFQ电子邮件提供的链接）。“Hiflex Print Support”自动生成一个包含报价的电子邮件给Gutenberg，同时还可以生成一个电子邮件来感谢Gutenberg接收DBM的报价。

⑬ Gutenberg通过“Hiflex Print Support”在“Execution（Workflow）”的窗口里查看报价后，可以单击其中的“Order”按钮进入订单生成过程并发送给选择的印刷服务提供商。Gutenberg在把所有的海报作业分派给DBM时，DBM会接收到在“Hiflex Print Support”中自动生成的、含有完整订单的电子邮件（如“海报1”和“海报2”各800份）。该订单同样包含了订单信息的JDF附件。

⑭ DBM在Hiflex MIS中将报价转换到订单中，并且这个报价发展成一个激活的作业。如果DBM获得一个没有报价的订单（也就是说缺少基本数据），则DBM可以使用JDF附件在Hiflex MIS中创建这个订单。

⑮ DBM现在可以将JDF作业数据（最初接收到的由印刷顾客通过“Hiflex Print Support”生成的JDF附件）应用到后续的生产系统中。首先，订单输入Hiflex中后，Kodak Prinergy就可通过JDF自动创建一个作业。Prinergy接收到相关的管理数据和技术数据。一旦作业准备印刷，JDF作业数据就通过JDF发送到DBM的MAN Roland的Printnet系统中。所有联网的生产系统都在生产时通过JMF将信息反馈给Hiflex。

⑯ 在接收到Gutenberg的订单后，DBM可以通过“Hiflex Print Support”向WGO购买“海报2”的外包服务。当DBM通过“Hiflex Print Support”接收到WGO的“海报2”的报价后，DBM同样可以使用查看报价的“Execution（Workflow）”窗口中的“Order”按钮来创建给WGO的订单。

⑰ WGO通过电子邮件接收DBM在“Hiflex Print Support”中创建的购买订单。电

子邮件中包含了一个含有管理数据和技术数据的 JDF 附件。WGO 在接收到订单后可以在 Hiflex MIS 中将报价转成一个激活的作业。同样，他们可以将带有订单细节信息的 JDF 文件输入自己的 MIS 系统中。

⑱ 一旦“海报 2”在 WGO 中要被印刷，调度员可以通过 JDF 文件在 Hiflex Scheduling 功能模块中将包含“客户数据”和“作业详细说明”的 JDF 数据发送到 KBA 的 LogoTronic Professional System 中。在 WGO 中通过 JDF 发送给 KBA 印刷机的信息是最初接收到的由 Gutenberg 生成的 JDF 附件。

（6）案例点评

本案例的集成优化实质上是实现了顾客与联盟企业间的集成优化。联盟企业是由于生产技术条件的互补，从而使多个企业响应某一印刷作业的生产需要而形成的；当这一作业完成，则企业结盟的利益基础消失，因此联盟企业也就解散了。由于联盟企业在结盟前归属不同的阵营，因此如何在结盟时高效地协同工作是很重要的。从本案例中可以看出，要实现高效的联盟企业，选择已经在企业内部实现设备集成的企业伙伴是基础。此外，因为不同企业往往具有不同的商业和生产管理流程，所以一个普适的 MIS 系统是很难找到的。要实现很好的集成优化，MIS 系统往往需要结合企业的实际情况进行定制。

智能优化篇

第10章

智能制造的技术基础

随着信息技术的不断发展，人类正在进入信息应用的智能化阶段，无所不在的个性化信息服务，正在改变着人类的生活生产方式、商业模式。在未来的一段时间内，“人工智能”将深刻地影响着整个人类社会的各个方面。

10.1 数据、信息、知识与智能

10.1.1 定义

数据、信息、知识和智能是相互关联又有区别的4个概念，理解它们之间的关系和区别对于把握信息化应用的发展方向和不同阶段的工作重点具有重要的作用。图10-1通过

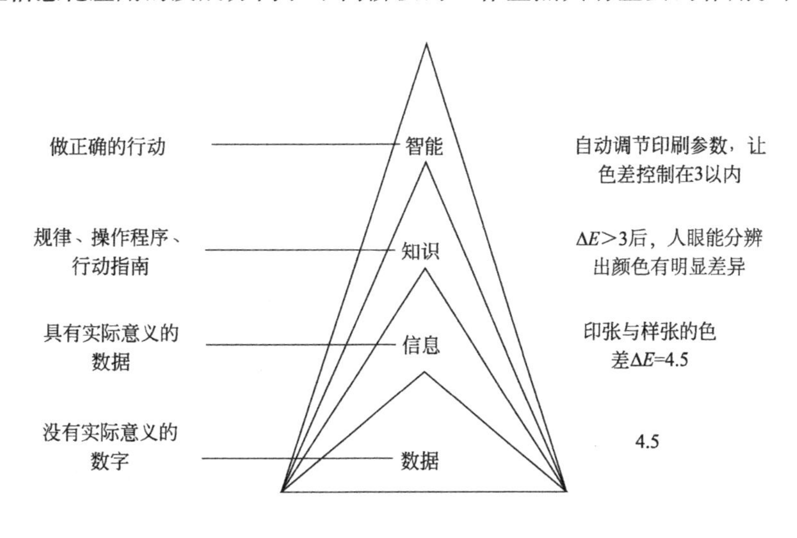

图10-1 数据、信息、知识和智能的关联与区别

一个实例给出了数据、信息、知识和智能的关联和区别。

数据是没有实际意义的数字，如“4.5”，人们必须将它与所处的实际环境或场景相联系，才能够准确理解它。早期（1980年之前）的信息化应用主要是做数据处理，应用计算机对数据进行处理，得到各种数字结果，然后再由人对这些结果进行解释，如绘制成特定形式的图或统计表。

信息是指具有实际意义的数据，如“印张与样张的色差 $\Delta E=4.5$”。信息是通过对数据加工处理后得到的，它是融入了人类数据处理和表现智慧后的数据呈现方式。今天的信息化应用主要处在信息处理应用阶段，人们在计算机或者各种移动终端上得到的主要是信息，依据这些信息进行生产经营和业务决策。信息发挥的作用是提供竞争情报、企业经营状态、市场反馈的消息、产品成本构成等资讯，帮助管理人员减少决策过程中的不确定性。基于数据和信息处理的信息技术应用属于信息化应用的初级阶段。

知识则是在信息的基础上，总结了人类实践经验后，得到的对客观世界运行规律、操作程序和最佳行动策略的认识，如“$\Delta E>3$ 后，人眼能分辨出颜色有明显差异”就是一种知识。知识是主体获得的与客观事物存在及变化内在规律有关的系统化、组织化的信息。随着信息技术的飞速发展，人类社会正在加速进入知识经济时代，在知识经济中知识成为重要的生产要素。所谓知识经济就是建立在知识的生产、分配和使用（消费）之上的经济。基于知识的信息技术应用是信息化应用的中级阶段。

10.1.2 智能的5种能力

智能化是信息化应用的高级阶段。智能是以知识和智力为基础的，其中知识是一切智能行为的基础，而智力是获取知识并运用知识求解问题的能力，是头脑中思维活动的具体体现。智能是指个体对客观事物进行合理分析和判断，并灵活自适应地对变化的环境进行响应的一种能力。智能包括环境感知、逻辑推理、策略规划、行动和学习（进化）5种能力，这5种能力是判断一个对象或系统是否具有智能的主要依据。下面以智能印刷机为例对这5种能力进行介绍：

① 环境感知能力：具有对环境基本模型的建立功能，并能够感知到环境中的变化，如智能印刷机可以感知到输入设备的纸张、环境的温湿度等信息。

② 逻辑推理能力：运用所拥有的知识，对感知到的环境变化进行逻辑推理和判断，识别出对系统运行带来的影响，以决定是否需要采取必要行动，如智能印刷机识别出输入设备的纸张参数（如克重、尺寸等）与预期不符，就需要停机更换纸张，等输入的纸张参数符合预期后再开机。

③ 策略规划能力：在逻辑推理得出需要采取行动的情况下，策略规划功能负责制定一个最佳的行动策略。如智能印刷机识别出印张出现“拔毛”印刷故障，需要调整印刷工艺参数时，策略规划功能就需要根据当前的油墨黏度、纸张表面 Z 向强度等情况，做出印刷减速或调整油墨黏度的排障策略。

④ 行动能力：按照策略规划功能给出的决策，执行系统进行行动操作，如智能印刷机的印刷辊筒的伺服电机系统和油墨黏度自动调控系统按照策略规划功能给出的策略，控制印刷机的转速和油墨的黏度。

⑤ 学习（进化）能力：每次执行行动完成后，对执行的结果进行评估（刚开始的时

候可能需要人帮助进行评估和训练），并总结经验，将成功的结果作为知识进行积累，对失败的结果作为反面案例知识也进行积累。通过学习和知识积累，系统得到不断的进化，其对环境变化的响应速度和准确度越来越高。

10.1.3　信息的度量

信息可以用来消除未来的不确定性。从这个意义上看，信息量越大说明消除未来不确定性的能力就越强，那么如何定量计算信息量呢？这里先介绍如何度量不确定性，为此引入熵的概念，如下所述。

设 X 是个随机变量，它取值 x 的概率为 $P(x)$，定义 $H(X)$ 为随机变量 X 的熵

$$H(X)=-\sum_{i=1}^{n}P(x)\log_a P(x) \tag{10-1}$$

当 $a=2$ 时，式(10-1) 得到的熵的单位是比特（bit）；$a=10$ 时，熵的单位是底特(dit)；当 $a=\mathrm{e}$ 时，熵的单位是奈特（nat）。

在信息论中，熵的计算式(10-1) 中取 $a=2$，由此得到信息熵，它是对事件或系统不确定性的衡量，即一个事件发生的概率越大，其熵越小，不确定性也越小；反之，一个事件发生的概率越小，其熵越大，不确定性也越大。假设一个系统有 n 个可能状态 $S=\{E_1,E_2,\cdots,E_n\}$，每个事件的发生概率 $P=\{p_1,p_2,\cdots,p_n\}$，则每个事件本身的信息熵为 $I_k=-\log_2 p_k$，此时整个系统的信息熵 $H(S)$ 是所有事件信息熵的平均值，它反映了整个系统的平均不确定性。

$$H(S)=-\sum_{k=1}^{n}p_k\log_2 p_k \tag{10-2}$$

在信息论中，信息熵只能减少而不能增加，这就是信息不增性原理。也就是说，对一个系统或者一个事件，不管你对它的评价（提供的信息）是真的还是假的，都增加了人们对它的认识，所以任何输入信息都只能减少人们对它的认识的不确定性，而不可能增加不确定性。

信息熵用来衡量事件或系统的不确定性。认为一个系统的信息熵就是信息量的说法是不正确的，因为信息熵是系统自身不确定性的一种度量指标，反映的是系统的内在特性。为了消除事件或系统存在的不确定性，就需要提供额外的输入信息。信息量是用来衡量一个消息能够在多大程度上消除对于系统状态了解程度的不确定性的一个概念，一个消息的信息量越大，它消除决策的不确定性的效果就越好。能够完全消除一个事件或系统的不确定性而需要提供的最少额外输入信息量的值等于信息熵，也就是说为了完全消除一个事件或系统的不确定性，至少需要提供不少于其信息熵值的信息量。

10.1.4　信息的价值

信息的作用是消除对未来的不确定性，信息的价值就在于信息在多大范围内为多少人消除了不确定性。因此，信息的价值不仅仅取决于信息量本身，还受到其传递速度和信息共享范围的影响。式(10-3) 定性地描述了信息的价值，其中 I 是信息量，V 是传递速度，S 是共享范围。

$$\text{信息的价值}=(IV)^S \tag{10-3}$$

在互联网得到广泛应用之前，信息的传递速度很低，共享范围很小，所以即使有重要

的信息产生，其在整个社会的影响力也非常有限。今天发达的网络通信技术，极大地提高了信息的传递速度和共享范围，使得即使是一个信息量非常小的事情，由于其共享范围巨大也可能产生巨大的影响。

10.1.5 信息应用的发展历程

物质、能量、信息是构成客观世界的三大要素，自有人类以来，人们的生产、生活都是围绕这三大要素展开的。在人类发展历史上，对物质和能量的获取、利用是为了满足人们物质生活的需要，而对信息的获取、利用则是为了满足人们物质生活和精神生活两方面的需求。

在人类发展历史上，伴随着印刷术、通信技术、计算机技术、网络技术和移动通信技术的发明和广泛应用，信息应用的范围越来越大，应用的程度也越来越深入。信息应用的不断深入深刻地影响了人们的生产和生活方式，信息应用的目标也从最初满足人们物质生活水平的需要逐步向满足精神生活需要的方向发展。根据信息应用的发展历程，可以将信息应用划分成初级、通信、自动化、网络化和智能化 5 个发展阶段。

(1) 信息应用的初级阶段

在现代通信技术发明以前，信息的收集、记录、传递和应用水平都非常落后，信息应用水平基本上处于比较原始的初级阶段。

(2) 信息应用的通信阶段

电报、电话、广播和电视的发明和应用把人类带入了信息应用的通信阶段，极大地提升了人类传递和应用信息的水平，但是这些技术进步并没有把人类带进信息时代。

(3) 信息应用的自动化阶段

1946 年，冯·诺伊曼计算机的出现并没有直接将人类带入信息时代，而是将人类带入了信息处理和应用的自动化阶段。在这个阶段产生了大量以计算机技术为核心的先进设备和系统，如程控电话系统、飞机自动导航系统、数控机床、柔性制造系统、自动电梯、计算机辅助设计系统、企业生产计划系统、电子数据交换系统等。这些自动化装备和管理信息系统的产生和应用，对国民经济的发展起到了巨大的促进作用，大大加快了工业化的进程，显著提升了人类的物质生活水平和科技水平，也促进了企业生产和经营管理模式的变化，从过去的粗放式管理逐步向着精细化管理的模式转变。

(4) 信息应用的网络化阶段

真正把人类带入信息时代的是 20 世纪 80 年代以后得到广泛应用的个人计算机和计算机网络系统，特别是 20 世纪 90 年代得到快速发展的互联网 (Internet)。个人计算机成本的迅速降低，使得原本仅仅应用于科学和工业领域的计算机得以迅速普及，成为个人获取和处理信息的工具。而互联网的出现使得全球的计算机可以实现互联和信息共享。信息获取和发布的方便性、互联网上丰富的信息资源、信息获取成本的低廉和用于信息处理的个人计算机工具的低成本促进了人类对信息的获取和应用，人类从此进入了以网络化为标志的 e 时代 (电子化时代)。

进入信息时代以来，电子商务、企业资源计划、供应链管理、产品全生命周期管理等系统的应用深刻地改变了企业的经营管理和运作模式，产生了敏捷制造、并行工程、大批量定制、网络化协同设计制造等先进的制造模式，以及业务流程再造、组织结构扁平化、学习型企业等先进的管理模式。

(5) 信息应用的智能化阶段

信息技术的快速发展正在将人类带入信息应用的智能化阶段，它可以为人们提供无所不在的个性化信息服务，它正在改变着人类的生活生产方式和商业模式。与过去的信息应用阶段相比，智能化阶段在技术上和商业模式上都有着显著的不同。智能化阶段是一个“通过利用无所不在的感知、超高速的信息传递、高效的知识共享、智能化的分析和决策，形成‘人-机-物’三元一体化的信息物理系统，按用户需求快速提供大批量个性化服务”的时代。

在信息应用的智能化阶段，生产制造领域呈现出全方位的变革。以目前的技术发展来看，呈现出以智能机器、物联网技术、数字孪生、信息物理系统等软硬系统为基础的智能制造生态。

10.2 智能机器

智能机器指的是一类具有一定智能能力的机器系统，是综合运用软硬件智能技术的产物。典型的智能机器有智能机床、智能航天器、无人飞机、智能汽车等，特别是智能机器人。大多数智能机器均具有高度自治能力，能够灵活适应不断变化的复杂环境，并高效自动地完成赋予的特定任务。

通常，在智能机器内部拥有一个智能软件，通过机器装备的传感器和效应器，捕获环境的变化并进行实时分析，然后对机器行为做适当的调整，以应对环境的变化，完成预定的各项任务。

一般智能机器系统的构成分为智能软件、机器主体、传感器群、效应器群等。智能软件是智能机器的大脑中枢，负责推理、记忆、想象、学习、控制等；传感器则负责收集外部或内部信息，如视觉、听觉、触觉、嗅觉、平衡觉等；效应器则像人类筋骨、肌肉，主要是实施智能机器人的言行动作，作用于周围环境，如整步电动机、扬声器、控制电路等，实现类似人类嘴、手、脚、鼻子等功能；机器主体，则是智能机器人的支架，不同形状、用途的机器人的机器主体差异很大。

比如就智能机器人而言，智能机器人之所以叫智能机器人，就是因为它有相当发达的“机器脑”。在机器脑中起作用的是中央处理器（集群），这种机器脑跟操作它的人有直接的联系。最主要的是，这样的机器人可以完成按目的安排的动作。正因为这样，我们才说这种机器人才是真正的机器人，尽管它们的外表可能各有不同。如果是可移动智能机器或者智能机器人，那么还要考虑机器人导航、路径规划等问题。

目前，智能机器人研制工作吸引了众多国家的人工智能领域的科学家与工程师，各种智能机器人层出不穷，并应用到各个领域之中，从日常生活，到太空深海，到处都有智能机器人的身影。

一般而言，智能机器人不同于普通机器人，应该具备如下三个基本功能：①感知功能，能够认知周围环境状态及其变化，既包括视觉、听觉、距离等遥感型传感器，也包括压力、触觉、温度等接触型传感器；②运动功能，能够自主对环境作出行为反应，并能够进行无轨道自由行动，除了需要有移动机构外，一般还需要配备机械手之类能够进行作业的装置；③思维功能，根据获取的环境信息进行分析、推理、决策，并给出采取应对行动的控制指令，思维功能也是智能机器人的关键功能和区分标准。当然，理想情况下，智能机器人还应该能够理解人类的语言，并与人类进行语言交流。

按照智能机器人功能实现侧重点的不同，还可以对智能机器人进行分类，大致可以分为传感型、交互型和自主型三类，其智能化程度有所不同。

① 传感型机器人：又称外部受控机器人，这种机器人本身并没有智能功能，只有执行机构和感应机构。实现智能功能主要利用传感信息（包括视觉、听觉、触觉、接近觉、力觉和红外、超声及激光等）进行传感信息处理，实现控制与操作的能力。智能功能主要由外部控制机器来完成，并通过发出控制指令来指挥机器人的动作。

② 交互型机器人：有一定的智能功能，并主要是通过人机对话来实现对机器人的控制与操作。虽然具有了部分处理和决策功能，能够独立地实现一些诸如轨迹规划、简单的避障等功能，但是还要受到外部的控制。

③ 自主型机器人：无需人的干预，能够在各种环境下自动完成各项拟人任务。自主型机器人本身就具有感知、处理、决策、执行等模块，可以像一个自主的人一样独立地活动和处理问题。

我们相信，随着智能科学技术的不断发展与进步，将来智能机器也必将具备越来越多的智能功能。比如，利用可穿戴技术、脑机接口技术、生物合成技术、物质可编程技术，未来的智能机器一定更加强调机器合成化、人机一体化甚至脑机融合化，使得智能机器更加方便、高效和灵活地为人类服务。

特别是随着对生物、神经、认知等方面认识的不断深化，那种直接利用脑机制来实现机器人行为控制的技术已经大大加快了智能机器的发展步伐。另外有关意识机器研究工作的开展，也会使得智能机器人发生质的飞跃。可以预见，一个全新的智能机器时代即将到来。

10.3 物联网技术

10.3.1 物联网概述

物联网（Internet of Things，IoT）的基本思想出现于 20 世纪 90 年代，但近年来因其在信息的感知与获取方面的独特优势才真正引起人们的关注。物联网概念最早出现于比尔·盖茨 1995 年写的《未来之路》一书。在《未来之路》中，比尔·盖茨已经提及物物互联，只是当时受限于无线网络、硬件及传感设备的发展，并未引起重视。1998 年，美国麻省理工学院（MIT）创造性地提出了当时被称作 EPC（产品电子代码）系统的物联网构想。1999 年，建立在物品编码、RFID 技术和互联网的基础上，美国 Auto-ID 中心首先提出物联网概念。

2005 年 11 月 17 日，在信息社会世界峰会（WSIS）上，国际电信联盟（ITU）发布了《ITU 互联网报告 2005：物联网》。报告指出，无所不在的“物联网”通信时代即将来临，世界上所有的物体从轮胎到牙刷、从房屋到纸巾都可以通过互联网主动进行信息交换。射频识别技术（RFID）、传感器技术、纳米技术、智能嵌入技术将得到更加广泛的应用。我国政府也高度重视物联网的研究和发展。2009 年 8 月 7 日，时任国务院总理的温家宝同志在无锡视察时发表重要讲话，提出“感知中国”的战略构想。此后，我国政府高层一系列的重要讲话、报告和相关政策措施表明：大力发展物联网产业将成为今后一项具有国家战略意义的重要决策。

物联网的发展是源于物理世界的联网需求和信息世界的扩展需求。物联网最初被描述为物品通过射频识别等信息传感设备与互联网连接起来，实现智能化识别和管理。其核心在于物与物之间广泛而普遍的互联。上述特点已超越了传统互联网应用范畴，呈现了设备多样、多网融合、感控结合等特征，具备了物联网的初步形态。物联网技术通过对物理世界信息化、网络化，对传统上分离的物理世界和信息世界实现互联和整合。

目前，物联网还没有一个精确且公认的定义。这主要归因于：第一，物联网的理论体系没有完全建立，对其认识还不够深入，还不能透过现象看出本质；第二，由于物联网与互联网、移动通信网、传感网等都有密切关系，不同领域的研究者对物联网思考所基于的出发点各异，短期内还没达成共识。通过与传感网、互联网、泛在网等相关网络的比较分析，我们认为：物联网是一个基于互联网、传统电信网等信息承载体，让所有能够被独立寻址的普通物理对象实现互联互通的网络。它具有普通对象设备化、自治终端互联化和普适服务智能化 3 个重要特征：

- 普通对象设备化：对任何东西都赋予它一些智能，使其变成一种感知设备。
- 自治终端互联化：任何设备都是互联的，建构一个万物互联的世界。
- 普适服务智能化：所有的服务都是智能化的。

在物联网时代，每一件物体均可寻址，每一件物体均可通信，每一件物体均可控制。国际电信联盟 2005 年一份报告曾描绘物联网时代的图景：当司机出现操作失误时汽车会自动报警；公文包会提醒主人忘带了什么东西；衣服会“告诉”洗衣机对颜色和水温的要求等。现在，我们会发现，当时描述的一些图景已经在我们的生活与生产中出现。毫无疑问，物联网技术将会使人们的生活和生产发生翻天覆地的变化，为智能制造提供强大的技术支撑。

10.3.2 核心技术

物联网有两层意思：第一，物联网的核心和基础仍然是互联网，是在互联网基础上延伸和扩展的网络；第二，其用户端延伸和扩展到了任何物品与物品之间，使之进行信息交换和通信。因此，物联网是通过射频识别（RFID）、红外感应器、全球定位系统、激光扫描器等信息传感设备，按约定的协议，把任何物品与互联网相连接，进行信息交换和通信，以实现对物品的智能化识别、定位、跟踪、监控和管理的一种网络。因此，物联网是一种非常复杂、形式多样的系统技术。根据信息生成、传输、处理和应用的原则，可以把物联网分为 4 层，由下至上分别是：感知识别层、网络构建层、管理服务层和综合应用层。

（1）感知识别层

通过大规模部署的、泛在的、多样的传感器，实时全面感知各种物体和现实世界的状态，并将其转化为数字信号。感知识别是物联网的核心技术，是联系物理世界和信息世界的纽带。感知识别层包括射频识别（RFID）、无线传感器等信息自动生成设备，也包括各种智能电子产品（用来人工生成信息）。RFID是能够让物品“开口说话”的技术：RFID标签中存储着规范而具有互用性的信息，通过无线数据通信网络把它们自动采集到中央信息系统，实现物品的识别和管理。另外，作为一种新兴技术，无线传感器网络主要通过各种类型的传感器对物质性质、环境状态、行为模式等信息开展大规模、长期、实时的获取。信息生成方式多样化是物联网区别于其他网络的重要特征。

（2）网络构建层

实现更加广泛的互联功能，能够把感知到的信息无障碍、高可靠性、高安全性地进行传送，需要传感器网络与移动通信技术、互联网技术相融合。网络构建层的主要作用是把下层（感知识别层）数据接入互联网，供上层服务使用。互联网以及下一代互联网（包含IPv6等技术）是物联网的核心网络，处在边缘的各种无线网络则提供随时随地的网络接入服务。无线广域网包括现有的移动通信网络及其演进技术（包括4G、5G通信技术），提供广阔范围内连续的网络接入服务。无线城域网包括现有的WiMAX技术（802.16系列标准），提供城域范围（约100km）高速数据传输服务。无线局域网包括现在广为流行的WiFi（802.11系列标准），为一定区域内（家庭、校园、餐厅、机场等）的用户提供网络访问服务。无线个域网络包括蓝牙（802 .15 .1标准）、ZigBee（ 802.15.4标准）等通信协议，这类网络的特点是低功耗、低传输速率、短距离，一般用作个人电子产品互联、工业设备控制等领域。各种不同类型的无线网络适用于不同的环境，合力提供便捷的网络接入，是实现物物互联的重要基础设施。

（3）管理服务层

在高性能计算和海量存储技术的支撑下，管理服务层将大规模数据高效、可靠地组织起来，为上层行业应用提供智能的支撑平台。管理服务层位于感知识别层和网络构建层之上，是物联网智慧的源泉。人们通常把物联网应用冠于“智能”的名称，如智能制造、智能交通、智能物流等，其中的智慧就来自这一层。当感知层产生的大量信息经过网络层传输汇聚到管理服务层时，如果不能有效地整合与利用，那无异于入宝山而空返，望“数据的海洋”而兴叹。管理服务层包含的技术相当广泛，要解决数据如何存储、如何检索、如何利用、如何不被滥用等问题。

存储是信息处理的第一步。数据库系统以及其后发展起来的各种海量存储技术，包括网络化存储（如云存储），已广泛应用于IT、金融、电信、商务等行业。面对海量信息，如何有效地组织和查询数据是核心问题。20世纪90年代末，以Web搜索引擎为代表的新一代网络信息查询技术异军突起，如今已成为互联网信息世界的重要入口。管理服务层的主要特点是“智慧”。有了丰富翔实的数据，运筹学理论、机器学习、数据挖掘、专家系统等“智慧迸发”手段有了更广阔的施展舞台。除此之外，信息安全和隐私保护变得越来越重要。在物联网时代，每个人穿戴多种类型的传感器，连接多个网络，一举一动都被监测。如何保证数据不被破坏、不被泄露、不被滥用成为物联网面临的重大挑战。

（4）综合应用层

“互联”最终是要实现“网络应用”。“互联”最初用来实现计算机之间的通信，进而发展到连接以人为主体的用户，现在正朝物物互联这一目标前进。伴随着这一进程，“网络应用”也发生了翻天覆地的变化。从早期的以数据服务为主要特征的文件传输、电子邮件，到以用户为中心的应用，如万维网、电子商务、视频点播、在线游戏、社交网络等，再发展到物品追踪、环境感知、智能制造、智能物流、智能交通、智能电网等，网络应用数量激增，呈现多样化、规模化、行业化等特点。

物联网各层之间既相对独立又联系紧密。在综合应用层以下，同一层次上的不同技术互为补充，适用于不同环境，构成该层次技术的全套应对策略。而不同层次提供各种技术的配置和组合，根据应用需求，构成完整的解决方案。总而言之，技术的选择应以应用为导向，根据具体的需求和环境，选择合适的感知技术、联网技术和信息处理技术。

在现阶段，物联网是借助各种信息传感技术和信息传输和处理技术，使管理对象（人或物）的状态能被感知、能被识别，而形成的局部应用网络；在不远的将来，物联网是将这些局部应用网络通过互联网和通信网连接在一起，形成的人与物、物与物相联系的一个巨大网络，是感知中国、感知地球的基础设施。

10.4 数字孪生

数字孪生（digital twin），也被称为数字双胞胎、数字映射、数字镜像。是以数字化方式在虚拟空间呈现物理对象，即充分利用物理模型、传感器更新、运行历史等数据，以数字化方式为物理对象创建虚拟模型，模拟其在现实环境中的行为特征，在虚拟空间中完成映射，从而反映相对应的实体装备的全生命周期过程。

对于制造系统来说，数字孪生能够整合生产中的制造流程，实现从基础材料、产品设计、工艺规划、生产计划、制造执行到使用维护的全过程数字化。通过集成设计和生产，它可帮助企业实现全流程可视化、规划细节、规避问题、闭合环路、优化整个系统。

10.4.1 数字孪生的概念及定义

根据目前看到的资料，数字孪生术语由迈克尔·格里夫（Michael Grieves）教授在美国密歇根大学任教时首先提出。2002 年 12 月 3 日他在该校“PLM 开发联盟”成立时的讲稿中首次图示了数字孪生的概念内涵，2003 年他在讲授 PLM 课程时使用了“Digital Twin（数字孪生）”，在 2014 年他撰写的《数字孪生：通过虚拟工厂复制实现卓越制造》（*Digital Twin*：*Manufacturing Excellence through Virtual Factory Replication*）文章中对数学孪生进行了较为详细的阐述，奠定了数字孪生的基本内涵。

在航空航天领域和工业界，较早开始使用数字孪生术语的是美国空军研究实验室（Air Force Research Laboratory，AFRL）。2011 年 3 月，美国空军研究实验室结构力学部门的 Pamela A. Kobryn 和 Eric J. Tuegel，做了一次演讲，题目是“Condition-based Maintenance Plus Structural Integrity（CBM+SI）& the Airframe Digital Twin（基于状态的维护+结构完整性 & 战斗机机体数字孪生）”，在信息镜像模型（information mirroring）的基础上首次明确提到了数字孪生。当时，AFRL 希望实现战斗机维护工作的数字化，而数字孪生是他们想出来的创新方法。利用数字孪生技术对航空航天飞行器进行健康维护与保障的实现过程是：需要先在虚拟空间中构建真实飞行器各零部件的模型，并通过在真实飞行器上布置各类传感器，实现飞行器各类数据的采集，实现模型状态与真实状态完全同步，这样在飞行器每次飞行后，根据飞行器结构的现有情况和过往载荷，及时分析与评估飞行器是否需要维修，能否承受下次的任务载荷等。

信息镜像模型如图 10-2 所示，它是数字孪生模型的概念模型，包括三个部分：

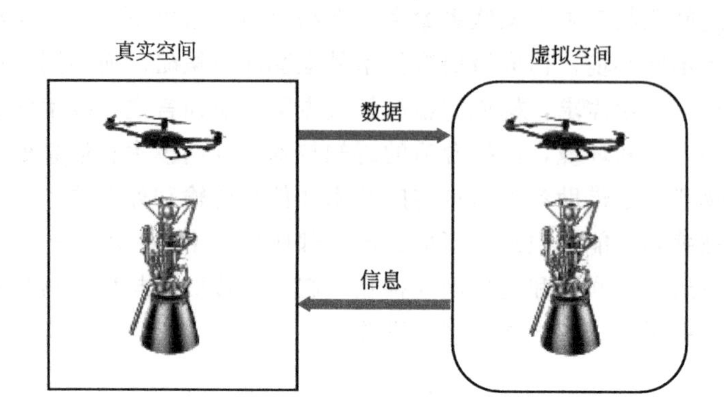

图 10-2 信息镜像模型

- 真实世界的物理产品。
- 虚拟世界的虚拟产品。
- 连接虚拟和真实空间的数据和信息。

信息镜像模型概念出现后的十来年，无论是物理产品还是虚拟产品，它们的信息在数量、丰富程度以及保真度上都得到了较大的增加。

在虚拟方面，有大量的可用信息，增加了大量的行为特征，从而不仅可以虚拟化、可视化产品，并且可以对其性能进行测试，同时也具有创建轻量化虚拟模型的能力，这意味着我们可以选择所需要的模型的几何形状、特征以及性能而去除不需要的细节。这大大减小了模型尺寸，从而加快了处理过程。这些轻量化模型使得今天的仿真产品可以虚拟化并实时地以合适的计算成本来仿真复杂系统以及系统的物理行为。这些轻量化模型同时也意味着与它们通信的时间和成本大大减少。更重要的是，我们可以仿真产品的制造环境，包括构成制造过程的大部分自动和手动操作。

在物理方面，由于传感器及物联网的不断成熟，现在可以收集更多关于物理产品特征的信息，可以从自动质量控制工位获取所有类型的物理测量数据，比如印刷中色度在线测量仪，也可以从对物理零部件实际操作的机器上收集数据，以便更加精确地理解各个操作流程，比如烫金中所使用的速度、压力和温度等。

正是在虚拟方面与物理方面的相关技术的不断发展，推动了数字孪生技术的不断发展。同时，我们也能发现，数字孪生并不是一种全新的技术，它与计算机辅助（CAX）软件（尤其是广义仿真软件）以及数据采集/分析的发展关系十分密切。事实上，前期出现的“虚拟制造（virtual manufacturing technology，VMT）”、“数字样机”技术，就是对数字孪生的一种先行实践活动，一种技术上的孕育和前奏。当这些相关技术发展到了一定阶段，人们意识到应该给这种综合化的技术起一个更确切的名字，因此“数字孪生”应运而生。

虚拟制造技术是以虚拟现实和仿真技术为基础的，对产品的设计、生产过程统一建模，在计算机上实现产品从设计、加工和装配、检验、使用及回收整个生命周期的模拟和仿真，从而无需进行样品制造，在产品的设计阶段就可模拟出产品及其性能和制造流程，以此来优化产品的设计质量和制造流程，优化生产管理和资源规划，达到产品开发周期和成本的最小化、产品设计质量的最优化和生产效率最高化，从而形成企业的市场竞争优势。如波音 777，其整机设计、零部件测试、整机装配以及各种环境下的试飞均是在计算机上完成的，其开发周期从过去的 8 年缩短到 5 年。在印刷工业领域，也出现了虚拟制造的相关技术，例如 PDF 文件的“预飞”技术，实现在数字文件阶段发现实际印制过程中的质量问题，发现数字文件中的设计缺陷，缩短了数字文件到样张输出的印刷设计周期；ESKO 公司开发的虚拟现实包装软件，实现创意设计、包装成型、商店货架展示全部在计算机上完成，用户可以在电脑屏幕上查看包装设计是否准确反映客户的要求，并在虚拟商店货架上查看最初的产品设计所呈现的现实效果，极大提高了整个包装设计与印制过程的生产效率。由此可见，虚拟制造的应用将会对未来制造业的发展产生深远的影响。

数字样机是指在计算机上表达的产品整机或子系统的数字化模型，它与真实物理产品之间具有 1∶1 的比例和精确尺寸表达，其作用是用数字样机验证物理样机的功能和性能。它可分为几何样机、功能样机和性能样机。数字样机对产品整机（如印刷整机）或具有独立功能的子系统（如输纸部件、供墨系统、印刷系统等）进行数字化描述，这种描述不仅反映了产品对象的几何属性，至少在某一领域还反映了产品对象的功能和性能。产品的数字样机形成于产品设计阶段，可应用于产品的全生命周期，具体包括工程设计、制造、装配、检验、销售、使用、售后、回收等环节。数字样机在功能上可实现产品干涉检查、运动分析、性能模拟、加工制造模拟、培训宣传和维修规划等。

现有的数字样机建立的目的就是描述产品设计者对这一产品的理想定义，用于指导产品的制造、功能性能/分析（理想状态下的）。人们可以通过数字样机进行设计方案的选择，利用数字样机进行可制造的各种仿真，在数字样机上检查未来设备的各种功能和性能，发现需要改进的地方，最终创建出符合要求的“数字设备”，并将其交给工厂进行生产，制造成真正的物理飞机，完成整个研制过程。而真实产品在制造中由于加工、装配误差和使用、维护、修理等因素，并不能与数字样机保持完全一致。虚拟制造主要强调的是模拟仿真技术，因而将数字样机应用于虚拟制造中，然而在这些数字化模型上进行仿真分析，并不能反映真实产品系统的准确情况，其有效性受到了明显的限制。

虚拟产品和物理产品的信息数量和质量均在快速进步，但真实空间和虚拟空间的双向沟通却是落后的。目前通用的方式是先构建一个全标记的 3D 模型，随后创建一个制造流程来实现这个模型，具体是通过一个工艺清单（bill of process，BOP）以及制造物料清单（manifacturing bill of materials，MBOM）来实现。更加复杂和先进的制造商将对生产过程进行数字化仿真。但现阶段只是简单地将 BOP 和 MBOM 传递给制造端而不是虚拟模型。

发展到现在，人们发现在数字世界里做了这么多年的数字设计、仿真、工艺、生产等结果，越来越虚实对应，越来越虚实融合，越来越广泛应用，数字虚体越来越赋能于物理实体系统。近些年，当人们提出了希望物理空间中的实体事物与数字空间中的虚拟事物之间具有可以联接数据通道、相互传输数据和指令的交互关系之后，数字孪生概念基本成形，并且作为智能制造中一种基于 IT 视角的新型应用技术，逐渐走进人们的视野。数字孪生更加强调了物理世界和虚拟世界的连接作用，从而做到虚拟世界和真实世界的统一，实现生产和设计之间的闭环。例如在数字孪生系统中，可通过3D模型连接物理产品与虚拟产品，而不只是在屏幕上进行显示，3D模型中还包括从物理产品中获得的实际尺寸，这些信息可以与虚拟产品重合并将不同点高亮，以便于人们实时观察、对比等。

与此同时，现有的工业软件研发与生产数据以及沉积在工业领域内大量的工业技术和知识，都是实现数字孪生的上好“原料”和基础构件，数字孪生在工业现实场景中已经具有了实现和推广应用的巨大潜力。

大约从2014年开始，西门子、达索、PTC、ESI、ANSYS等知名工业软件公司，都在市场宣传中使用“Digital Twin”术语，并陆续在技术构建、概念内涵上做了很多深入研究和拓展。然而，数字孪生尚无业界公认的标准定义，概念还在发展与演变中。

美国国防采办大学（Defense Acquisition University）认为：数字孪生是充分利用物理模型、传感器更新、运行历史等数据，集成多学科、多物理量、多尺度的仿真过程，在虚拟空间中完成对物理实体的映射，从而反映物理实体的全生命周期过程。

ANSYS公司认为：数字孪生是在数字世界建立一个与真实世界系统的运行性能完全一致，且可实现实时仿真的仿真模型；利用安装在真实系统上的传感器数据作为该仿真模型的边界条件，实现真实世界的系统与数字世界的系统同步运行。

中国航空工业发展研究中心刘亚威认为：从本质上来看，数字孪生是一个对物理实体或流程的数字化镜像；创建数字孪生的过程，集成了人工智能、机器学习和传感器数据，以建立一个可以实时更新的、现场感极强的“真实”模型，用来支撑物理产品生命周期各项活动的决策。

“工四100术语”对数字孪生模型的定义是：数字孪生模型是充分利用物理模型、传感器更新、运行历史等数据，集成多学科、多物理量、多尺度、多概率的仿真过程，在虚拟空间中完成映射，从而反映相对应的实体装备的全生命周期过程。

数字孪生起源于工业制造领域，工业制造也是数字孪生的主要战场。图10-3是生产流程数字孪生模型。

数字孪生模型是一种超越现实的概念，可以被视为一个或多个重要的、彼此依赖的装备系统的数字映射系统。以数字喷墨印刷机为例，数字孪生模型可以包含机身、墨量系统、纸路系统等。数字孪生能够有效提升制造装备产品的可靠性和可用性，同时降低产品研发和制造风险。产品研发的过程中，数字孪生可以虚拟构建产品的数字化模型，对其进行仿真测试和验证。生产制造时，可以模拟设备的运转，以及参数调整带来的变化。维护阶段，数字孪生也能发挥重要作用。采用数字孪生技术，通过对运行数据进行连续采集和智能分析，可以预测维护工作的最佳时间点，也可以提供维护周期的参考依据。数字孪生体也可以提供故障点和故障概率的参考。

数字孪生也用来指对一个工厂的厂房及生产线，在其没有建造起来之前，就完成相应的数字化模型，从而在虚拟的信息空间中对工厂进行仿真和模拟，并将真实参数传给实际的工厂建设，而在厂房和生产线建成之后，在日常的运维中两者继续进行信息交互。因此，数字孪生更加强调其在产品全生命周期使用过程中虚拟产品与物理产品之间的反馈、交互。

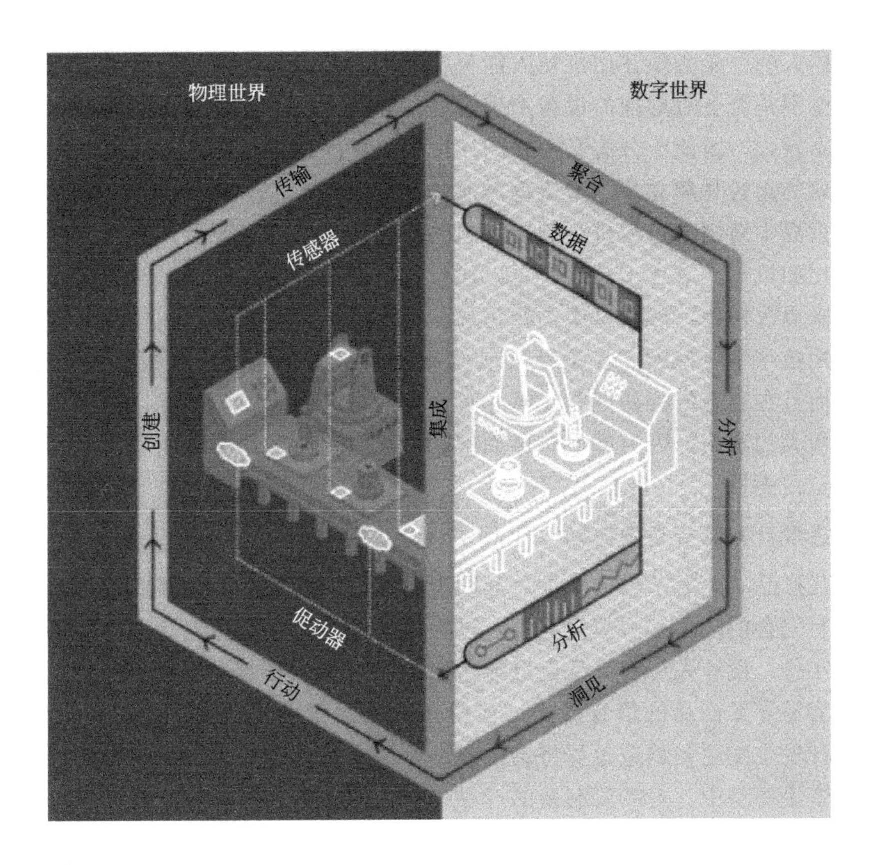

图 10-3 生产流程数字孪生模型

10.4.2 数字孪生在制造中的作用

数字孪生实现了信息系统和物理系统的深度融合。数字孪生不仅仅是物理世界的数字化复制，更是做现实中做不到的事情，做更有效率的事情：基于实时的生产系统物理世界的数字映射，在数字映射的软件系统中实现虚拟预制造，并通过软件系统控制生产系统的物理设备。

（1）预见设计质量和制造过程

传统模式下，在产品设计完成后必须先制造出实体零部件，才能对设计方案的质量和可制造性进行评估，这不仅导致成本增加，并且也加长了产品研发周期，而通过建立数字孪生模型，任何零部件在被实际制造出来之前，都可以预测其成品质量，判断其是否存在设计缺陷，比如零部件之间的干扰、设计是否符合规范等。通过分析工具找到产生设计缺陷的原因，并直接在数字孪生模型中修改相应的设计，再重新进行质量预测，直到问题得以解决。

在实际制造系统中，只有当全部流程都无差错时，生产才能得以顺利开展。通常在试用之前要将生产设备配置好，以实现流程验证，判断设备是否正常运转。然而，在这个时候才发现问题可能会引起生产延误，并且这时解决问题所需要的费用将远远高于流程早期。

当前自动化技术应用广泛，最具颠覆性意义的是用机器人来替代工作人员的部分工作，投入机器人的企业必须评估机器人能否在生产过程中准确地执行人的工作，机器人的大小和工作范围是否会对周围的设备产生干涉，以及它会不会伤害到附近的操作员。机器人的投入成本较大，因此十分有必要在初期便对这些问题进行验证。

较为高效的途径是建立与制造流程对应的数字孪生模型，其具备所有制造过程细节，并可在虚拟世界中对制造过程进行验证。当验证过程中出现问题时，只需要在模型中进行修正即可，比如机器人发生干涉时，可以通过调整工作台的高度、反转装配台、更改输送带的位置等来更改模型，然后再次进行仿真，确保机器人能正确达到任务目标。

通过使用数字孪生模型，在设计阶段便能预测产品性能，并能根据预测结果加以改进、优化，而且在制造流程初期就能够了解详细信息，进而展开预见，确保全部细节均无差错，这有极大的意义，因为越早知道如何制造出出色的产品，就能越快地向市场推出优质的产品，抢占先机。

（2）推进设计和制造高效协同

随着现代产品功能复杂性的增加，其制造过程也逐渐复杂，对制造所涉及的所有过程均有必要进行完善的规划。一般情况下，过程规划是设计人员和制造人员基于不同的系统而独立开展工作。设计人员将产品创意传达给制造部门，再由他们去考虑应该如何合理地制造。这样容易导致产品的信息流失，使得制造人员很难看到实际状况，出错的概率增大。一旦设计发生变更，制造过程将会出现一定的滞后，数据无法及时更新。

在数字孪生模型中，对需要制造的产品、制造的方式、资源以及地点等各个方面可以进行系统的规划，将各方面关联起来，实现设计人员和制造人员的协同。一旦发生设计变更，可以在数字孪生模型中方便地更新制造过程，包括更新面向制造的物料清单、创建新的工序、为工序分配新的操作人员等，并在此基础上进一步将完成各项任务所需的时间以及所有不同的工序整合在一起，进行分析和规划，直到产生满意的制造过程方案。

除了过程规划之外，生产布局也是复杂的制造系统中的重要工作。一般的生产布局图是用来设置生产设备和生产系统的二维原理图和纸质平面图，设计这些布局图通常需要大量的时间精力。由于现今竞争日益激烈，企业需要不断地向产品中加入更好的功能，并以更快的速度向市场推出更多的产品，这意味着制造系统需要持续扩展和更新，但静态的二维布局图缺乏智能关联性，修改起来又会耗费大量时间，制造人员难以获得有关生产环境的最新信息，因而难以制定明确的决策和及时采取行动。

然而，借助数字孪生模型可以设计出包含所有细节信息的生产布局图，包括机械、自动化设备、工具、资源甚至是操作人员等各种详细信息，并将之与产品设计进行无缝关联。比如在一个新的产品制造方案中，所引入的机器人干涉了一条传送带，布局工程师需要对传送带进行调整并发出变更申请，当发生变更时，同步执行影响分析来了解生产线设备中，哪些会受到影响，以及对生产调度会产生怎么样的影响，这样在设置新的生产系统时，就能在需要的时间内获得正确的设备。

基于数字孪生模型，设计人员和制造人员实现协同，设计方案和生产布局实现同步，这些都大大提高了制造业务的敏捷度和效率，帮助企业应对更加复杂的产品制造挑战。

（3）确保设计和制造准确执行

如果制造系统中的所有流程都准确无误，生产便可以顺利开展，但万一生产进展不顺利，由于整个过程非常复杂，制造环节出现问题并影响产出的时候，很难迅速找出问题所在。最简单的方法是在生产系统中尝试用一种全新的生产策略，但是面对众多不同的材料和设备选择，清楚地知道哪些选择将带来最佳效果又是一个难题。

针对这种情况，可以在数字孪生模型中对不同的生产策略进行模拟仿真和评估，结合大数据分析和统计学技术，快速找出有空档时间的工序。调整策略后再模拟仿真整个生产系统的绩效，进一步优化，实现所有资源利用率的最大化，确保所有工序上的所有人都尽其所能，实现盈利能力的最大化。

为了实现卓越的制造，必须清楚了解生产规划以及执行情况。企业通常难以确保规划和执行都准确无误，并满足所有设计需求，这是因为如何在规划与执行之间实现关联，如何将从生产环节收集到的有效信息反馈至产品设计环节，是一个很大的挑战。

利用数字孪生模型可以搭建规划和执行的闭合环路，将虚拟生产世界和现实生产世界结合起来。过程计划发布至制造执行系统之后，利用数字孪生模型生成详细的作业指导书，并与生产设计全过程进行关联，这样一来，如果发生任何变更，整个过程都会进行相应的更新，甚至还能从生产环境中收集有关生产执行情况的信息。

此外还可以使用大数据技术直接从生产设备中收集实时的质量数据，将这些信息覆盖在数字孪生模型上，对设计和实际制造结果进行比对，检查两者是否存在差异，找出产生差异的原因和解决方法，确保生产能完全按照规划来执行。

数字孪生存在的重要意义在于实现了现实世界的物理系统与虚拟空间数字化系统之间的交互与反馈，从而达到在产品的全生命周期内物理世界和虚拟世界之间的协调统一，再通过基于数字孪生模型而进行的仿真、分析、决策、数据收集、存储、挖掘以及人工智能的应用，确保它与物理系统的适用性。智能系统的智能首先是指能感知、建模，然后才是分析推理与预测。只有具有数字孪生模型对现实生产系统的准确模型化描述，智能制造系统才能在此基础上进一步落实，这就是数字孪生模型对智能制造的意义所在。

10.5 信息物理系统

信息物理系统（cyber-physical systems，CPS）中的 cyber 一词的来源可以追溯到 1948 年诺伯特·维纳创造的“cybernetics”这个单词。1954 年钱学森所著 *Engineering Cybernetics* 第一次在工程设计和实验应用中使用这一名词。1958 年其中文版《工程控制论》发布，“cybernetics”被翻译为“控制论”。1982 年美国作家威廉·吉布森发表的短篇小说《燃烧的铬合金》中首次创造出“cyberspace”一词，并在后来的小说《神经漫游者》中普及。现在，cyber 常作为前缀表示与 Internet 或电脑相关的事物。

2006 年美国国家科学基金会对信息物理系统这一概念进行了详细的描述，其认为信息物理系统是通过计算核心（嵌入式系统）实现感知、控制、集成的物理、生物和工程系统。在系统中，计算被“深深嵌入”每一个相互连通的物理组件中，甚至可能嵌入物料中。信息物理系统的功能由计算和物理过程交互实现。

10.5.1 CPS 概述

人类过去生活在三元世界中，这三元世界分别是由物质和能量构成的物理世界、由计算机互联互通构成的虚拟世界、由人的思维和行为互动构成的精神世界。这三个世界各自有自己的运行模型和管控机制，各自独立运作，通过有限的方式实现信息交换和控制指令发布，我们称之为“物、机、人”三元分离的世界。今天，物联网中的无线射频识别（RFID）和无线传感器网络技术的迅速发展，实现了物理世界和虚拟世界的互联互通，人机接口技术（特别是脑机接口技术）的发展实现了人和虚拟世界的互联互通，人类开始进入了一个三元互通的世界，即形成了一个“人-机-物”三元一体化的信息物理系统。

人机接口技术的发展经历了最初的键盘输入技术阶段，20 世纪 80 年代后期广泛使用的 Windows 界面接口技术阶段，20 世纪 90 年代开始使用的语音识别技术和指纹识别技术阶段，今天已经开始进入思维控制技术（脑机接口）阶段。

信息物理系统是一个综合计算、网络和物理环境的多维复杂系统，通过计算（computation）、通信（communication）、控制（control）技术的有机融合与深度协作，实现大型工程系统的实时感知、动态控制和信息服务。CPS 实现计算、通信与物理系统的一体化设计，可使系统更加可靠、高效、实时协同，具有重要而广泛的应用前景。

在德国，CPS 被认为是工业 4.0 的内核和基础。毫无疑问，CPS 可以带来巨大的经济效益，并将从根本上改变现有的工业运营。然而，目前对 CPS 的研究主要集中在概念、架构、技术和挑战的讨论上。近年来，CPS 已成为国际学术界和科技界研究开发的重要方向。

CPS 的意义在于将物理设备联网，特别是连接到互联网上，使得物理设备具有计算、通信、精确控制、精确协调和自治五大功能。CPS 本质上是一个具有控制属性的网络，但它又有别于现有的控制系统。CPS 把通信放在与计算和控制同等的地位上，这是因为 CPS 强调的分布式应用系统中，物理设备之间的协调是离不开通信的。CPS 对网络内部设备的远程协调能力、自治能力、控制对象的种类和数量，特别是网络规模远远超过现有的工控网络。美国国家科学基金会（NSF）认为 CPS 将让整个世界互联起来。如同互联网改变了人与人的互动一样，CPS 将会改变我们与物理世界的互动。

物联网不是 CPS，物联网中的物品不具备控制和自治能力，通信也大都发生在物品与服务器之间，因此物品之间无法进行协同。在人类社会对物理世界实现“感、知、控”的三个环节中，物联网主要实现的是第一个环节的功能，而要实现“知、控”这后两个环节，就需要云计算、大数据和智能控制技术。

数字孪生与 CPS 的共同点在于实现物理系统与虚拟世界的深度融合，但 CPS 是在数字孪生实现物理系统与虚拟世界深度融合的基础上更加强调“人-机-物”三元世界的一体化。未来，在 CPS 和脑机接口技术的发展和应用下，形成全新的信息物理系统，并最终实现“所想即所得”的服务。例如某人想喝杯冰镇啤酒，计算机就会理解了人的需求，并且指示机器人端上一杯冰镇啤酒。从这个角度来说，物联网实现了从物理空间到信息空间的信息流动，是物理系统与虚拟世界深度融合的基础，数字孪生未来发展的高级阶段是 CPS。

10.5.2 CPS 的核心技术要素

美国国家科学基金会、美国国家标准与技术研究院、德国国家科学与工程院、欧盟第七框架计划等研究机构或科研项目对信息物理系统的概念、定义不尽相同，但总体来看，其本质（图 10-4）就是构建一套信息（cyber）空间与物理（physical）空间之间基于数据自动流动的状态感知、实时分析、科学决策、精准执行的闭环赋能体系，解决生产制造、应用服务过程中的复杂性和不确定性问题，提高资源配置效率，实现资源优化。

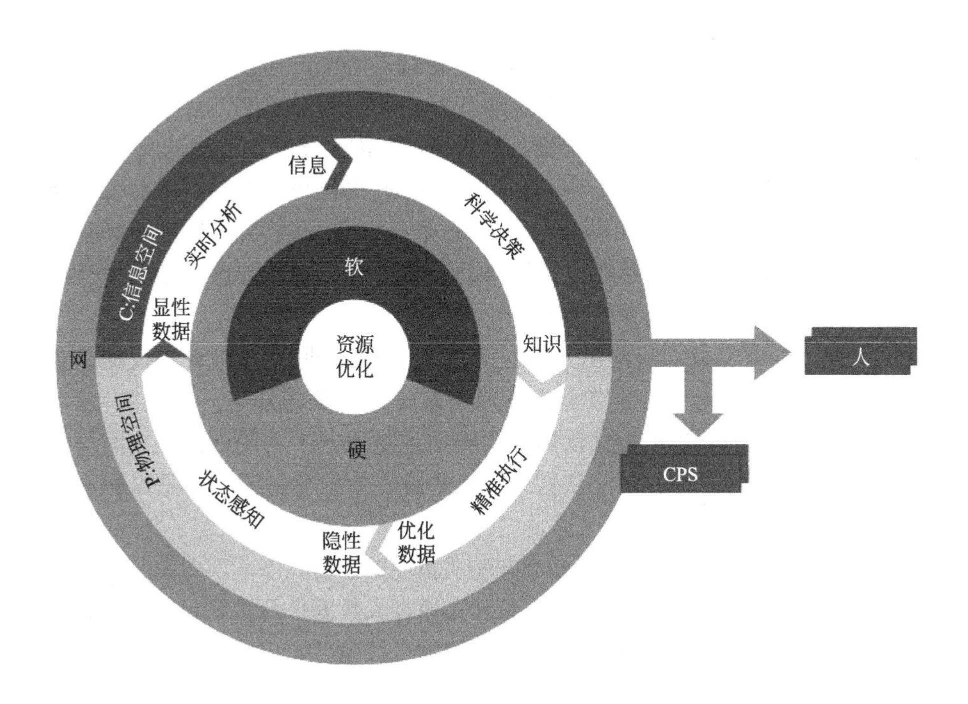

图 10-4　CPS 的本质

实现数据的自动流动具体来说需要经过四个环节，分别是：状态感知、实时分析、科学决策、精准执行。大量蕴含在物理空间中的隐性数据经过状态感知被转化为显性数据，进而能够在信息空间进行计算分析，将显性数据转化为有价值的信息。不同系统的信息经过集中处理形成对外部变化的科学决策，将信息进一步转化为知识。最后以更为优化的数据作用到物理空间，构成一次数据的闭环流动。具体来说：

① 状态感知　是对外界状态的数据获取。生产制造过程中蕴含着大量的隐性数据，这些数据暗含在实际过程中的方方面面，如物理实体的尺寸、运行机理，外部环境的温度、液体流速、压差等。状态感知通过传感器、物联网等一些数据采集技术，将这些蕴含在物理实体背后的数据不断地传递到信息空间，使得数据不断“可见”，变为显性数据。状态感知是对数据的初级采集加工，是一次数据自动流动闭环的起点，也是数据自动流动的源动力。

② 实时分析　是对显性数据的进一步理解。是将感知的数据转化成认知的信息的过程，是对原始数据赋予意义的过程，也是发现物理实体状态在时空域和逻辑域的内在因果性或关联性关系的过程。大量的显性数据并不一定能够直观地体现出物理实体的内在联系。这就需要经过实时分析环节，利用数据挖掘、机器学习、聚类分析等数据处理分析技术对数据进一步分析，使得数据不断“透明”，将显性化的数据进一步转化为直观可理解的信息。此外，在这一过程中，人的介入也能够为分析提供有效的输入。

③ 科学决策　是对信息的综合处理。决策是根据积累的经验，对现实的评估和对未来的预测，为了达到明确的目的，在一定的条件约束下，所做的最优决定。在这一环节，CPS能够权衡判断当前时刻获取的所有来自不同系统或不同环境下的信息，形成最优决策来对物理空间实体进行控制。分析决策并最终形成最优策略是CPS的核心关键环节。这个环节不一定在系统最初投入运行时就能产生效果，往往在系统运行一段时间之后逐渐形成一定范围内的知识。对信息的进一步分析与判断，使得信息真正地转变成知识，并且不断地迭代优化形成系统运行、产品状态、企业发展所需的知识库。

④ 精准执行　是对决策的精准物理实现。在信息空间分析并形成的决策最终将会作用到物理空间，而物理空间的实体设备只能以数据的形式接受信息空间的决策。因此，执行的本质是将信息空间产生的决策转换成物理实体可以执行的命令，进行物理层面的实现。输出更为优化的数据，使得物理空间设备的运行更加可靠，资源调度更加合理，实现企业高效运营，各环节智能协同效果逐步优化。

⑤ 螺旋上升　数据在自动流动的过程中逐步由隐性数据转化为显性数据，显性数据分析处理成为信息，信息最终通过综合决策判断转化为有效的知识并固化在CPS中，同时产生的决策通过控制系统转化为优化的数据作用到物理空间，使得物理空间的物理实体朝向资源配置更为优化的方向发展。从这一层面来看，数据自动流动应是以资源优化为最终目标的“螺旋式”上升的过程。

状态感知就是通过各种各样的传感器感知物质世界的运行状态，实时分析就是通过工业软件实现数据、信息、知识的转化，科学决策就是通过大数据平台实现异构系统数据的流动与知识的分享，精准执行就是通过控制器、执行器等机械硬件实现对决策的反馈响应，这一切都依赖于一个实时、可靠、安全的网络。我们可以把这一闭环赋能体系概括为“一硬”（感知和自动控制）、“一软”（工业软件）、“一网”（工业网络）、“一平台”（工业云和智能服务平台），即“新四基”。“新四基”与中国制造2025提出的“四基”（核心基础零部件、先进基础工艺、关键基础材料和产业技术基础）共同构筑了制造强国建设之基。

感知和自动控制是数据闭环流动的起点和终点。感知的本质是物理世界的数字化，通过各种芯片、传感器等智能硬件实现生产制造全流程中人、设备、物料、环境等隐性信息的显性化，是信息物理系统实现实时分析、科学决策的基础，是数据闭环流动的起点。与人体类比，可以把感知看作是人类接收外部信息的感觉器官，提供视觉、听觉、嗅觉、触觉和味觉这“五觉”。自动控制是在数据采集、传输、存储、分析和挖掘的基础上做出的精准执行，体现为一系列动作或行为，作用于人、设备、物料和环境上，如分布式控制系统（DCS）、可编程逻辑控制器（PLC）及数据采集与监视控制系统（SCADA）等，是数据闭环流动的终点。与人体类比，根据指令信息完成特定动作和行为的骨骼和肌肉可以看作是控制的执行机构。

工业软件是对工业研发设计、生产制造、经营管理、服务等全生命周期环节规律的模型化、代码化、工具化，是工业知识、技术积累和经验体系的载体，是实现工业数字化、网络化、智能化的核心。简而言之，工业软件是算法的代码化，算法是对现实问题解决方案的抽象描述，仿真工具的核心是一套算法，排产计划的核心是一套算法，企业资源计划也是一套算法。工业软件定义了信息物理系统，其本质是要打造“状态感知-实时分析-科学决策-精准执行”的数据闭环，构筑数据自动流动的规则体系，应对制造系统的不确定性，实现制造资源的高效配置。与人体类比，工业软件代表了信息物理系统的思维认识，是感知控制、信息传输、分析决策背后的世界观、价值观和方法论，是通过长时间工作学习而形成的。工业网络是连接工业生产系统和工业产品各要素的信息网络，通过工业现场总线、工业以太网、工业无线网络和异构网络集成等技术，能够实现工厂内各类装备、控制系统和信息系统的互联互通，以及物料、产品与人的无缝集成，并呈现扁平化、无线化、灵活组网的发展趋势。工业网络主要用于支撑工业数据的采集交换、集成处理、建模分析和反馈执行，是实现从单个机器、产线、车间到工厂的工业全系统互联互通的重要基础工具，是支撑数据流动的通道。物质（机械，如导线）连接、能量（物理场，如传感器）连接、信息（数字，如比特）连接、意识（生物场，如思维）连接，为打造万物互联的世界提供了基础和前提。与人体类比，工业网络构成了经路脉络，可以像神经系统一样传递信息。工业云和智能服务平台是高度集成、开放和共享的数据服务平台，是跨系统、跨平台、跨领域的数据集散中心、数据存储中心、数据分析中心和数据共享中心，基于工业云服务平台推动专业软件库、应用模型库、产品知识库、测试评估库、案例专家库等基础数据和工具的开发集成和开放共享，实现生产全要素、全流程、全产业链、全生命周期管理的资源配置优化，以提升生产效率、创新模式业态，构建全新产业生态。这将带来产品、机器、人、业务从封闭走向开放，从独立走向系统，将重组客户、供应商、销售商以及企业内部组织的关系，重构生产体系中信息流、产品流、资金流的运行模式，重建新的产业价值链和竞争格局。国际巨头正加快构建工业云和智能服务平台，向下整合硬件资源、向上承载软件应用，加快全球战略资源的整合步伐，抢占规则制定权、标准话语权、生态主导权和竞争制高点。与人体类比，工业云和智能服务平台构成了决策器官，可以像大脑一样接收、存储、分析数据信息，并形成决策。

10.5.3 CPS 的层次

理解和认识信息物理系统要树立系统观和层次观，要深刻把握信息物理系统演进和发展的规律。具体来说，信息物理系统具有明显的层级特征，小到一个智能部件、一个智能产品，大到整个智能工厂都能构成信息物理系统。同时 CPS 还具有系统性，一个工厂可能涵盖多条生产线，一条生产线也会由多台设备组成。因此，对 CPS 的研究要明确其层次，定义一个 CPS 最小单元结构。

信息物理系统建设的过程就是从单一部件、单机设备、单一环节、单一场景的局部小系统不断向大系统、巨系统演进的过程，是从部门级到企业级，再到产业链级，乃至产业生态级演进的过程，是数据流闭环体系不断延伸和扩展的过程，并逐步形成相互作用的复杂系统网络，突破地域、组织、机制的界限，实现对人才、技术、资金等资源和要素的高效整合，从而带动产品、模式和业态创新。

工业和信息化部信息化和软件服务业司指导中国电子技术标准化研究院，联合国内相关单位，编撰形成的《信息物理系统白皮书（2017）》将信息物理系统划分为单元级、系统级、SoS 级（system of systems，系统之系统级）三个层次。单元级 CPS 可以通过组合与集成（如 CPS 总线）构成更高层次的 CPS，即系统级 CPS；系统级 CPS 可以通过工业云、工业大数据等平台构成 SoS 级的 CPS，实现企业级层面的数字化运营。CPS 的层次演进如图 10-5 所示。

① 单元级 CPS：是具有不可分割性的信息物理系统最小单元。可以是一个部件或一

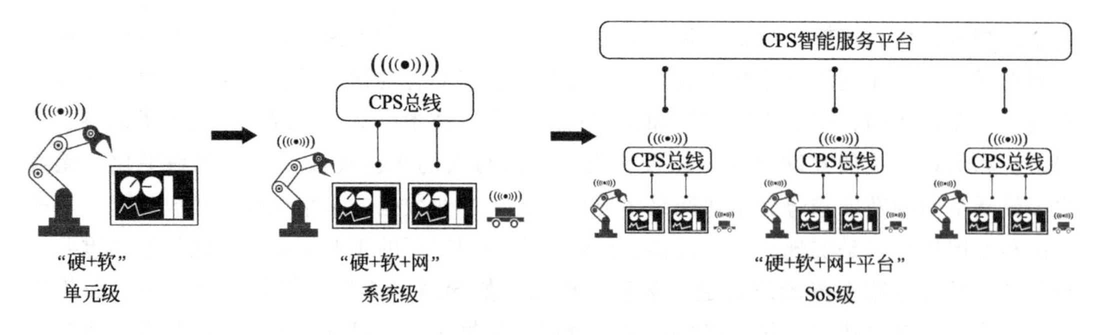

图 10-5 CPS 的层次演进

个产品，通过“一硬”（如具备传感、控制功能的机械臂和传动轴承等）和“一软”（如自身嵌入式软件系统及通信模块）就可构成“感知-分析-决策-执行”的数据闭环，具备了可感知、可计算、可交互、可延展、自决策的功能，实现在设备工作能力范围内的资源优化配置（如优化机械臂、AGV 小车的行驶路径等）。典型如智能轴承、智能机器人、智能数控机床等。每个最小单元都是一个可被识别、定位、访问、联网的信息载体，通过在信息空间中对物理实体的身份信息、几何形状、功能信息、运行状态等进行描述和建模，在虚拟空间也可以映射形成一个最小的数字化单元，并伴随着物理实体单元的加工、组装、集成不断叠加、扩展、升级，这一过程也是最小单元在虚拟和实体两个空间不断向系统级和系统之系统级同步演进的过程。

② 系统级 CPS：是“一硬、一软、一网”的有机组合。信息物理系统的多个最小单元（单元级）通过工业网络（如工业现场总线、工业以太网等，简称“一网”），实现更大范围、更宽领域的数据自动流动，就可构成智能生产线、智能车间、智能工厂，实现了多个单元级 CPS 的互联、互通和互操作，进一步提高制造资源优化配置的广度、深度和精度。在这一层级上，多个单元级 CPS 及非 CPS 单元设备的集成构成系统级 CPS，如一条含机械臂和 AGV 小车的智能装配线。多个单元级 CPS 汇聚到统一的网络（如 CPS 总线），对系统内部的多个单元级 CPS 进行统一指挥、实体管理（如根据机械臂运行效率，优化调度多个 AGV 的运行轨迹），进而提高各设备间的协作效率，实现产线范围内的资源优化配置。在这一层级上，网络联通（CPS 总线）至关重要，确保多个单元级 CPS 能够交互协作。

系统级 CPS 基于多个单元级最小单元的状态感知、信息交互、实时分析，实现了局部制造资源的自组织、自配置、自决策、自优化。由传感器、控制终端、组态软件、工业网络等构成的分布式控制系统（DCS）和数据采集与监控系统（SCADA）是系统级 CPS，由数控机床、机器人、AGV 小车、传送带等构成的智能生产线是系统级 CPS，通过制造执行系统（MES）对人、机、物、料、环等生产要素进行生产调度、设备管理、物料配送、计划排产和质量监控而构成的智能车间也是系统级 CPS。

③ SoS 级 CPS：是多个系统级 CPS 的有机组合（协同优化），涵盖了“一硬、一软、一网、一平台”四大要素。在系统级 CPS 的基础上，通过构建 CPS 智能服务的大数据平台，通过丰富开发工具、开放应用接口、共享数据资源、建设开发社区，加快各类工业 APP 和平台软件的快速发展，实现系统级 CPS 之间跨系统、跨平台的互联、互通和互操作，促成多源异构数据的集成、交换和共享的闭环自动流动，在全局范围内实现信息全面感知、深度分析、科学决策和精准执行。

在这一层级上，多个系统级 CPS 构成了 SoS 级 CPS，如多条生产线或多个工厂之间的协作，以实现产品生命周期全流程及企业全系统的整合。CPS 智能服务平台能够将多个系统级 CPS 工作状态统一监测，实时分析，集中管控。利用数据融合、分布式计算、大数据分析技术对多个系统级 CPS 的生产计划、运行状态、寿命估计统一监管，实现企业级远程监测诊、供应链协同、预防性维护，实现更大范围内的资源优化配置，避免资源浪费。

10.5.4 CPS 的特征

信息物理系统构建了一个能够联通物理空间与信息空间，驱动数据在其中自动流动，实现对资源优化配置的智能系统。这套系统的灵魂是数据，在系统的有机运行过程中，通过数据自动流动对物理空间中的物理实体逐渐“赋能”，实现对特定目标资源优化的同时，表现出六大典型特征，总结为：数据驱动、软件定义、泛在连接、虚实映射、异构集成、系统自治。

① 数据驱动：数据普遍存在于工业生产的方方面面，其中大量的数据是隐性存在的，没有被充分利用并挖掘出其背后潜在的价值。CPS 通过构建“状态感知、实时分析、科学决策、精准执行”的数据自动流动的闭环赋能体系，能够将数据源源不断地从物理空间中的隐性形态转化为信息空间的显性形态，并不断迭代优化形成知识库。在这一过程中，状态感知的结果是数据；实时分析的对象是数据；科学决策的基础是数据；精准执行的输出还是数据。因此，数据是 CPS 的灵魂所在，数据在自动生成、自动传输、自动分析、自动执行以及迭代优化中不断累积，螺旋上升，不断产生更为优化的数据，能够通过质变引起聚变，实现对外部环境的资源优化配置。

② 软件定义：软件正和芯片、传感与控制设备等一起对传统的网络、存储、设备等进行定义，并正在从 IT 领域向工业领域延伸。工业软件是对各类工业生产环节规律的代码化，支撑了绝大多数的生产制造过程。作为面向制造业的 CPS，软件就成为了实现 CPS 功能的核心载体之一。从生产流程的角度看，CPS 会全面应用到研发设计、生产制造、管理服务等方方面面，通过对人、机、物、法、环全面的感知和控制，实现各类资源的优化配置。这一过程需要广泛地对工业技术进行模块化、代码化、数字化并不断软件化。从产品装备的角度看，一些产品和装备本身就是 CPS。软件不但可以控制产品和装备运行，而且可以把产品和装备运行的状态实时展现出来，通过分析、优化，再次作用到产品、装备的运行，甚至是设计环节，实现迭代优化。

③ 泛在连接：网络通信是 CPS 的基础保障，能够实现 CPS 内部单元之间以及与其他 CPS 之间的互联互通。应用到工业生产场景时，CPS 对网络连接的时延、可靠性等网络性能和组网灵活性、功耗都有特殊要求，还必须解决异构网络融合、业务支撑的高效性和智能性等挑战。随着无线宽带、射频识别、信息传感及网络业务等信息通信技术的发展，网络通信将会更加全面深入地融合信息空间与物理空间，表现出明显的泛在连接特征，实现在任何时间、任何地点、任何人、任何物都能顺畅地通信。构成 CPS 的各器件、模块、单元、企业等实体都要具备泛在连接能力，并实现跨网络、跨行业、异构多技术的融合与协同，以保障数据在系统内的自由流动。泛在连接通过对物理世界状态的实时采集、传输，以及信息世界控制指令的实时反馈下达，提供无处不在的优化决策和智能服务。

④ 虚实映射：CPS 构筑信息空间与物理空间数据交互的闭环通道，能够实现信息虚体与物理实体之间的交互联动。以物理实体建模产生的静态模型为基础，通过实时数据采

集、数据集成和监控，动态跟踪物理实体的工作状态和工作进展（如采集测量结果、追溯信息等），将物理空间中的物理实体在信息空间进行全要素重建，形成具有感知、分析、决策、执行能力的数字孪生。同时借助信息空间对数据综合分析处理的能力，形成对外部复杂环境变化的有效决策，并通过以虚控实的方式作用到物理实体。在这一过程中，物理实体与信息虚体之间交互联动，虚实映射，共同作用提升资源优化配置效率。

⑤ 异构集成：软件、硬件、网络、工业云等一系列技术的有机组合构建了一个信息空间与物理空间之间数据自动流动的闭环赋能体系。尤其在高层次的CPS，如SoS级CPS中，往往会存在大量不同类型的硬件、软件、数据、网络。CPS能够将这些异构硬件（如CISC CPU、RISC CPU、FPGA等）、异构软件（如PLM软件、MES软件、PDM软件等）、异构数据（如模拟量、数字量、开关量、音频、视频、特定格式文件等）及异构网络（如现场总线、工业以太网等）集成起来，实现数据在信息空间与物理空间不同环节的自动流动，实现信息技术与工业技术的深度融合，因此，CPS必定是一个对多方异构环节集成的综合体。异构集成能够为各个环节的深度融合打通交互的通道，为实现融合提供重要保障。

⑥ 系统自治：CPS能够根据感知到的环境变化信息，在信息空间进行处理分析，自适应地对外部变化做出有效响应。同时在更高层级的CPS中（即系统级、SoS级），多个CPS之间通过网络平台互联（如CPS总线、智能服务平台）实现CPS之间的自组织。多个单元级CPS统一调度，编组协作，在生产与设备运行、原材料配送、订单变化之间自组织、自配置、自优化，实现生产运行效率的提升、订单需求的快速响应等；多个系统级CPS通过统一的智能服务平台连接在一起，在企业级层面实现生产运营能力调配、企业经营高效管理、供应链变化响应等更大范围的系统自治。在自优化、自配置的过程中，大量现场运行数据及控制参数被固化在系统中，形成知识库、模型库、资源库，使得系统能够不断自我演进与学习提升，提高应对复杂环境变化的能力。

10.5.5 CPS的体系架构

随着理论研究的不断深入与使能技术的不断发展，CPS体系架构也在不断发展丰富。《信息物理系统白皮书（2017）》提出的CPS体系架构代表了我国对CPS体系架构的认识。在这个体系结构中，首先给出一个CPS最小单元体系架构，即单元级CPS体系架构，然后逐级扩展依次给出系统级和SoS级两个层级的体系架构。

（1）单元级CPS体系架构

单元级CPS是具有不可分割性的CPS最小单元，其本质是通过软件对物理实体及环境进行状态感知、计算分析，并最终控制到物理实体，构建最基本的数据自动流动的闭环，形成物理世界和信息世界的融合交互。同时，为了与外界进行交互，单元级CPS应具有通信功能。单元级CPS体系架构如图10-6所示。

物理装置主要包括人、机、物等物理实体和传感器、执行器、与外界进行交互的装置等，是物理过程的实际操作部分。物理装置通过传感器能够监测、感知外界的信号、物理条件（如光、热）或化学组成（如烟雾）等，同时经过执行器能够接收控制指令并对物理实体施加控制作用。

信息壳主要包括感知、计算、控制和通信等功能，是物理世界中物理装置与信息世界之间交互的接口。物理装置通过信息壳实现物理实体的“数字化”，信息世界可以通过信

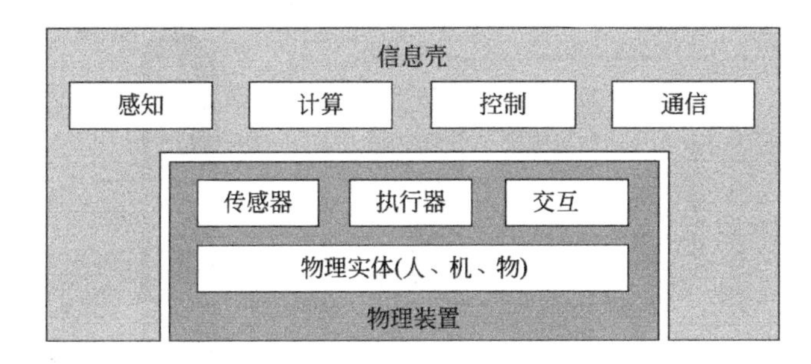

图 10-6 单元级 CPS 体系架构

息壳对物理实体“以虚控实”。信息壳是物理装置对外进行信息交互的桥梁，通过信息壳使物理装置与信息世界联系在一起，物理空间和信息空间走向融合。

（2）系统级 CPS 体系架构

在实际运行中，任何活动都是多个人、机、物共同参与完成的，例如在制造业中，实际生产过程中数字印刷系统可能是由传送带进行传送，工业机器人进行调整，然后由智能数字印刷和连线智能裁切装订系统进行印刷与印后加工，是多个智能产品共同活动的结果，这些智能产品一起形成了一个系统。通过 CPS 总线形成的系统级 CPS 体系架构如图 10-7 所示。

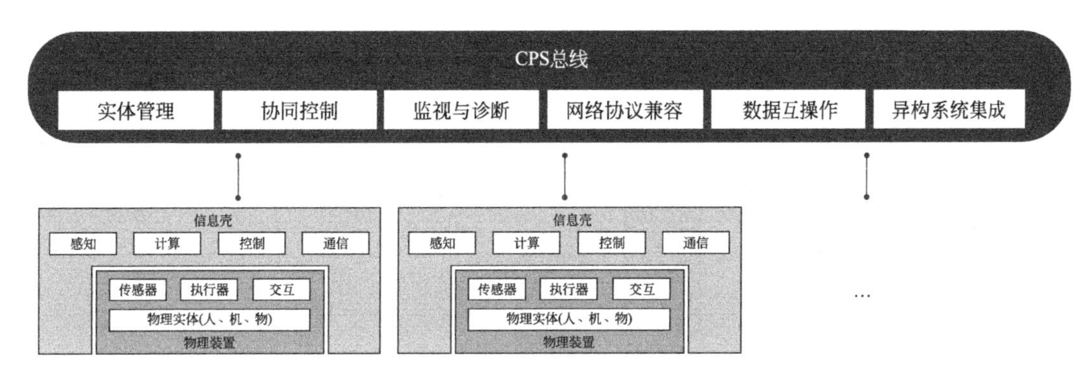

图 10-7 系统级 CPS 体系架构

多个最小单元（单元级 CPS）通过工业网络（如工业现场总线、工业以太网等），实现更大范围、更宽领域的数据自动流动，实现了多个单元级 CPS 的互联、互通和互操作，进一步提高制造资源优化配置的广度、深度和精度。系统级 CPS 基于多个单元级 CPS 的状态感知、信息交互、实时分析，实现了局部制造资源的自组织、自配置、自决策、自优化。在单元级 CPS 功能的基础上，系统级 CPS 还主要包含互联互通、即插即用、边缘网关、数据互操作、协同控制、监视与诊断等功能。其中互连互通、边缘网关和数据互操作主要实现单元级 CPS 的异构集成；即插即用主要在系统级 CPS 上实现组件管理，包括组件（单元级 CPS）的识别、配置、更新和删除等功能；协同控制是指对多个单元级 CPS 的联动和协同控制等；监视与诊断主要是对单元级 CPS 的状态实时监控和诊断。

（3）SoS 级 CPS 体系架构

多个系统级 CPS 的有机组合构成 SoS 级 CPS。例如多个工序（系统级 CPS）形成一个车间级的 CPS，或者形成整个工厂的 CPS。通过单元级 CPS 和系统级 CPS 混合形成的 SoS 级 CPS 体系架构如图 10-8 所示。

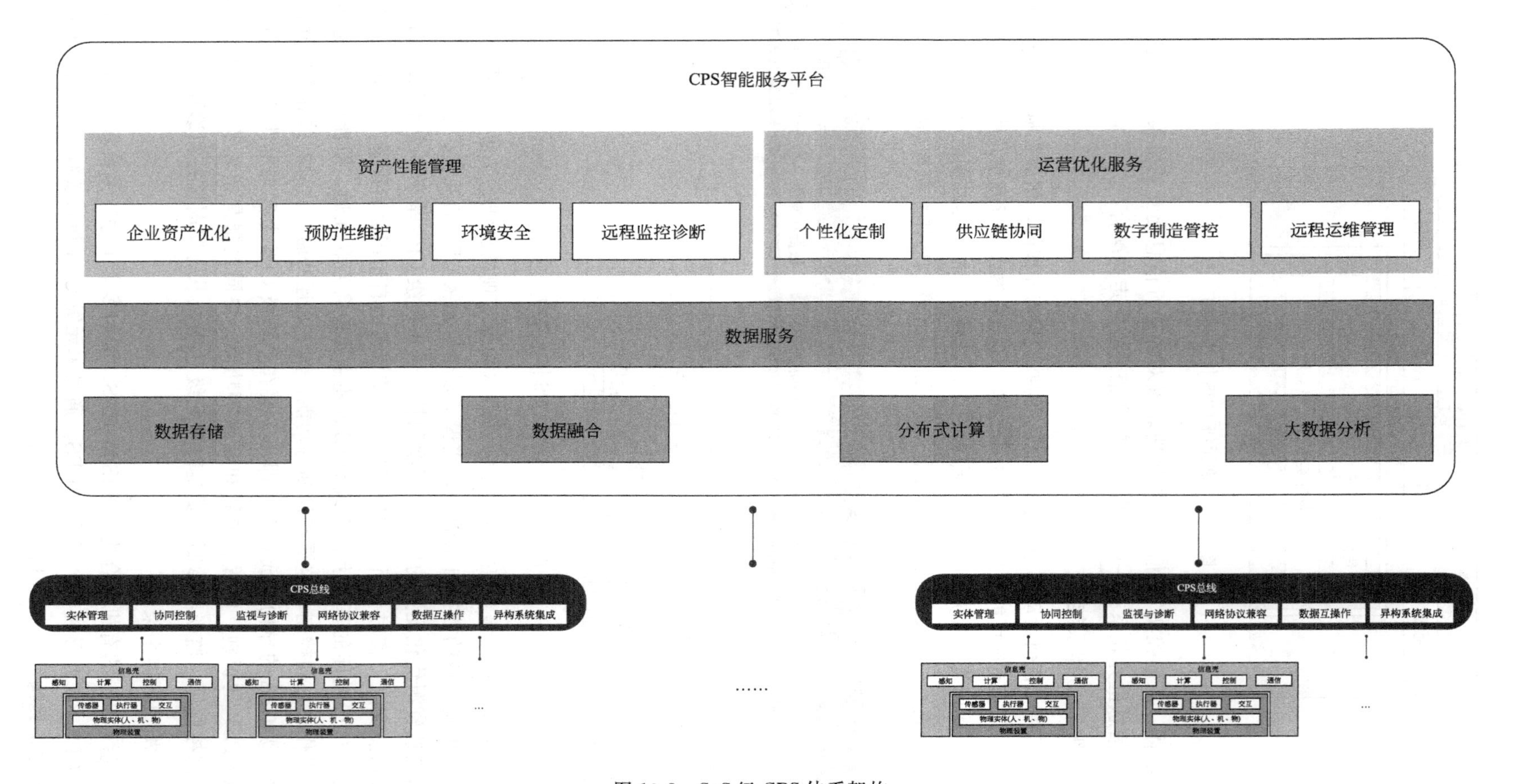

图 10-8 SoS级CPS体系架构

SoS 级 CPS 主要实现数据的汇聚，从而对内进行资产的优化和对外形成运营优化服务。其主要功能包括：数据存储、数据融合、分布式计算、大数据分析和数据服务，并在数据服务的基础上形成了资产性能管理和运营优化服务。SoS 级 CPS 可以通过大数据平台，实现跨系统、跨平台的互联、互通和互操作，促成了多源异构数据的集成、交换和共享的闭环自动流动，在全局范围内实现信息全面感知、深度分析、科学决策和精准执行。这些数据部分存储在 CPS 智能服务平台，部分分散在各组成的组件内。对于这些数据进行统一管理和融合，并具有对这些数据的分布式计算和大数据分析能力，是这些数据能够提供数据服务，有效支撑高级应用的基础。资产性能管理主要包括企业资产优化、预防性维护、工厂资产管理、环境安全和远程监控诊断等方面。运营优化服务主要包括个性化定制、供应链协同、数字制造管控和远程运维管理。通过智能服务平台的数据服务，能够对 CPS 内的每一个组成部分进行操控，对各组成部分状态数据进行获取，对多个组成部分协同进行优化，达到资产和资源的优化配置和运行。

第 11 章

XJDF 数据标准

交换作业定义格式（exchange job definition format，XJDF），是 CIP4 组织面向智能化印刷制造新的要求而开发的 JDF 数据标准的迭代版本。从 JDF 2.x 版本开始，JDF 标准的名称更名为 XJDF。

JDF 数据标准的发展，源于对 CIP4 组织的前身 CIP3 开发的 PPF 数据格式的改进。在 JDF 版本发布到 1.4 时，就开始讨论了 JDF 第二代版本的研发。直到 2018 年，XJDF 作为 JDF 的第一个主要更新版本 JDF 2.0 得到发布，2020 年 8 月发布 JDF 2.1 版本。值得注意的是，XJDF 与 JDF 是两个平行的技术路线，在推进 XJDF 标准发展的同时，JDF1.x 的标准并没有停止更新。CIP4 在发布 JDF 2.1 的同时，也发布了 JDF 1.7 版本。

11.1 XJDF 标准概述

XJDF 相对于 JDF 数据标准，是基于不同的设计原则的。图 11-1 示意了兼容 JDF 的系统内 JDF 覆盖的范围。JDF1.x 是基于一个完整的电子作业传票的思想，将整个作业建模为一个大的“作业传票”。JDF 将所有的生产数据都保存在一个非常复杂而庞大的 JDF 文档中，即描述产品需求的产品节点，基于生产者角度的过程组节点和可用于具体设备执行的、包含具体生产参数的过程节点都在其中。因此，在兼容 JDF 的系统内，其内部数据也是基于 JDF 的数据模型进行工作。在加工执行时，需要将过程节点从 JDF 文档中先分裂出来，然后发送到设备上去执行；执行后，被进一步完善过的 JDF 文档又要合并回原本的那个 JDF 文档中。

分析 JDF 的执行过程，不难发现，“JDF 作为设备间信息通信的数据格式”是实现印刷制造系统集成优化的重要基础。而其他的功能，例如在设备内部也使用 JDF 标准进行信息的存储就显得有些冗余了，也使得系统内信息存储不能使用通用的数据存储方式进行高效的信息存储与处理。

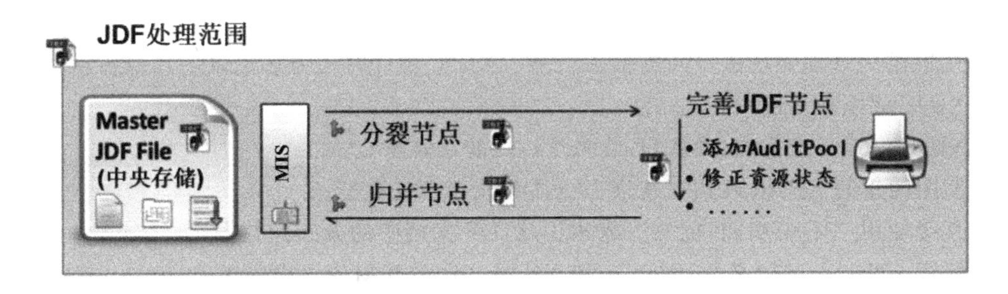

图 11-1　兼容 JDF 的系统内 JDF 覆盖的范围

XJDF 则不再试图将整个作业建模为一个大的“作业传票”，而是专注于定义两个应用程序之间信息交换的数据格式，在应用程序的内部数据则可以不基于 XJDF 的数据模型。图 11-2 示意了兼容 XJDF 的系统内 JDF 覆盖的范围。

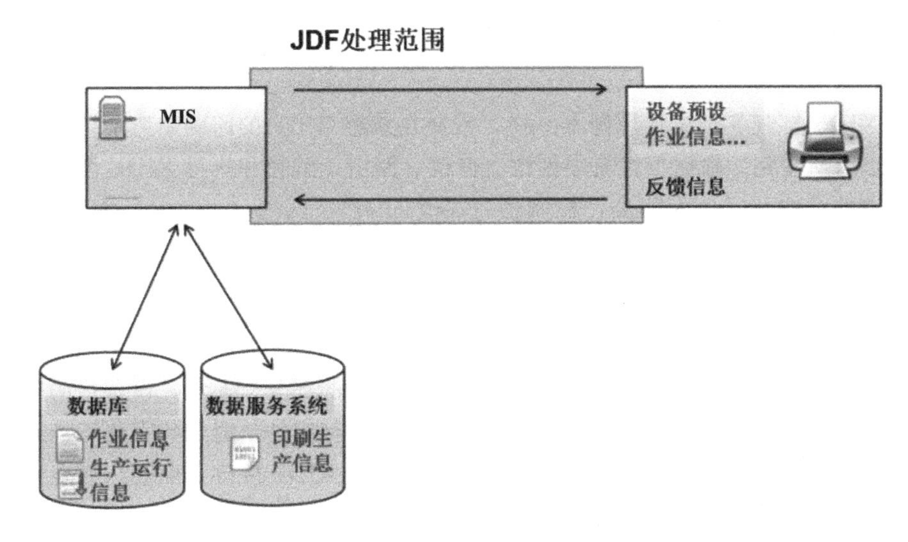

图 11-2　兼容 XJDF 的系统内 JDF 覆盖的范围

显然，XJDF 被设计成一个纯粹的信息交换接口，描述了管理应用程序（例如 MIS、MES 或印前工作流程系统等）和执行指令的应用程序之间的接口。XJDF 提供了一种根据最终要生产的产品以及生产这些产品所需的工序来描述印刷作业的方法，提供了一种语法来显式说明各工序的具体细节（这些细节可能特定于执行这一工序操作的设备），而不是包含在整个大的 JDF 文档中的过程节点。也就是说，单个 XJDF 文档描述了关于从“控制器”传输到“设备驱动”的作业或工序过程的信息。因此，每个 XJDF 作业传票指定了两个应用程序之间的一个处理事务，单个作业根据执行的需要可被建模为一个或多个 XJDF 处理事务。

为了在基于 XJDF 的工作流中提供其各生产组件与控制器（如 MIS 系统）间的通信方法，CIP4 设计了交换作业信息格式（exchange job messaging format，XJMF）。XJMF 使 MIS 和其他控制器能够从设备或其他控制器接收到有关作业和设备的状态信息。

XJDF 的这种设计原则，与 JDF 相比，大大降低了信息定义和生产执行的复杂性。这种复杂性的降低，可促使印刷制造系统中设备和应用程序更快、更简单和更好地集成，为集成化智能印刷系统的实现提供了更简易的信息集成方法。

为了能够更好地实现接口间的信息交换，XJDF设计时还考虑了以下几点需求：

- XJDF应该易于使用；
- XJDF应该与最新的XML工具兼容，以简化开发；
- 使用简单的XPath表达式来索引XJDF文档内的数据；
- 直接使用“ID-IDREF值对”来索引XJDF文档中的分布式数据；
- 保留JDF1.x的语义，JDF1.x和XJDF之间的映射应该很简单；
- 使用“XML Schema”而不是专有数据结构来描述“设备功能”；
- 可以容易地描述已提交作业的修改变更。

上述的这些需求，导致了XJDF相对与JDF标准进行了一些重要的修改，这些修改在语法上不向后兼容，但是可以使用支持JDF1.x的中间件轻松地进行转换。

11.2 兼容XJDF的系统功能组件

由于XJDF与JDF的设计原则不一样，因此在兼容XJDF的印刷制造系统中，其系统功能部件也有所变化。根据工作流中创建、修改、路由、解释和执行XJDF作业的功能分工，系统中的组件可以分为四类：控制器（controller）、队列（queue）、设备驱动（device）和设备（machine）。在工程实践中，单个功能组件往往不会孤立存在于某个子系统中，而更多是以功能组件的混合形式存在。

（1）设备

设备是在工作流系统中被设计用来执行某工序过程的部分。通常，设备指的是一件物理设备，如印刷机或装订机，但也可以是执行计算的软件组件。对于数字化工作站，无论是通过自动批处理文件运行还是由人工控制，如果没有XJDF接口，也被认为是设备。

（2）设备驱动

设备驱动最基本的功能是执行由控制器路由来的或制定的XJDF信息。设备驱动应能够解析XJDF中给出的指令，启动并控制所属设备进行指令执行。同时，设备驱动通过支持XJMF消息通信，与控制器进行动态交互。

（3）队列

设备驱动在通过处理XJDF来完成生产时，队列提供了一种对代表XJDF进程的队列条目进行排序、优先处理和调度的方法。每个能够通过XJMF消息通信来接收XJDF的设备驱动都应该提供一个“队列”功能模块。在XJDF规范中不假设队列的实现限制。因此，一个只能处理单个队列条目而不能存储任何等待队列条目的设备驱动仍然被视为实现了一个最小的“队列”。

（4）控制器

控制器实现将XJDF信息路由到适当的设备。对控制器的最低要求是：它可以在至少一个设备驱动上启动工序的进程，或者至少一个其他从属控制器随后能在一个设备驱动上启动工序的进程。换句话说，如果控制器没有什么可控制的，那么它就不是控制器。

多个控制器可以构建成类似金字塔式的控制器层次结构，金字塔顶部的控制器控制底部的一系列级别较低的控制器。但是，金字塔中最底层的控制器应具有控制“设备驱动”的性能。显然，控制器应能与其他控制器协同工作。此外，控制器除了上述功能外，还可以确定工序进程的计划和调度数据，如加工时间和计划产量等信息。

在兼容 XJDF 的印刷制造系统中，管理信息系统（MIS）被视为级别最高的顶级控制器，负责指挥和监控工作流各个方面的执行。这可以通过使用 XJMF 消息实时地传递和访问生产信息，或者在返回的 XJDF 信息中回溯性地使用稽核记录，来方便地实现。

XJDF 虽然定义了系统中的功能部件，但并不规定必须以何种特定的方式来构造工作流。例如，在一个简单系统内，使用一个单一的控制器和设备驱动，并且设备驱动可启动一个集成印前和印后操作的、完全自动化的印刷工作流程，这在 XJDF 中都视为是可行的。

一个印刷作业通常需要多个处理步骤才能生成最终产品。那么，属于一个作业的多个“工序过程”需要从一个控制器提交到一个可控制多个“设备驱动”的工作流系统。每个“工序过程”同样是作为一个个单独的 XJDF 进行提交，也可将这些单独的 XJDF 打包在一起并作为一个或多个处理事务提交。如果接收 XJDF 的“设备驱动”需要“工序”间的相互依赖性，则可以在 XJDF 中指定此信息。否则，这些相互依赖关系应保持不透明，并由作业控制器以专有方式进行处理。

11.3　XJDF 的简化定义

XJDF 作为面向工业 4.0 的 JDF 简化版本，在 JDF1.x 标准的基础上做出了很多的简化定义。

（1）XJDF 文档的定义

XJDF 节点的处理模型与 JDF 的过程节点一样，是基于资源的生产者/消费者模型的。处理 XJDF 的设备驱动同时充当资源的生产者和消费者。

一个 XJDF 文档是根据“输入”和“输出”来定义的。XJDF 的“输入”由它使用的材料和控制它的参数组成。例如，XJDF 的“输入”描述了对小册子封面成像过程的处理参数，其中可能包括补漏白、图像光栅化处理和图像拼版的要求，则 XJDF 的“输出”可能是一个光栅化的图像。

由于专注于信息交换接口，XJDF 直接描述应用程序之间信息交换的数据格式。因此，XJDF 文档（作业传票）的结构相较于 JDF 文档要简单得多。

JDF1.x 允许在一个作业传票中以树形结构包含多个“JDF”节点（如产品节点、过程组节点和过程节点）。并且，“过程组节点”中包含多个过程节点的这种结构会导致 JDF 对于相同或相似的加工需求存在许多变化结构进行描述。

在 JDF2.x 中，XJDF 文档中则只有一个 XJDF 根元素，而不包含其他 XJDF 子节点。这意味着不会出现 JDF 加工需求描述的歧义。同时，XJDF 将应用程序间交换的作业相关的信息定义为两类，分别是“产品意图”和“工序过程”。

- 产品意图：这类信息是客户或产品设计师在不了解任何制造过程的情况下描述的所需的最终产品，不是制造过程的细节。

例程 11-1：

```
<XJDF xmlns="http://www.CIP4.org/JDFSchema_2_0" JobID="splitDelivery" Types
="Product">
  <ProductList>
    <Product Amount="30" ID="IDBook" IsRoot="true" ProductType="Book"/>
  </ProductList>
</XJDF>
```

例程 11-1 的代码描述了 30 本（Amount=" 30" ）书（ProductType=" Book" ）的产品意图（Types=" Product" ）的 XJDF 文档。从代码中可以看到，产品意图信息被编码在 ProductList 及其子元素中。

XJDF 在定义产品意图描述时，为了减少资源的重复并保持意图定义的简单性，有意识地将描述信息局限于 B2B 电子商务工作流中通常需要的产品特征描述信息，而其他的信息，如产品的物流传送信息就不在产品意图中描述，而需要在“ResourceSet”资源中进行描述，如例程 11-2 所示。

例程 11-2：

```
<XJDF xmlns="http://www.CIP4.org/JDFSchema_2_0" JobID="splitDelivery" Types
="Product">
  <ProductList>
    <Product Amount="30" ID="IDBook" IsRoot="true" ProductType="Book"/>
  </ProductList>
  <ResourceSet Name="Contact" Usage="Input">
    <Resource>
      <Part ContactType="Delivery" DropID="Drop1"/>
      <Contact>
        <Address City="city1"/>
        <Person FirstName="Name1"/>
      </Contact>
    </Resource>
    <Resource>
      <Part ContactType="Delivery" DropID="Drop2"/>
      <Contact>
        <Address City="city2"/>
        <Person FirstName="Name2"/>
      </Contact>
    </Resource>
  </ResourceSet>
  <ResourceSet Name="DeliveryParams" Usage="Input">
```

```
        <Resource>
          <Part DropID="Drop1"/>
            <DeliveryParams>
              <DropItem Amount="10" ItemRef="IDBook"/>
            </DeliveryParams>
        </Resource>
      <Resource>
        <Part DropID="Drop2"/>
          <DeliveryParams>
            <DropItem Amount="20" ItemRef="IDBook"/>
          </DeliveryParams>
        </Resource>
        </ResourceSet>
</XJDF>
```

• 工序过程：此信息是以生产的角度描述了作为印品制造过程在执行加工步骤时，“设备驱动”接收该特定工作的加工指令。

例程 11-3：

```
<XJDF xmlns="http://www.CIP4.org/JDFSchema_2_0" DescriptiveName="Single shape versus a set of sheet sizes" JobID="n_001003" JobPartID="ID234" Types="DieLayoutProduction">
    <ResourceSet ID="Shape1Up" Name="ShapeDef">
      <Resource>
        <ShapeDef>
          <FileSpec URL="file://myserver/myshare/olive.dd3"/>
        </ShapeDef>
      </Resource>
    </ResourceSet>
    <ResourceSet Name="DieLayoutProductionParams" Usage="Input">
      <Resource>
        <DieLayoutProductionParams>
            <ConvertingConfig SheetHeightMax="2267.72" SheetHeightMin="2267.72" SheetWidthMax="2834.64" SheetWidthMin="2834.64"/>
            <ConvertingConfig SheetHeightMax="2834.64" SheetHeightMin="2834.64" SheetWidthMax="3401.57" SheetWidthMin="3401.57"/>
          <RepeatDesc AllowedRotate="None" GutterY="20" GutterY2="40" GutterX="36" GutterX2="70" LayoutStyle="Reverse2ndRow" ShapeDefRef="Shape1Up"/>
        </DieLayoutProductionParams>
```

```
    </Resource>
  </ResourceSet>
  <ResourceSet Name="DieLayout" Usage="Output"/>
</XJDF>
```

例程 11-3 的代码描述了模切时对于给定的承印物进行一个或多个结构的布局设计（Types=" DieLayoutProduction" ）。该过程可由人工操作员使用 CAD 应用程序执行，也可以是一个自动的过程。具体的加工指令信息编码在 ResourceSet 及其子元素中。“ShapeDef”资源使用 ID 号为“Shape1Up”的外部文件（FileSpec）描述平面的结构设计，其路径描述不同的印后加工操作，如裁切、压痕、穿孔等[如图 11-3(a)]。“DieLayoutProductionParams”资源作为工序过程的输入资源，描述了用于优化布局的印张尺寸范围（2267.72×2834.64、2834.64×3401.57）。“RepeatDesc”元素描述对“ShapeDef”指向的图形（ShapeDefRef=" Shape1Up" ）进行如图 11-3（b）所示的布局。其中，第（2n+0）和第（2n+1）行的间距为 GutterY 属性值，第（2n+1）和第（2n+2）行的间距为 GutterY2 属性值；未指定 GutterY2 时默认 GutterY2 与 GutterY 属性值相同。同样，第（2n+0）和第（2n+1）列的间距为 GutterX 属性值，第（2n+1）和第（2n+2）列的间距为 GutterX2 属性值，未指定 GutterX2 时默认 GutterX2 与 GutterX 属性值相同。如果未指定这些属性时，其值均默认为 0。从代码中可以看到，工序过程信息被编码在 ResourceSet 及其子元素中。

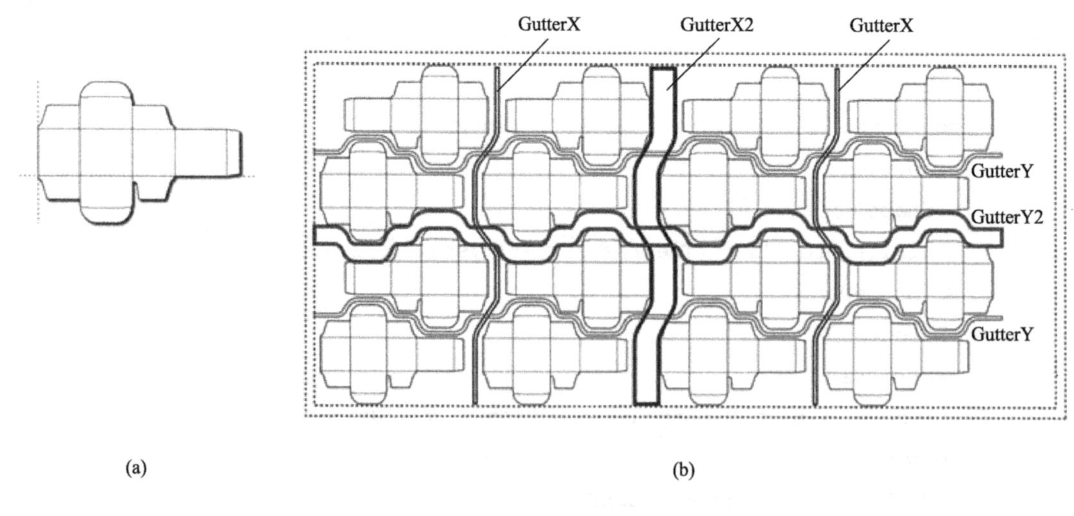

图 11-3 模切版式结构设计示意图

在兼容 XJDF 的集成化智能印刷系统中，管理信息系统（MIS）等控制器应评估产品意图，并将设备驱动执行工序过程所需要的所有处理指令作为 ResourceSet 元素进行提供。有时，我们也会向设备驱动发送产品意图信息，这不是要求设备驱动通过评估产品意图来推断出处理指令，而是通过客户作业信息向操作员提供工序过程上下文的信息。

（2）删除了“资源链接”

在 XJDF 系统中，工序流程中各工序的相互依赖关系主要由控制器来进行管理，

XJDF 仅需描述“设备驱动”资源的输入与输出，而不需要提供在单个 XJDF 中描述工作流程网络的机制。因此，JDF 中的资源链接“ResourceLink”就无须在 XJDF 中存在。

（3）删除了“节点的分裂与合并”执行机制

由于在 XJDF 中，一个作业可以被建模为一组处理事务，因此 XJDF 文档描述的就是工序执行控制器间的处理事务。XJDF 不再嵌套，XJDF 文档（作业传票）中只有一个 XJDF 元素。可以向控制器发送多个 XJDF，每个 XJDF 具有不同的“JobPartId”属性，以指定多个单独的任务。

因此，XJDF 文档在执行时，不需要对 XJDF 节点进行分裂操作而获得设备驱动的控制参数；同理，XJDF 节点也就不存在合并操作的需求。这样，使得 XJDF 数据的生产执行过程得到了极大的简化。

（4）XJDF 与 XML 标准工具更加兼容

自 21 世纪初以来，XML 以及与 XML 相关的工具和技术（如 XPath、XSL 转换、Schema、类生成器等）都有了显著的发展。在 JDF1.x 中，尽管 JDF 与 XML 兼容，但事实证明在有些方面很难使用 XML 的标准工具来实现。例如，JDF1.x 允许对兄弟元素进行任意排序，这对 JDF 文档的编写者来说很方便，但会降低 XML Schema 验证的质量，因为无法对无序元素正确执行基数。因此，XJDF 通常要求同辈元素按照元素定义时指定的顺序排序的，一般来说，元素的顺序是按元素名的字母升序进行排序的，如有不按照字母排序的例外情况，则会在 XJDF 规范说明书中明确指出。

（5）去掉冗余的消息族类型

XJDF 标准在 JDF 定义的 JMF 消息族的 6 个消息类型的基础上删除了两个冗余的消息类型：注册（Registration）和确认（Acknowledge）。

“注册”消息，即向注册接收者发出的，要求向注册消息中订阅元素指定的命令接收者发送命令消息的请求。在 XJDF 标准中，“注册”消息通过“命令”消息替换为嵌入式订阅。“确认”消息，即异步响应，本质上属于“响应”消息。

因此，XJMF 消息族简化后共有四类消息类型：查询（Query）、命令（ Command）、信号（Signal ）和响应（Response）。在 XJDF 系统中，通过 XJMF 消息通信，提供了动态同步操作控制器与设备驱动的方法。

11.4　XJDF 的产品意图定义

XJDF 在描述产品意图时，是将产品意图信息被编码在 ProductList 及其子元素中。具体来说，是将 Product 元素作为 ProductList 元素的子元素；进一步详细的产品意图可通过 Product 元素的子元素 Intent 元素作为各类产品意图（ProductIntent）元素的容器进行描述。XJDF 定义了不同类别的产品意图（见表 11-1）。Intent 元素在包含某个类别的产品意图时，Intent 元素的 Name 属性值即为对应的产品意图类别名。同时，Product 元素不能包含具有相同 Name 属性值的 Intent 元素。也就是说，不定义具体的产品意图时，Product 元素可不包含 Intent 元素；当需要定义时，产品的每个产品意图类别是一个 Intent 元素。

表 11-1 XJDF 定义的产品意图类别

产品意图的类别	描述的产品意图
AssemblingIntent	描述通过组合部件组装形成复合组件的产品，描述产品组装时各个子产品的页面定位、位置和组装方式等
BindingIntent	描述产品的装订信息，指明说定的形式和装订的哪一侧等信息
ColorIntent	描述产品的颜色和上光的信息
ContentCheckIntent	描述产品的印前打样和“预飞”的需求
EmbossingIntent	描述产品的模压和/或烫金的意图，通过信息说明产品是模压还是烫金，如有需要，还可说明受影响区域的复杂性
FoldingIntent	描述产品的直线折页、压痕和打排孔等需求
HoleMakingIntent	描述产品的打孔需求
LaminatingIntent	描述产品的表面承压处理需求
LayoutIntent	描述产品组件的成品页大小
MediaIntent	描述产品需要的介质(承印物)
ProductionIntent	描述产品的制造意图和注意事项，通过信息说明期望结果或指定制造路径的信息
ShapeCuttingIntent	描述不规则形状产品的印后处理，包括模切和在信封上添加窗口
VariableIntent	描述可变印刷品(如彩票或直邮)的可变内容

如果需要具有不同意图描述的多个产品部件，则应将每个产品部件定义为单独的 Product 元素产品。ProductList 元素在描述多个部件组成的产品时，是将最终产品和产品各部件分别定义为一个 Product 元素。并通过 Product 元素的 IsRoot 属性指示是否是部件还是最终产品。IsRoot 属性值为“true”时，该 Product 元素定义的就是最终产品；IsRoot 属性值为“false”时，该 Product 元素定义的则是产品的部件。

例程 11-4 的代码描述了具有多个产品部件的“信封”生产意图。

例程 11-4：

```
< ProductList >
    < Product Amount = "10" IsRoot = "true" ProductType = "FilledEnvelope" >
      < Intent Name = "AssemblingIntent" >
        < AssemblingIntent Container = "ID_Envelope" >
          < BlowIn ChildRef = "ID_Letter" />
        </ AssemblingIntent >
      </ Intent >
    </ Product >
    < Product Amount = "1" ExternalID = "MISID_Envelope" ID = "ID_Envelope" Is-
Root = "false" ProductType = "Envelope" />
    < Product Amount = "1" ID = "ID_Letter" IsRoot = "false" ProductType = "Letter" />
    </ ProductList >
```

在该示例中，共定义了三个 Product 元素。其中，有两个产品部件 IsRoot = "false"，分别是 ID 属性为“ID _ Envelope”的信封部件和“ID _ Letter”的信件部件，最终产品则是 ProductType 属性值为“FilledEnvelope”的 Product 元素。

在最终产品的 Product 元素中，包含了 Name 属性值为“AssemblingIntent”的 Intent 子元素，来定义产品部件的组装构成意图。AssemblingIntent 元素的 Container 属性值通过 ID 引用，指明了“ID _ Envelope”的信封部件是“容器”；带有 ChildRef 属性值为“ID _ Letter”的 BlowIn 元素描述了信件部件松散地插入信封部件中。由于两个部件的 Product 元素的 Amount 属性值都是“1”，因此，信封部件与信件部件的组合是 1 对 1 的组装。而最终产品的 Product 元素的 Amount 属性值都是“10”，则是说明最终是需要生产出 10 个产品。

值得注意的是，印刷生产中常见的各部件组装方式除了松散组装外，有通过胶黏或书钉等方式进行紧密的黏合组装。在这种黏合组装中，则需要使用 BindIn 元素作为 AssemblingIntent 的子元素来描述产品的组装意图。

11.5 XJDF 的工序过程定义

XJDF 定义的“工序过程”，是假定由单一用途的设备驱动执行的单个工作流步骤。基于“工序-资源的生产与消耗”建模，XJDF 工序过程通过带有 Usage 属性值为“Input””Output”的 ResourceSet 元素来描述其输入和输出资源［物理实体（如纸张）或逻辑实体（如流程参数）］，从而实现对工序过程的定义。

XJDF 定义的工序过程有三类：通用工序过程（general processes）、工艺工序过程（processes）和组合工序过程（combined processes）。

XJDF 将可以在整个工作流中进行的工序过程定义为“通用工序过程”。这些“通用工序过程”有：审批（Approval）、传送（Delivery）、手工操作（ManualLabor）、质量控制（QualityControl）和审核（Verification）。

- 审批：描述工作流中各个步骤的审批过程，例如签样过程，就是一个审批工序过程。
- 传送：描述最终产品和某资源的传送操作。
- 手工操作：描述手动处理资源的任何工序。
- 质量控制：描述某个工序过程的质量控制的组织方式和频率。
- 审核：描述用于确认一个工序过程已被完全执行的核实环节。

“工艺工序过程”定义了印刷生产过程中单个的原子工艺过程。在 XJDF 中，共定义了 65 个“工艺工序过程”，其中印前 23 个、印刷 3 个，印后 39 个。

“组合工序过程”定义了由多个单用途功能的控制器和设备驱动组合而成的、制造系统可执行的组合工序过程。其最大的特点是包含了多个“通用工序过程”或“工艺工序过程”，且它们的流程控制无需操作人员处理。例如，数字印刷机就可以执行一个“组合工序过程”，它包含了三个“工艺工序过程”：解释（Interpreting）、渲染（Rendering）和数字印刷（DigitalPrinting）。

每个 XJDF 都应包含一个 Types 属性。当 XJDF 定义的是通用工序过程和工艺工序过程时，Types属性值对应工序过程名称。当定义的是组合工序过程时，Types属性值为其包含的每个工序过程的有序列表，即Types属性值中工序过程名称的顺序指定了其执行顺序。如果工序过程执行顺序对最终产品结果无影响，则设备可能会改变Types属性中给出的工序过程执行顺序，如例程11-5所示。

例程11-5：

```
<XJDF xmlns="http://www.CIP4.org/JDFSchema_2_0"  JobID="CombinedExample"
    Types="Interpreting Rendering DigitalPrinting">
</XJDF>
```

ResourceSet元素描述了逻辑上分组在一起的一个或多个资源元素。在“组合工序过程”定义时，则可以通过CombinedProcessIndex属性来指定ResourceSet元素与各“工序过程”的归属关系。

例程11-6：

```
<XJDF xmlns="http://www.CIP4.org/JDFSchema_2_0" JobID="CPI_Example"
Types="Cutting Folding">
    <ResourceSet CombinedProcessIndex="0" Name="NodeInfo" Usage="Input">
      <Resource>
        <NodeInfo Start="2020-03-01T13:00:00+01:00"/>
          </Resource>
    </ResourceSet>
    <ResourceSet CombinedProcessIndex="1" Name="NodeInfo" Usage="Input">
          <Resource>
            <NodeInfo Start="2020-03-01T17:00:00+01:00"/>
          </Resource>
    </ResourceSet>
    <ResourceSet Name="CuttingParams" Usage="Input">
          <Resource/>
    </ResourceSet>
    <ResourceSet Name="FoldingParams" Usage="Input">
          <Resource/>
    </ResourceSet>
</XJDF>
```

例程11-6显示了如何在包含裁切和折页的印后组合工序过程中利用ResourceSet的CombinedProcessIndex属性来区分信息。带有CombinedProcessIndex=“0”属性的NodeInfo适用于XJDF的Types属性值中的第一个“工序过程”，即裁切；CombinedProcessIndex=“1”属性的NodeInfo则适用于XJDF的Types属性值中的第二个“工序过程”，即折页。

值得注意的是，因为 CuttingParams 是唯一链接到裁切工序过程（裁切工程过程的输入资源）的，而 FoldingParams 也是唯一链接到折页工序过程（折页工程过程的输入资源）的，所以无需为这些资源指定 CombinedProcessIndex 属性。

在组合工序过程中，其内部存在的由一个工序过程生成并立即由下一个工序过程使用的资源，XJDF 称其为互换资源（Exchange ResourceSet），如图 11-4 所示。对于这类资源，在 XJDF 中是无需描述的。因为，任何这样的资源都可以完全在接收它们的设备驱动的控制之下。例如，数字印刷机中裁切工序过程的输出资源会作为折页过程的输入资源，就不需要在 XJDF 中显式指定。

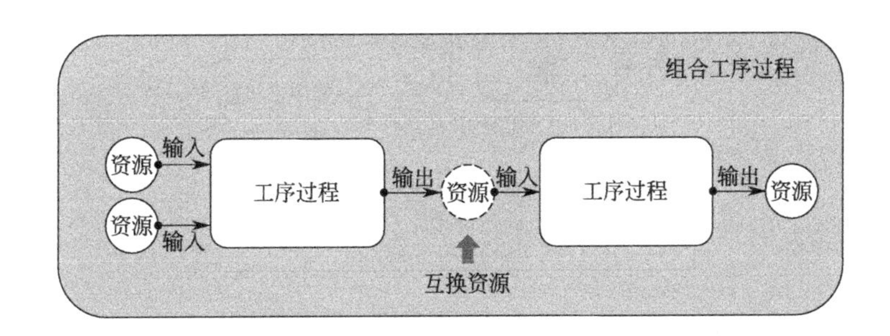

图 11-4　组合工序过程中的互换资源

“工序过程”被执行后，XJDF 通过 AuditPool 元素来稽核（记录）“工序过程”的执行结果；AuditPool 内的条目是按时间顺序排列的，最后一个条目表示最新的条目。“稽核”在概念上与消息通信中反馈状态信息的“信号（signal ）消息”非常相似。但“信号消息”记录“工序过程”或“设备驱动”的当前状态，而“稽核”则在单个“工序过程”执行期间的较长时间内总结该“设备驱动”的状态。因此，在返回的 XJDF 中，“稽核”综合了特定时间段内多个“信号消息”的结果。“特定时间段”是同时具有相同的“JobPhase/@Status 和 JobPhase/@StatusDetails”属性的工作阶段。因此，不需要将诸如速度之类的微小变化记录为单独的稽核，尽管它们在各自的“信号消息”中的值可能略有变化。AuditPool 元素记录与表 11-2 中描述的情况相关的任何事件。

表 11-2　XJDF 定义的产品意图类别

产品意图的类别	说明
AuditCreated	此元素允许记录 XJDF 的创建
AuditNotification	描述有关处理过程中发生的单个事件的信息
AuditProcessRun	概括工作步骤的一次执行
AuditResource	描述在执行 XJDF 期间资源的使用情况或修改资源的预期使用情况
AuditStatus	描述包含有关任何工序流程从执行的开始到结束时间内各状态的稽核信息。图 11-5 展示了工序流程在其执行阶段可能经历的不同状态

例程 11-7 描述了记录承印介质克重和数量的修改。修改前的 XJDF 文档要求 400 份 80 克的介质，修改后的 XJDF 指定使用 421 份 90 克介质。

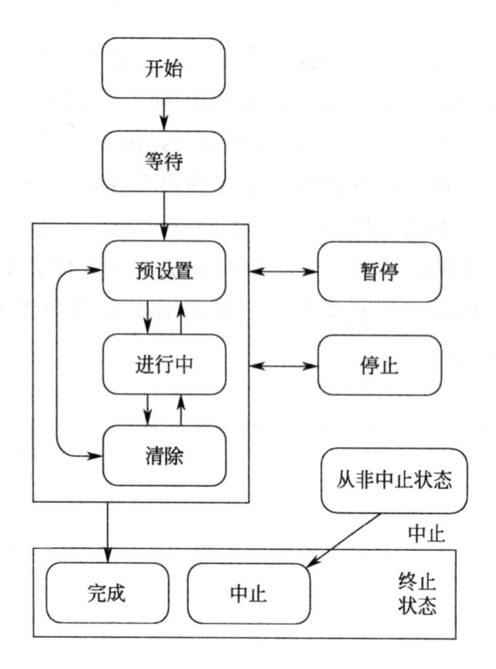

图 11-5 工艺过程和队列条目在生命周期中的状态

例程 11-7：

```
<XJDF xmlns="http://www.CIP4.org/JDFSchema_2_0" JobID="PaperAudit" Types
="ConventionalPrinting">
    <AuditPool>
      <AuditCreated>
        <Header AgentName="Writer" AgentVersion="V_2.0" DeviceID="Test-
Sender" Time="2020-03-01T19:55:57+01:00"/>
      </AuditCreated>
      <AuditResource>
        <Header AgentName="Writer" AgentVersion="V_2.0" DeviceID="Test-
Sender" Time="2020-03-01T19:55:57+01:00"/>
          <ResourceInfo>
            <ResourceSet Name="Component" Usage="Input">
              <Resource>
                <AmountPool>
                  <PartAmount Amount="400" Waste="21"/>
                </AmountPool>
                <Part SheetName="S1"/>
                <Component/>
              </Resource>
            </ResourceSet>
```

```
        </ResourceInfo>
      </AuditResource>
      <AuditResource>
          <Header AgentName="Writer" AgentVersion="V_2.0" DeviceID="
TestSender" Time="2020-03-01T19:55:57+01:00"/>
          <ResourceInfo>
            <ResourceSet Name="Media">
            <Resource>
              <Media MediaType="Paper" Weight="90"/>
            </Resource>
          </ResourceSet>
        </ResourceInfo>
      </AuditResource>
    </AuditPool>
    <ResourceSet Name="Media">
      <Resource ID="r_000007">
        <Part SheetName="S1"/>
        <Media MediaType="Paper" Weight="80"/>
      </Resource>
    </ResourceSet>
    <ResourceSet Name="Component" Usage="Input">
      <Resource>
        <AmountPool>
          <PartAmount Amount="400"/>
        </AmountPool>
        <Part SheetName="S1"/>
        <Component MediaRef="r_000007"/>
      </Resource>
    </ResourceSet>
</XJDF>
```

11.6 XJMF 的消息定义

工作流是一组动态的交互控制器和设备驱动。为了使工作流高效运行，XJDF 定义了使用 XJMF 消息来进行控制器和设备驱动间的通信和交互。典型的消息通信应用场景有：

- 系统的引导和设置；
- 作业和设备驱动的动态状态、资源使用和错误的跟踪；
- 管道控制；

- 设备驱动设置和作业更改；
- 队列处理和作业提交。

XJMF消息族定义了四种消息类型：查询（Query）、命令（Command）、信号（Signal）和响应（Response）。查询消息要从其接收方取回信息，而不改变接收方的状态。命令消息在语法上等同于查询消息，但它不是简单地取回信息，而是导致其接收方状态更改的消息。信号消息通常是从设备驱动发送到控制器的消息，每当订阅中指定的条件为真时，具有订阅的查询信息的接收者应异步发送信号消息。响应消息是接收方同步发送给发送方的消息，作为对消息的响应。值得注意的是，“响应消息”中的数据与“信号消息”中的数据非常相似。唯一的区别是“响应消息”是HTTP同步请求响应。

XJMF消息族的数据结构，都遵循了相同的数据结构。XJMF消息有且仅有一个XJMF元素作为根元素。XJMF元素的子元素有提供消息发送者信息的Header元素和描述具体消息内容的“消息元素”。“消息元素”可以是XJMF定义的（见表11-3），也可以由用户定义私有的“消息元素”。

表11-3 XJMF定义的“消息元素”

消息元素	说明	消息元素	说明
CommandForceGang ResponseForceGang	强制执行所有选定的队列条目组中Status属性值为“Waiting”的queueEntry元素	CommandRequestQueueEntry ResponseRequestQueueEntry	设备驱动请求新作业。此消息用于表示设备驱动具有可用的处理资源
QueryGangStatus ResponseGangStatus SignalGangStatus	询问队列条目组的状态	CommandResource QueryResource ResponseResource SignalResource	查询和/或修改设备驱动使用的XJDF资源，例如设备驱动的设置。此消息还可用于查询设备驱动中耗材的消耗程度
QueryKnownDevices ResponseKnownDevices SignalKnownDevices	返回有关由控制器控制的设备驱动的信息	CommandResubmitQueueEntry ResponseResubmitQueueEntry	更换队列条目而不影响该条目的参数。例如，CommandResubmitQueueEntry用于对已提交的XJDF进行后期更改
QueryKnownMessages ResponseKnownMessages	返回控制器支持的所有消息通信列表	CommandReturnQueueEntry ResponseReturnQueueEntry	将已使用SubmitQueueEntry提交的作业返回给最初提交该作业的控制器
QueryKnownSubscriptions ResponseKnownSubscriptions SignalKnownSubscriptions	返回持续活跃的通道列表	CommandShutDown ResponseShutDown	关闭设备驱动
CommandModifyQueueEntry ResponseModifyQueueEntry	修改一个或多个QueueEntry元素的属性	QueryStatus ResponseStatus SignalStatus	查询或发送设备驱动、控制器或作业的常规状态

续表

消息元素	说明	消息元素	说明
QueryNotification ResponseNotification SignalNotification	由于设备驱动、操作员等的任何活动发出的事件信号消息。QueryNotification 中允许订阅 SignalNotification 消息	CommandStopPersistentChannel ResponseStopPersistentChannel	关闭一个持久通道
CommandPipeControl ResponsePipeControl	实现与管道相关的控制	CommandSubmitQueueEntry ResponseSubmitQueueEntry	将 XJDF 提交到队列以便执行
QueryQueueStatus ResponseQueueStatus SignalQueueStatus	返回描述队列或队列集信息的 Queue 元素	CommandWakeUp ResponseWakeUp	唤醒处于待机模式的设备驱动

例程 11-8 是一个控制器响应 KnownDevices 查询消息请求有关控制的设备驱动的响应消息。从代码中可以看出，ResponseKnownDevices 元素里列出由该控制器控制的两个 ID 号分别为“dev1”（DeviceID=" dev1" ）和“dev2”（DeviceID=" dev2" ）的设备驱动。同时，XJMFURL 属性给出了两个设备驱动的 XJMF 通信处理器的 URL 地址。

例程 11-8：

```
<XJMF xmlns="http://www.CIP4.org/JDFSchema_2_0">
    <Header DeviceID="VeggieController" ID="l_000002" Time="2020-03-01T19:56:15.072+01:00"/>
    <ResponseKnownDevices ReturnCode="0">
        <Header DeviceID="VeggieController" ID="R1" Time="2020-03-01T19:56:15.110+01:00" refID="Q1"/>
        <Device DeviceID="dev1" DeviceType="Press V16-12" XJMFURL="http://acme-potato1:1234/xjmfurl"/>
        <Device DeviceID="dev2" DeviceType="Press V42-66" XJMFURL="http://acme-turnip1:1234/xjmfurl"/>
    </ResponseKnownDevices>
</XJMF>
```

例程 11-9 是一个控制器响应 KnownMessages 查询消息请求设备驱动支持的消息类型的响应消息。在该响应消息中，一个 MessageService 元素指示了一个支持的消息类型。MessageService 元素的 Type 属性值指明了具体的消息内容（消息元素名），ResponseModes 属性值指明了查询消息接收者回复时支持的同步响应消息或信号消息的通道模式，其属性值可以有“FireAndForget”“Reliable”“Response”。FireAndForget 说明对消息的响应是以持久的、“Fire-And-Forget”模式的信号消息信道来实现的，且响应的信号消息带有 ChannelMode=“FireAndForget”的属性。Reliable 说明对消息的响应是以持久的、“Reliable”模式的信号消息信道来实现的，且响应的信号消息带有 ChannelMode=“Reliable”的属性。“Response”说明对消息的响应是以同步的响应消息来实现的。

例程 11-9：

```
<XJMF xmlns="http://www.CIP4.org/JDFSchema_2_0">
    <Header DeviceID="DeviceID" ID="1_000002" Time="2019-03-26T14:07:48.241+00:00"/>
      <ResponseKnownMessages ReturnCode="0">
        <Header DeviceID="DeviceID" ID="R1" Time="2019-03-26T14:07:48.242+00:00" refID="Q1"/>
        <MessageService ResponseModes="Response" Type="QueryKnownMessages"/>
        <MessageService ResponseModes="FireAndForget Reliable" Type="QueryStatus"/>
        <MessageService Type="CommandSubmitQueueEntry"/>
        <MessageService Type="ResponseReturnQueueEntry"/>
      </ResponseKnownMessages>
</XJMF>
```

例程 11-10 给出的命令消息和响应消息，完成了对队列条目参数的参数修改的通信过程。其代码对带有 JobID= “j1” 属性的 QueueEntry 队列条目先前保留的参数进行了恢复操作。

例程 11-10：

```
<XJMF xmlns="http://www.CIP4.org/JDFSchema_2_0">
    <Header DeviceID="TestSender" ID="1_000002" Time="2019-03-26T14:07:48.342+00:00"/>
    <CommandModifyQueueEntry>
      <Header DeviceID="TestSender" ID="C1" Time="2019-03-26T14:07:48.342+00:00"/>
      <ModifyQueueEntryParams Operation="Resume">
        <QueueFilter JobID="j1"/>
      </ModifyQueueEntryParams>
      </CommandModifyQueueEntry>
</XJMF>

<XJMF xmlns="http://www.CIP4.org/JDFSchema_2_0">
    <Header DeviceID="DeviceID" ID="1_000002" Time="2019-03-26T14:07:48.601+00:00"/>
    <ResponseModifyQueueEntry ReturnCode="0">
      <Header DeviceID="DeviceID" ID="R1" Time="2019-03-26T14:07:48.601+00:00" refID="C1"/>
      <QueueEntry Activation="Active" JobID="j1" QueueEntryID="QE1" Status="Waiting"/>
```

```
    </ResponseModifyQueueEntry>
</XJMF>
```

11.7 XJDF 可扩展性

XJDF 中，定义了各类标准的工序过程、资源，以及各类相关的参数。然而，软件与设备提供商可能会根据具体的技术革新进行个性化功能定制，所以在 XJDF 定义相关信息时需要使用非标准的参数，这就需要对 XJDF 进行扩展。

XJDF 是基于 XML 的，而 XML 语法中的“命名空间”为私有数据的定义提供了可行的实现方案，即在命名空间声明一个标识前缀（xmlns：前缀＝“URI”）。私有数据由前缀和名称组成，且由一个冒号（:）分隔。

（1）工序过程的扩展

如果某设备供应商提供一个既不是某个 XJDF 标准的“工序过程”，也不是多个标准“工序过程”的组合。那么，就可以利用 XJDF 的工序过程扩展机制创建一个私有“工序过程”。在 Types 属性值内容中，定义的私有“工序过程”由前缀和名称组成，且由一个冒号（:）分隔。例程 11-11 是一个私有“工序过程”的定义与使用的示例。

例程 11-11：

```
<XJDF xmlns="http://www.CIP4.org/JDFSchema_2_0" JobID="IntentExtension"
Types="foo:FooMaking"  xmlns:foo="http://www.foo.org">
</XJDF>
```

（2）资源的扩展

除了 XJDF 标准定义的资源外，还可以通过命名空间来扩展标准没有定义的私有资源。例如：新类型的私有 ResourceSet 可以通过创建一个带有专有 XML 命名空间的 Name 属性值来实现，扩展的元素应位于 ResourceSet/Resource 的子元素中。

例程 11-12：

```
<ResourceSet ID="FooParams_000004" Name="foo:FooParams" Usage="Input"
xmlns:foo="http://www.foo.org">
    <Resource ID="FooParams_000004.1">
      <Part Run="R1"/>
      <foo:FooParams FooAtt="FooVal"/>
    </Resource>
</ResourceSet>
```

（3）XJMF 的扩展

在 XJMF 文档中，当 XJMF 根元素下的“消息元素”使用私有的“消息元素”时，同样可通过命名空间的方式进行私有的“消息元素”的使用。例程 11-13 展示了在 XJMF 中使用一对私有的“消息元素”：foo：QueryBar（询问消息）和 foo：ResponseBar（响应消息）。

例程 11-13：

```
<XJMF xmlns="http://www.CIP4.org/JDFSchema_2_0" xmlns:foo="www.foo.org">
    <Header DeviceID="TestSender" ID="l_000002" Time="2019-03-26T14:07:
48.076+00:00"/>
      <foo:QueryBar>
        <foo:BarParams BarDetails="value"/>
        <Header DeviceID="TestSender" ID="queryID" Time="2019-03-26T14:07:
48.077+00:00"/>
      </foo:QueryBar>
</XJMF>

<XJMF xmlns="http://www.CIP4.org/JDFSchema_2_0" xmlns:foo="www.foo.org">
    <Header DeviceID="TestSender" ID="l_000002" Time="2019-03-26T14:07:
48.017+00:00"/>
      <foo:ResponseBar>
        <foo:BarResonseParams BarDetails="value"/>
        <Header DeviceID="TestSender" ID="l_000003"
          Time="2019-03-26T14:07:48.017+00:00" refID="queryID"/>
      </foo:ResponseBar>
</XJMF>
```

第12章

集成化智能印刷系统建设

集成化智能印刷系统建设的本质是智能制造系统的建设。然而，智能制造是一个大概念，其内涵伴随着信息技术与制造技术的发展和融合而不断演进。在智能制造建设过程中，不同的视角分析，得到的不同阶段的“智能制造系统”的内涵会有所不同。同时，尽管智能制造的内涵在不断演进，但其所追求的根本目标是不变的：始终都是尽可能优化，以提高质量、增加效率、降低成本、增强竞争力。

本章首先阐述智能制造范式的演进，然后从智能制造的核心——CPS的建设模式讨论系统的实施，最后重点给出集成化智能印刷系统的特点和案例来阐述集成化智能印刷系统的建设。

12.1 智能制造基本范式

广义而论，智能制造是一个大概念，一个不断演进的大系统。智能制造是新一代信息技术与先进制造技术的深度融合，贯穿于产品、制造、服务全生命周期的各个环节及相应系统的优化集成中，实现制造的数字化、网络化、智能化，不断提升企业的产品质量、效益、服务水平，推动制造业创新、绿色、协调、开放、共享发展。

从系统构成的角度看，智能制造系统也始终都是由人、信息系统和物理系统协同集成的人-信息-物理系统（human-cyber-physical systems，HCPS），或者说，智能制造的实质就是设计、构建和应用各种不同用途、不同层次的HCPS。智能制造在技术演进发展中可以总结、归纳和提升出三种基本范式，即：数字化制造、数字化网络化制造和数字化网络化智能化制造。

12.1.1 数字化制造

在数字化制造出现之前，传统制造系统是由人和物理系统（如机器）两大部分组成的。其中，物理系统（physical systems）——P 是主体，工作任务是通过物理系统完成的，代替了人的大量体力劳动；而人（human）——H 则是主宰和主导，人是物理系统的创造者，同时又是物理系统的使用者，完成工作任务所需的感知、学习认知、分析决策与控制操作等均由人来完成。例如，在传统印刷机上印刷印张时，需由操作者根据加工要求，通过手眼感知、分析决策并操作墨区上的墨键控制墨斗与墨斗辊的间隙，获得合适的下墨量而完成加工任务。因此传统制造系统称为人-物理系统（human-physical systems，HPS），如图 12-1 所示。

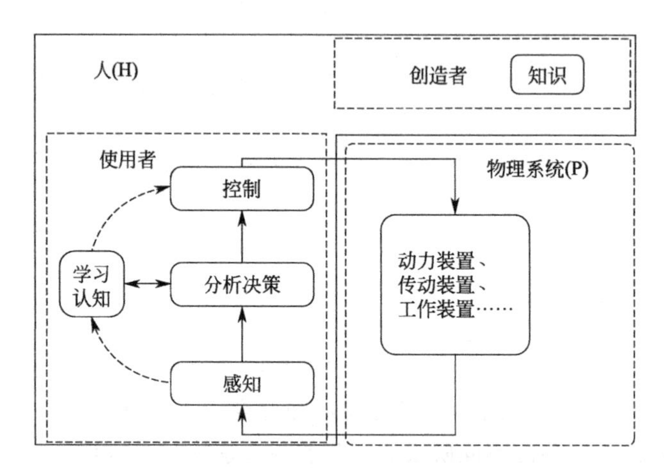

图 12-1　基于人-物理系统（HPS）的传统制造

20 世纪中叶以后，随着制造业对于技术进步的强烈需求，以及计算机、通信和数字控制等信息化技术的发明和广泛应用，制造系统进入了数字化制造（digital manufacturing）时代。数字化制造是智能制造的第一个基本范式，是在数字化技术和制造技术融合的背景下，通过对产品信息、工艺信息和资源信息进行数字化描述、分析、决策和控制，快速生产出满足用户要求的产品。

与传统制造相比，数字化制造最本质的变化是在人和物理系统之间增加了一个信息系统（cyber system）——C，从原来的“人-物理”二元系统发展成为“人-信息-物理”三元系统（HPS 进化成了 HCPS)，如图 12-2 所示。信息系统是由软件和硬件组成的系统，其主要作用是对输入的信息进行各种计算分析，并代替操作者去控制物理系统完成工作任务。例如，与上述传统印刷机对应的是数字化印刷系统，它在人和印刷机之间增加了墨量预置系统这个信息系统，操作者只需将各色印机组上各墨区的墨量预置值输入系统，设备就会自动调节墨键开度完成加工任务。

数字化制造可定义为第一代智能制造，故而面向数字化制造的 HCPS 可定义为 HCPS1.0。与 HPS 相比，HCPS1.0 集成了人、信息系统和物理系统各自的优势，其能力尤其是计算分析、精确控制以及感知能力等都得到极大的提高，其结果是：一方面，制造系统的自动化程度、工作效率、质量与稳定性以及解决复杂问题的能力等各方面均得以显著提升；另一方面，不仅操作人员的体力劳动强度进一步降低，更重要的是，人类的部分脑力劳动也可由信息系统完成，知识的传播利用以及传承效率都得以有效提高。图 12-3 表示了 HCPS1.0 的原理简图。

从二元系统 HPS 到三元系统 HCPS，由于信息系统的引入，制造系统同时增加了人-信

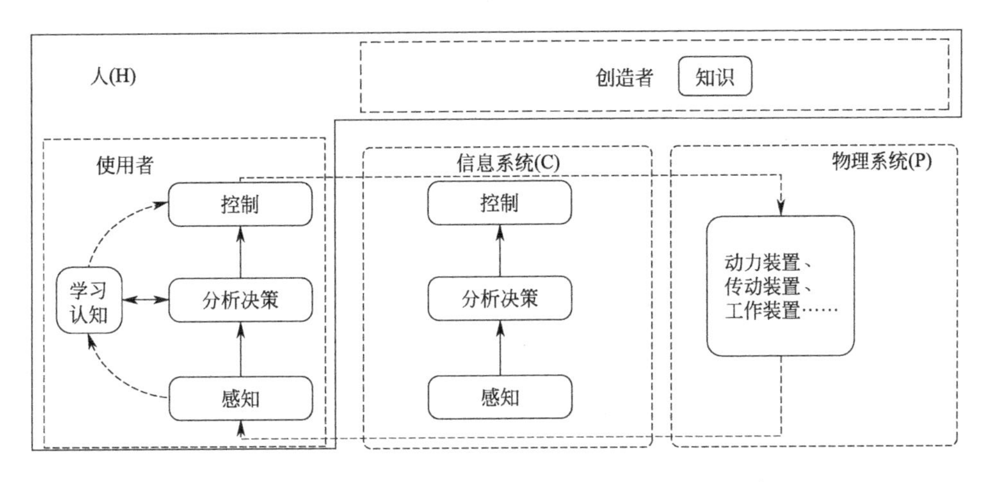

图 12-2　基于人-信息-物理系统（HCPS1.0）的数字化制造

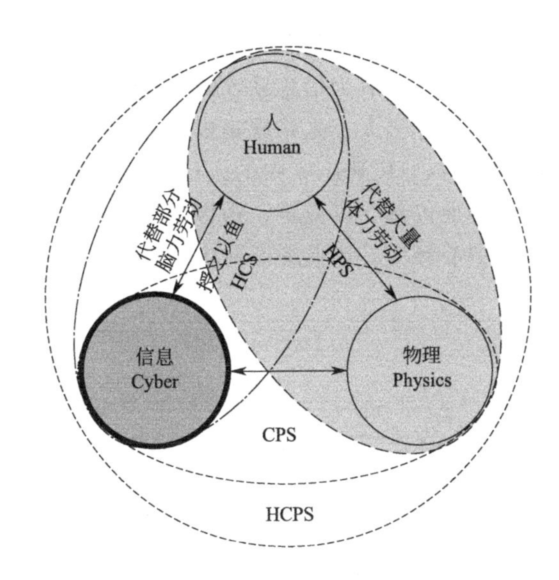

图 12-3　基于人-信息-物理系统（HCPS1.0）的原理简图

息系统（human-cyber systems，HCS）和信息-物理系统（cyber-physical systems，CPS）。

此外，从“机器”的角度看，信息系统的引入也使机器的内涵发生了本质变化，机器不再是传统的一元系统，而变成了由信息系统与物理系统构成的二元系统，即信息-物理系统，因此，第三次工业革命可以看作第二次机器革命的开始。

在 HCPS1.0 中，物理系统仍然是主体；信息系统成为主导，信息系统在很大程度上取代了人的分析计算与控制工作；而人依然起着主宰的作用：首先，物理系统和信息系统都是由人设计制造出来的，其分析计算与控制的模型、方法和准则等都是在系统研发过程中由研发人员通过综合利用相关理论知识、经验、实验数据等来确定并通过编程等方式固化到信息系统中的，同时，这种 HCPS1.0 的使用效果在很大程度上依然取决于使用者的知识与经验。例如，对于数控机床加工系统，操作者不仅需要预先将加工工艺知识与经验编入加工程序中，同时还需要对加工过程进行监控和必要的调整优化。

20 世纪 80 年代以来，我国企业逐步推广应用数字化制造，推进设计、制造、管理过程的数字化，推广数字化控制系统和制造装备，推动企业信息化，取得了巨大的技术进步，特别是近年来，各地大力推进“机器换人”“数字化改造”，一大批数字化生产线、数字化车间、数字化工厂建立起来，众多的企业完成了数字化制造升级，我国数字化制造迈入了新的发展阶段。同时，必须清醒地认识到，我国大多数企业，特别是广大中小企业，还没有完成数字化制造转型。面对这样的现实，我国在推进智能制造的过程中必须实事求是，踏踏实实地完成数字化“补课”，进一步夯实智能制造发展的基础。

12.1.2 数字化网络化制造

20 世纪 90 年代末以来，互联网技术逐步成熟，互联网技术快速发展并得到广泛普及和应用，推动制造业从数字化制造向数字化网络化制造（smartmanufacturing）转变。

数字化网络化制造本质上是“互联网$^{+}$数字化制造”，可定义为“互联网$^{+}$”制造，亦可定义为第二代智能制造。数字化网络化制造系统仍然是基于人、信息系统、物理系统三部分组成的 HCPS，如图 12-4 所示，但这三部分相对于面向数字化制造的 HCPS1.0 均发生了根本性的变化，故而面向数字化网络化制造的 HCPS 可定义为 HCPS1.5。最大的变化在于信息系统：互联网和云平台成为信息系统的重要组成部分，既连接信息系统各部分，又连接物理系统各部分，还连接人，是系统集成的工具；信息互通与协同集成优化成为了信息系统的重要内容。同时，HCPS1.5 中的人已经延伸成为由网络连接起来的共同进行价值创造的群体，涉及企业内部、供应链、销售服务链和客户，使制造业的产业模式从以产品为中心向以客户为中心转变，产业形态从生产型制造向生产服务型制造转变。

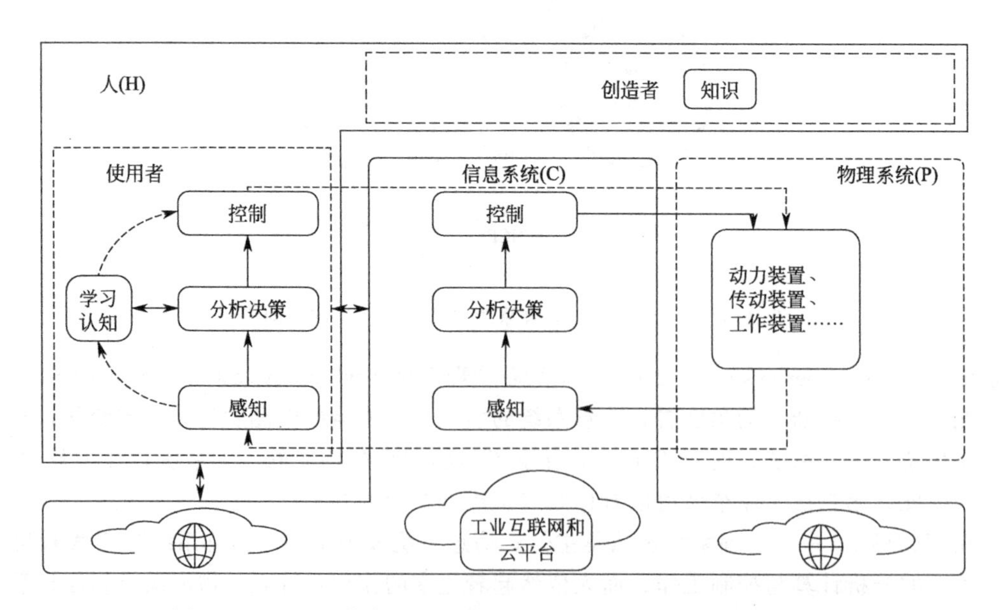

图 12-4 基于人-信息-物理系统（HCPS1.5）的数字化网络化制造

数字化网络化制造的实质是有效解决了“连接”这个重大问题：通过网络将相关的人、流程、数据和事物等连接起来，通过企业内、企业间的协同和各种资源的共享与集成优化，重塑制造业的价值链。例如，数字印刷机的设计制造商及其关键零部件供应商均可通过网络对自己的产品进行远程运维服务，与数字印刷机应用企业一起共同创造价值；数字印刷机的应用企业也可以通过网络实现其加工过程与工艺设计、生产调度、物流管理等的信息互通和集成优化。

“互联网+制造”主要特征表现为：第一，在产品方面，在数字技术应用的基础上，网络技术得到普遍应用，成为网络连接的产品，设计、研发等环节实现协同与共享；第二，在制造方面，在实现厂内集成的基础上，进一步实现制造的供应链、价值链集成和端到端集成，制造系统的数据流、信息流实现连通；第三，在服务方面，设计、制造、物流、销售与维护等产品全生命周期以及用户、企业等主体通过网络平台实现连接和交互，制造模式从以产品为中心走向以用户为中心。

我国工业界紧紧抓住互联网发展的战略机遇，大力推进“互联网+制造”，制造业、互联网龙头企业纷纷布局，将工业互联网、云计算等新技术应用于制造领域。一方面，一批数字化制造基础较好的企业成功实现数字化网络化升级，成为了数字化网络化制造示范；另一方面，大量原来还未完成数字化制造的企业，则采用并行推进数字化制造和“互联网+制造”的技术路线，通过“以高打低、融合发展”，完成了数字化制造的“补课”，同时跨越到“互联网+制造”阶段，实现了企业的优化升级。

12.1.3 数字化网络化智能化制造

当今世界，各国制造企业普遍面临着进一步提高质量、增加效率、快速响应市场的强烈需求，制造业亟需一场革命性的产业升级。从技术上讲，基于 HCPS1.5 的数字化网络化制造还难以克服制造业发展所面临的巨大瓶颈和困难。解决问题，迎接挑战，制造业对技术创新、智能升级提出了紧迫要求。

21 世纪以来，互联网、云计算、大数据等信息技术日新月异、飞速发展，并极其迅速地普及应用，形成了群体性跨越。这些历史性的技术进步，集中汇聚在新一代人工智能的战略性突破上，新一代人工智能已经成为新一轮科技革命的核心技术。

新一代人工智能技术与先进制造技术的深度融合，形成了新一代智能制造技术，成为了新一轮工业革命的核心驱动力。新一代智能制造的突破和广泛应用将重塑制造业的技术体系、生产模式、产业形态，以人工智能为标志的信息革命引领和推动着第四次工业革命。

图 12-5 描述了面向新一代智能制造系统的 HCPS，其相对于面向数字化网络化制造的 HCPS1.5 又发生了本质性变化，因此，面向新一代智能制造的 HCPS 可定义为 HCPS2.0。HCPS2.0 中最重要的变化发生在起主导作用的信息系统：信息系统增加了基于新一代人工智能技术的学习认知部分，不仅具有更加强大的感知、决策与控制能力，更具有学习认知、产生知识的能力，即拥有真正意义上的“人工智能”；信息系统中的“知识库”是由人和信息系统自身的学习认知系统共同建立的，它不仅包含人输入的各种知识，更重要的是包含着信息系统自身学习得到的知识，尤其是那些人类难以精确描述与处理的知识，知识库可以在使用过程中通过不断学习而不断积累、不断完善、不断优化。这样，人和信息系统的关系发生了根本性的变化，即从“授之以鱼”变成了“授之以渔”。图 12-6 表示了 HCPS2.0 的原理简图。

这种面向新一代智能制造的 HCPS2.0 不仅可使制造知识的产生、利用、传承和积累效率都发生革命性变化，而且可大大提高处理制造系统不确定性、复杂性问题的能力，极大改善制造系统的建模与决策效果。例如，对于智能印刷加工系统，能在感知与印刷机、

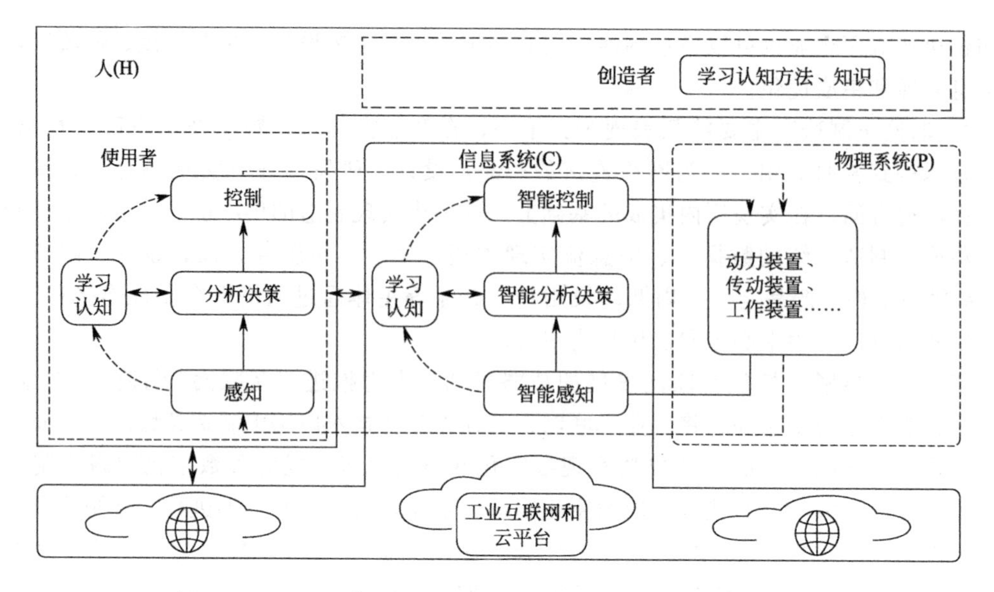

图 12-5 基于人-信息-物理系统（HCPS2.0）的新一代智能制造

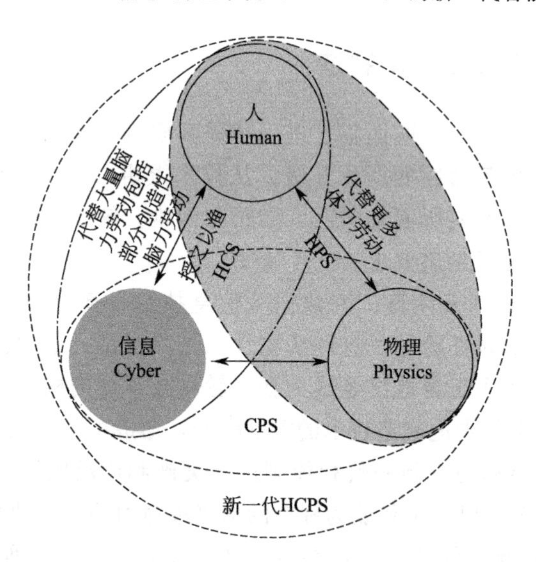

图 12-6 基于人-信息-物理系统（HCPS2.0）的原理简图

加工、工况、环境有关的信息基础上，通过学习认知建立整个印刷加工系统的模型，并应用于决策与控制，实现印刷加工过程的优质、高效和低耗运行。

新一代智能制造进一步突出了人的中心地位：智能制造将更好地为人类服务；同时，人作为制造系统的创造者和操作者的能力和水平将极大提高，人类智慧的潜能将得以极大释放，社会生产力将得以极大解放。知识工程将使人类从大量脑力劳动和更多体力劳动中解放出来，人类可以从事更有价值的创造性工作。

总之，面向智能制造的 HCPS 随着相关技术的不断进步而不断发展，而且呈现出发展的层次性或阶段性，从最早的 HPS 到 HCPS1.0 再到 HCPS1.5、HCPS2.0 三个基本范式（图 12-7）。数字化制造是智能制造的基础，贯穿于三个基本范式，并不断演进发展；数字化网络化制造将数字化制造提高到一个新的水平，可实现各种资源的集成与协同优化，重塑制造业的价值链；新一代智能制造是在前两种范式的基础上，通过先进制造技术与新一代人工智能技术的融合，使得制造具有了真正意义上的人工智能，是新一轮工业革命的核心技术。

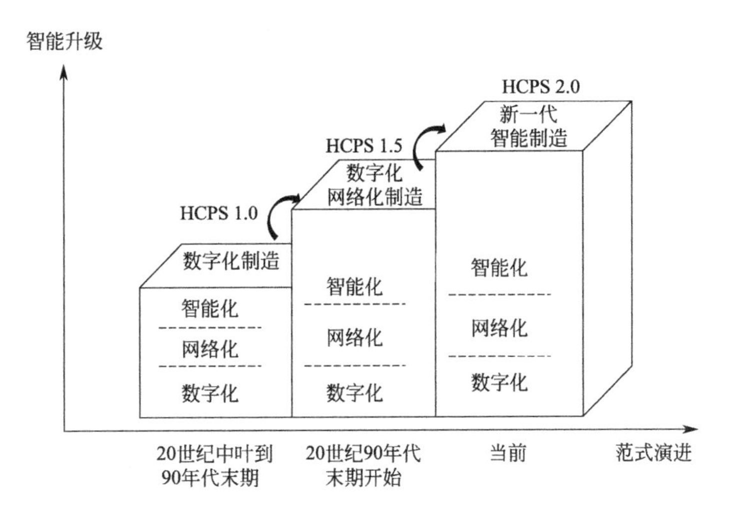

图 12-7　基于 HCPS 的智能制造三个基本范式

12.2　面向新一代智能制造的 HCPS2.0 的技术体系

12.2.1　基于 HCPS 的智能制造总体架构

基于 HCPS 的智能制造总体架构可以从智能制造的价值维、技术维和组织维等三个维度进行描述，如图 12-8 所示。

(1) 智能制造的价值维与 HCPS 的功能属性

智能制造的根本目标是实现价值创造、价值优化，而构建与应用 HCPS 是实现价值创造、价值优化的手段。智能制造的价值实现主要体现在产品创新、生产智能化、服务智能化以及系统集成方面，与此相对应，HCPS 从用途上也可划分为产品研发 HCPS、生产 HCPS、服务 HCPS 以及集成复合型 HCPS。

智能制造的产品创新，一方面通过数字化、网络化、智能化等技术提高产品功能、性能，带来更高的附加值和市场竞争力；另一方面通过产品研发设计手段的数字化、网络化、智能化创新升级，提高研发设计的质量与效率。产品创新可根据需要进一步细分为产品设计、评估验证等环节及其集成。因此，产品研发 HCPS 也可依此进行细分。

生产智能化通过生产和管理手段的数字化、网络化、智能化创新升级，全面提升生产和管理水平，实现生产的高质、柔性、高效与低耗。生产方面一般可细分为工艺设计、工艺过程、质量控制、生产管理等环节及其集成，而其中某些环节还可进一步层层细分，例如，工艺过程可细分为若干产线及其集成，其中产线又可细分为若干装备及其集成。同理，生产 HCPS 也可相应层层分解。

服务智能化通过数字化、网络化、智能化等技术实现以用户为中心的产品全生命周期的各种服务，如定制服务、远程运维等，延伸发展为服务型制造业和生产性服务业。由此，服务 HCPS 亦可相应分解为定制服务 HCPS、远程运维 HCPS 等。

此外，大集成作为新一代智能制造的重要特征，也是新一代智能制造实现价值创造的

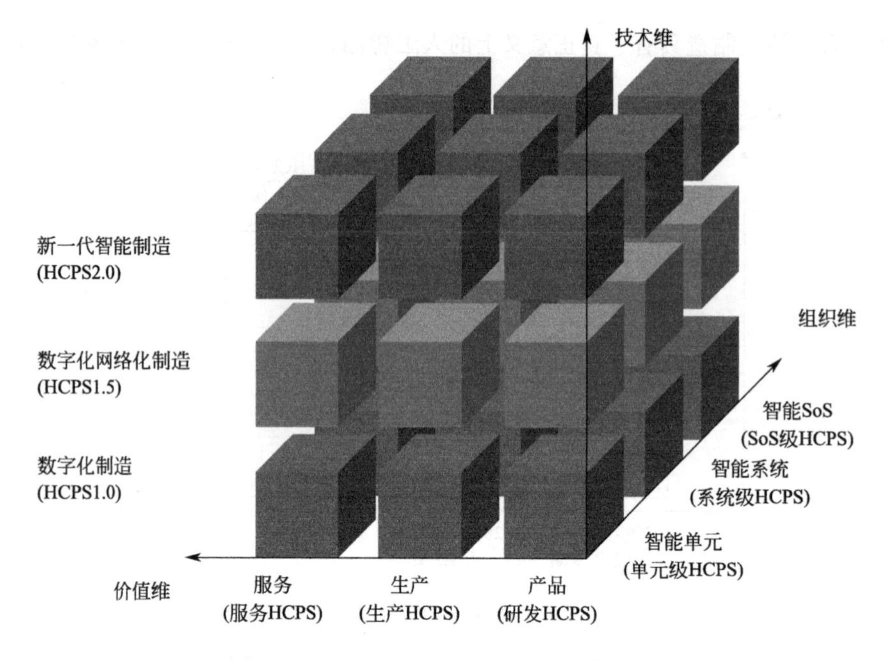

图 12-8 基于 HCPS 的智能制造总体架构

重要方面。从 HCPS 的功能属性看，大集成的结果将形成多功能的集成复合型 HCPS。

（2）智能制造的技术维与 HCPS 的技术属性

智能制造从技术演变的角度体现为数字化制造（HCPS1.0）、数字化网络化制造（HCPS1.5）和新一代智能制造（HCPS2.0）三个基本范式。基于 HCPS 的智能制造的三个基本范式体现了智能制造发展的内在规律：一方面，三个基本范式依次展开，各有自身阶段的特点和需要重点解决的问题，体现着先进信息技术与制造技术融合发展的阶段性特征；另一方面，三个基本范式在技术上并不是各自独立的，而是相互交织、迭代升级，体现着智能制造发展的融合性特征。

（3）智能制造的组织维与 HCPS 的系统属性

实施智能制造的组织包含智能单元、智能系统和系统之系统三个层次，与之相对应，HCPS 也包括单元级 HCPS、系统级 HCPS 和系统之系统级 HCPS 三个层次。

智能单元是实现智能制造功能的最小单元，是由人、信息系统和物理系统构成的单元级 HCPS。智能系统是通过工业网络集成多个智能单元而成的，如智能产线、智能车间、智能企业等，形成系统级 HCPS。系统之系统是通过工业互联网平台实现跨系统、跨平台的集成，构建开放、协同、共享的产业生态，形成系统之系统级 HCPS。图 12-9 为面向智能制造的 HCPS 的三层结构模型。

综上所述，基于 HCPS2.0 的新一代智能制造的总体架构可用如图 12-10 所示的多层次分层结构模型描述。

12.2.2 HCPS2.0 的关键技术

对于单元级 HCPS2.0，无论系统的用途如何（设计系统、生产装备等），其关键技术均可划分为制造领域技术、机器智能技术、人机协同技术等三大方面，如图 12-11 所示。

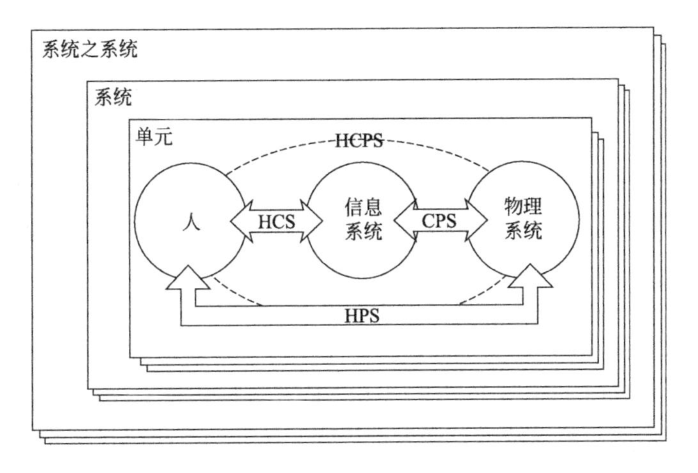

图 12-9 面向智能制造的 HCPS 的三层结构模型

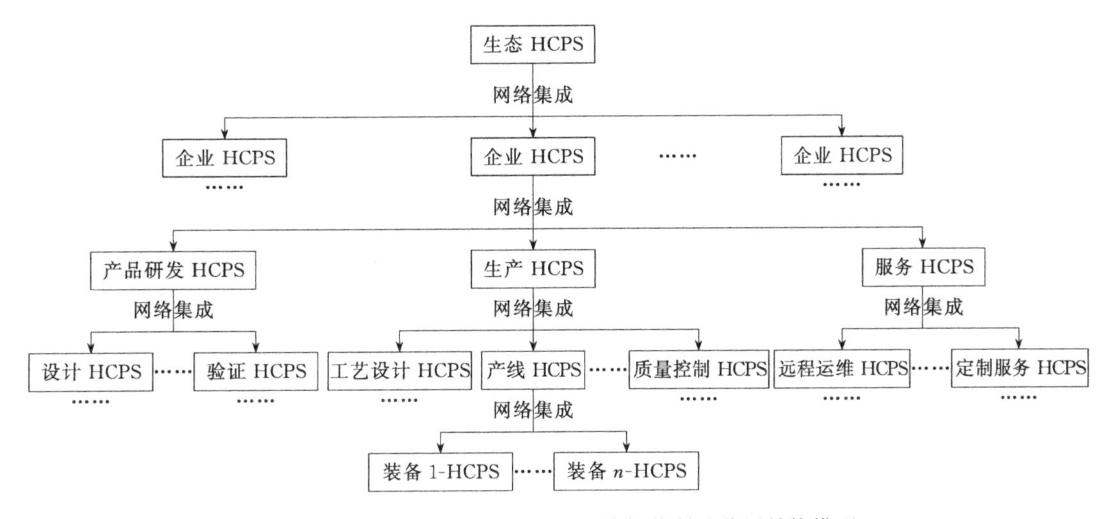

图 12-10 基于 HCPS2.0 的新一代智能制造分层结构模型

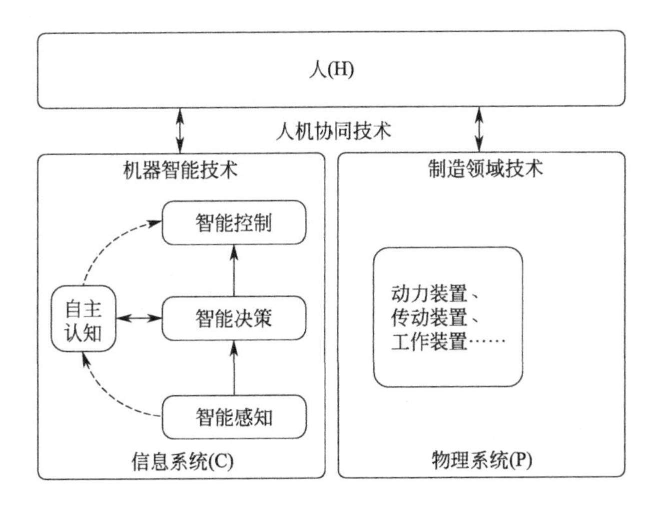

图 12-11 单元级 HCPS2.0 的技术构成

（1）制造领域技术（本体技术）

制造领域技术是指 HCPS2.0 中的物理系统所涉及的技术，是通用制造技术和专用领域技术的集合。智能制造的根本在于制造，因此制造领域技术是面向智能制造的 HCPS 的本体技术。同时，智能制造既涉及离散型制造和流程型制造，又覆盖产品全生命周期的各个环节，因此相应的制造领域技术极其广泛，并可从多个角度对其进行分类，如在印刷加工领域按工艺原理包括：数字喷墨技术、丝网印刷技术、胶印技术、凹印技术、柔印技术等。

（2）机器智能技术（赋能技术与本体技术的深度融合）

机器智能技术是指 HCPS2.0 中的信息系统所涉及的技术，是人工智能技术与制造领域知识深度融合所形成的、能用于实现 HCPS 特定目标的技术。信息系统是 HCPS 的主导，其作用是帮助人对物理系统进行必要的感知、认知、分析决策与控制，以使物理系统以尽可能最优的方式运行，因而机器智能技术主要包括智能感知、自主认知、智能决策和智能控制技术等四大部分。

- 智能感知技术。感知是学习认知、决策和控制的基础与前提。机器智能感知的任务是有效获取系统内部和外部的各种必要信息，包括信息的获取、传输和处理。部分关键技术包括：感知方案的设计、高性能传感器、实时与智能数据采集等。
- 自主认知技术。认知的任务是有效获得实现系统目标所需的知识，是决定决策和控制效果的关键。HCPS2.0 的认知任务一般需由信息系统和人共同完成，因此需要解决机器自主认知和人机协同认知等两大方面的问题。机器自主认知的核心任务是系统建模，关键技术涉及模型结构的自学习、模型参数的自学习、模型的评估与自学习优化等。
- 智能决策技术。决策的任务是评估系统状态并确定最优行动方案。HCPS2.0 的决策任务一般也需由信息系统和人共同完成，因此需要解决机器智能决策和人机协同决策等两大方面的问题。机器智能决策的关键技术涉及系统状态的精确评估、决策模型的优化求解、决策风险的预测分析等。
- 智能控制技术。控制的任务是根据决策结果对系统进行操作调整，以实现系统目标，也需要解决机器智能控制和人机协同控制两方面的问题。机器智能控制的关键问题是如何应对系统自身及其环境的不确定性，需要发展自适应控制等智能控制技术。

（3）人机协同技术

智能制造面临的许多问题具有不确定性和复杂性，单纯的人类智能和机器智能都难以有效解决。人机协同的混合增强智能是新一代人工智能的典型特征，也是实现面向新一代智能制造的 HCPS2.0 的核心关键技术，主要涉及认知层面的人机协同、决策层面的人机协同、控制层面的人机协同以及人机交互技术等几大方面。

对于系统级与系统之系统级 HCPS，其本质特征均在于系统集成与资源优化配置。根据系统集成的广度与深度的不同，可划分为多个层次，如产线级、车间级（部门级）、企业级以至行业级的开放、协同与共享的产业生态。图 12-12 展示的是企业级 HCPS 的一种实现架构：该架构通过建立企业级智能管理与决策系统，并基于工业互联网与云平台，实现对智能产品 HCPS、智能生产 HCPS、智能服务 HCPS 等三个系统级 HCPS 的集成与优化。

在前述单元级 HCPS2.0 关键技术的基础上，系统级与系统之系统级 HCPS2.0 新的关键技术主要包括三方面：一是工业互联网、云平台、工业大数据等支撑技术；二是系统

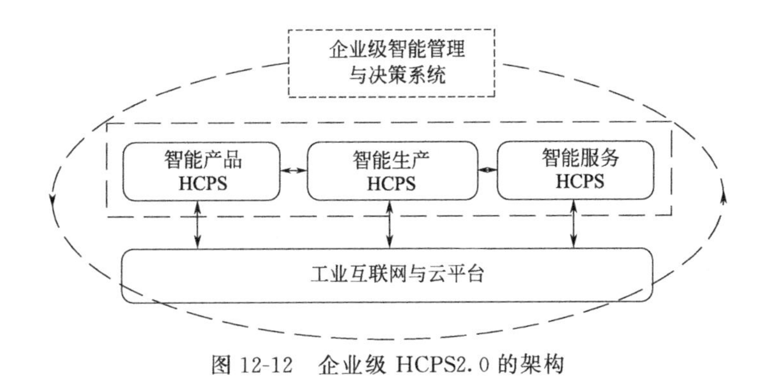

图 12-12 企业级 HCPS2.0 的架构

集成技术，如互联互通标准；三是实现系统集成管理与决策相关的技术，如企业智能决策技术、智能生产调度技术、智能安全管控技术等。

图 12-13 给出的是一个系统级 HCPS 的 COSMOPlat 平台示意图。该系统级 HCPS 的精髓在于“以用户为中心”，可为用户提供产品全生命周期的服务。

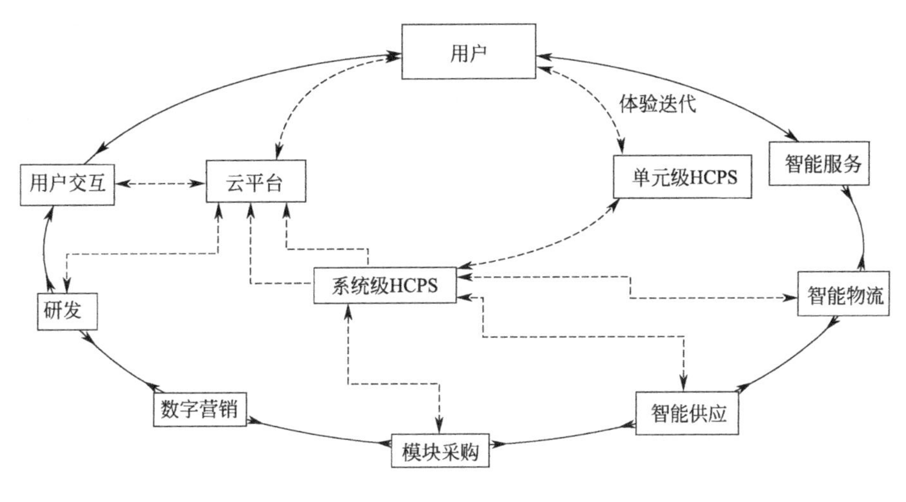

图 12-13 系统级 HCPS——COSMOPlat

12.3 CPS 建设的模式

CPS 是工业 4.0 的核心技术，也是 HCPS 中增强系统智能的核心系统。显然，集成化智能印刷系统建设中，CPS 也是其重点内容。

构成 CPS 系统的三要素分别是人、机器和数字孪生体。CPS 建设是循序渐进、层层递进的过程，随着体现 CPS 系统智能的核心能力——“认知决策”能力从低向高的增强，机器和数字孪生体在整个 CPS 体系中的占比越来越多，人的占比越来越少，人在 CPS 中慢慢的由操作者向高级决策者转变，机器和数字孪生体代替人处理重复性、复杂性的问题，最终实现人机协同。基于认知决策的控制机制是 CPS 的核心，CPS 可以按照识知决策能力的从低到高分为人智、辅智、混智和机智 4 种模式。

12.3.1 人智模式

人智是具有 CPS 特征的最初级系统，对不确定性问题以及多变的环境和任务主要由人基于经验解决，机器按照人的指令执行，信息空间的数字孪生体可映射物理空间的物理实体，其体系结构如图 12-14 所示。人智模式具备了感知、控制、执行和反馈闭环，实现了物理空间和信息空间的联通，但分析和决策的能力主要依靠人的经验。人智具有固定的操作方式，并且不会在整个产品生命周期发生变化。在出现安全问题、故障或外界情况发生变化的情况下，一般都需要人为干预。

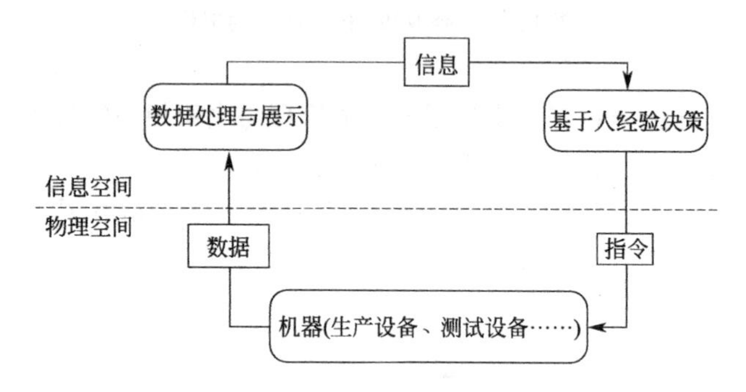

图 12-14 人智模式的体系结构

人智主要实现设备互联，即通过传感器、数据采集卡、采集软件，形成数据记录并存储到指定位置。通过信息系统，将重要的数据或经过简单计算的信息反馈给操作人员，操作人员以图表、曲线等信息为依据进行决策。因此，人智模式的建设重点在于通过“数据采集系统建设”和“信息空间的搭建”来完成数据采集与数据分析展示等方面，实现数据在物理世界和信息世界的自由流动。

(1) 数据采集系统建设

数据是 CPS 建设的基石，企业在搭建 CPS 时需要将涉及产品生命周期的所有数据进行采集、清洗、存储和处理，这就需要在生产中运用传感技术、嵌入式技术等数据采集技术对生产设备等物理实体和执行过程进行数据化处理。值得注意的是，数据采集的过程应尽量减少人工的参与，在建设过程中人为动作更多侧重于控制数据采集系统的更新和稳定。

(2) 信息空间的搭建

信息空间的搭建借助于数据分析与数据展示技术，实现企业各类机器、仪表、信息系统、用户等数据的简单分析和图形化展示。企业决策人员可根据展示的信息进行决策，同时可与客户、供应商进行实时的信息共享，达到互利共赢的结果。

12.3.2 辅智模式

辅智模式在人智实现 CPS 闭环的基础上增加了知识应用能力，其体系结构如图 12-15 所示。在辅智模式中，通过对知识库、专家库、解决方案库、经验等知识的封装利用，机器基于已有知识解决已知问题并避免其再次发生，未知问题由人来解决，同时数字孪生体能够具备逻辑分析能力。

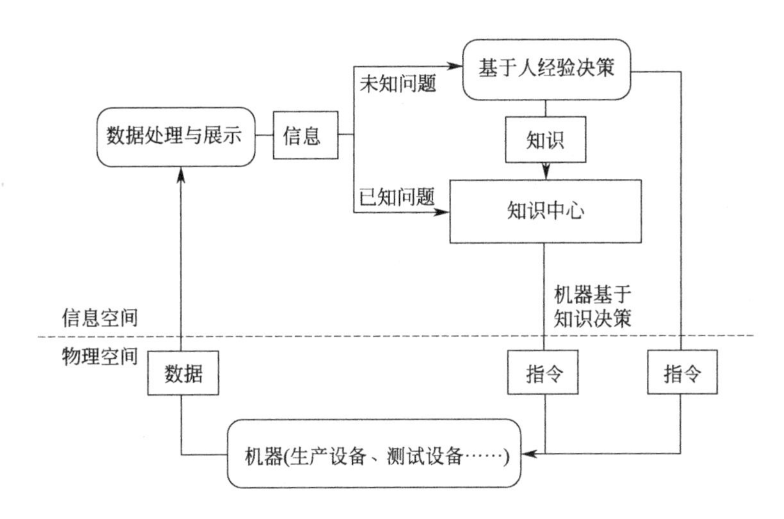

图 12-15　辅智模式的体系结构

在辅智阶段，数字孪生体在模型建模阶段预先确定，在全生命周期内只能通过更改模型改变；物理实体可以感知外部的数据，决定采取何种操作模式，但不具备认知能力，仅依据已有知识做出相应的决策，解决的是人已知并且已有成熟解决方案的问题。其中，机器对已知已解决问题进行识别与决策控制，该类问题及配套的解决方案由操作人员在日常工作中总结归纳而来形成“知识中心”。信息空间实时采集运行数据和状态数据，当机器出现故障时，知识中心在知识库或专家库中进行匹配与比对，若在知识库中有相应或相似描述，专家系统配置的模型将择优选择最佳方案，及时处理故障，若在知识库中未发现，则提醒工作人员处理。并且，工作人员处理的知识可丰富知识中心。

为了增加知识应用能力，辅智模式的建设重点是“面向已知问题的数据采集”“分层分级的实时分析”“知识中心的搭建”“机器的防差错执行”。

（1）面向已知问题的数据采集

面向特定的价值和业务需求，即已知已解决的问题，通过条码、RFID、设备协议等方式采集具有特定数据分析需求的状态数据、过程数据、物料数据、环境数据、产品数据等，使隐形数据显性化。

（2）分层分级的实时分析

根据不同的业务场景，企业应在边缘端或上层系统对有特定需求的数据进行分层分级处理，降低数据传输和系统分析压力，基于基本的理论模型、部件模型等机理模型和基本的数据分析模型，对数据进行分析和融合。

（3）知识中心的搭建

知识中心的功能包括知识收集、知识整理和知识验证与应用。

① 知识收集　知识收集是最重要的环节，知识收集的内容包含模型方法、工业流程、业务经验等方面。模型方法是指解决某一类问题的步骤，也就是该类问题的算法。如果研究的问题具有一般性，就可以通过抽象、简化的方式，形成模型。在制造型企业的工作实践中，存在着很多隐性或显性的模型算法，它们是以约定俗成、常态化的工作方式周而复

始的。换句话说，就是面对这一类问题，具体岗位日常采用的行之有效的工作方式。

工业流程和业务经验中包含人、机、料、技术图纸、数控程序、设计规范、加工参数、工具消耗、质量分析、生产异常等各领域信息，这些均可以作为有价值的知识进行管理，但在知识收集过程中不能仅仅停留在表面，应关注知识的关联分析与深度挖掘。如质量管理中，常常仅做到了废品率的统计，对于废品产生背后可能涉及的工作效率、工作技能、设备参数设置、物料状态参数，甚至薪酬政策等综合原因并未整体分析。

② 知识整理　收集的知识在应用之前要做整理，整理包括对知识的抽取、存储分类、管理等。可以利用市场上已有的知识管理软件对知识进行标准化的管理。例如，Atlassian Confluence（简称 Confluence）是一个专业的知识管理工具，通过它可以实现团队成员之间的协作和知识共享，且能够远程协同。Confluence 的知识空间具备相对统一的格式，知识可以被保存、调用和修改。

③ 知识验证与应用　知识的应用主要涉及推理规则、人机交互界面和知识解释系统的开发，将知识转化成机器可以调用的编码。值得注意的是，知识在应用前必须要经过验证。知识的验证就是在人为参与的前提下，通过比对机器做出的决策的准确性来对知识中心进行一段时间的试运行和调整，直到系统稳定地做出判断。

(4) 机器的防差错执行

虽然信息空间中知识中心和人决策后的指令经过验证，但在实际生产中，机器本身也应具备防错机制，接收指令后应在设备系统中二次验证方可执行。

12.3.3 混智模式

混智模式是在辅智的基础上，通过互联网、大数据、人工智能等技术，增加一定的认知决策能力，提升整个系统的智能化水平，变成具有认知和学习能力的 CPS，其体系结构如图 12-16 所示。混智的目标是建立一个认知中心，满足处理当前工业场景中不确定性问题和大规模复杂问题的需求，其关注点在于知识发现并高效利用知识，即在信息空间中形成认知与决策能力。认知与决策作为混智的标志，是闭环赋能体系中两个密不可分的环节，从纷繁复杂的信息中提炼出有用的知识，是认知的过程，综合运用多种知识给不确定性问题提供正确合理的建议，是决策的过程。物理空间的感知结果以数据形式输入信息空间的认知中心，信息空间的决策结果以控制指令和管理策略的形式输出到物理空间的控制执行机构，并通过解决生产制造、应用服务过程中的不确定性问题和复杂问题，优化资源配置而创造出价值，这是一条建立在物理空间和信息空间之间的完整的双向的闭环赋能回路。而从认知到决策之间发生了从数据到知识、从知识到价值的转化，可见混智通过认知与决策完成了一项重要任务：发现知识并高效利用知识。

在混智模式中，认知能力体现了混智 CPS 开始具备了新一代人工智能的特征——发现新知识的学习能力。学习能力建立在已知的复杂算法模型基础上，通过前期训练，具备了对一定未知问题的处理能力。该系统已经可以对已知问题进行分析和决策，并针对具体问题给出推荐的解决方案，能解决部分人类尚未解决的问题。该系统的认知能力是系统开发阶段的训练模型赋予的，因此系统对未知世界所做的认知是有限的。简单来说，混智模式下，机器基于机理、模型等推理可识别未知问题，并与人协同来解决未知问题，同时数字孪生体间能够实现协同运行。

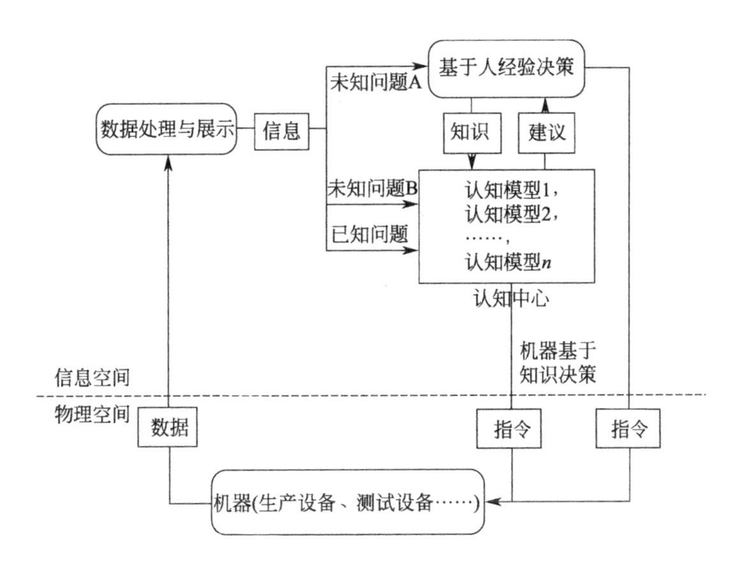

图 12-16 混智模式的体系结构

混智模式首先通过按需、柔性的数据采集以及选择性、归纳性的存储实现数据积累，在此基础上，通过模型抽象、空间映射与知识挖掘，构成信息空间发现知识并高效利用的机制。首先，我们要积累丰富的数据资源，数据种类越多、规模越庞大，越有利于消除不确定性；其次，将数据抽象为模型，模型类别越细分、结构越完整，越有利于信息空间的学习；再次，将模型映射到空间，映射规则越清晰，越有利于推理；最后，在空间中挖掘知识，挖掘知识越全面、越深入，越有利于基于知识做决策。

为了增加 CPS 的认知决策能力，提升整个系统的智能化水平，辅智模式的建设重点是“以需求为导向的数据采集”“支持数据到信息转换的数据存储”“混智信息空间认知中心的建设”“机器的安全响应执行”。

（1）以需求为导向的数据采集

混智按照活动目标和认知需求进行选择性和有侧重的数据采集，并实现多维异构数据源的整合，从信息来源和采集方式上保证数据质量，主要体现在：一是面向事件的数据采集，当工况、外部环境和目标情况发生变化时，采取不同的采集策略；二是面向分析目的进行有针对性的数据采集；三是面向设备健康的数据采集，根据设备健康状态监测评估和故障识别所需的数据类别和采样频率的差别进行差异化的数据采集。

（2）支持数据到信息转换的数据存储

混智的数据存储要通过智能分析实现数据到信息的转换，根据事件、目标、个体、群体等不同事件变化、不同数据特性进行选择性和归纳性存储。混智的数据存储模式具有更高的价值和信息密度，提升后续认知的效率和准确性。

（3）混智信息空间认知中心的建设

信息空间认知中心是基于机理、群体、活动模型构成的单系统智能化模型。构建一是要综合考虑时间、成本、环境协调的多目标模型的集成，完成从个体智能化到集群的智能化。二是充分考虑构建个体知识库、群体知识库、活动知识库、环境知识库的实际需求，明确各个知识库的对象、数据种类和范围，在信息空间建立涵盖设备状态、活动事件和环境变化的知识体系，形成完整的可自主学习的知识结构。三是建立个体空间、群体空间、环境空间、活动空间与推演空间，以实时数据驱动模拟个体之间、群体之间以及与环境之间的关系，记录物理空间随时间的变化，对物理空间的活动进行模拟、评估、推演与预测，形成决策知识，得到知识库和模型库，构成完整的知识发现体系。四是信息空间通过物理空间活动产生的数据，对个体与群体对象在环境中的当前客观状态进行精确定量评估，分析环境对个体与群体对象效能与任务目标的影响，推演与预测个体与群体对象在环境中的未来发展趋势，根据推演结果指导个体与群体活动，从而完成信息空间与物理空间的融合过程。

（4）机器的安全响应执行

在混智模式中，人操作机器的行为概率更低，这一方面降低人员的工作强度并减少人为干扰，另一方面也对机器的控制系统提出了更高的要求，应确保机器指令正确、安全，并应具有差错处理和安全识别与响应能力。

12.3.4 机智模式

机智模式 CPS 系统获得了适应创造能力，是具有最高智能水平的“智能体”，具备了自认知、自执行、自决策的能力，并且随着其认知水平的提升，系统整体能力可以得到不断提升优化。简单来说，机智模式下机器基于自决策、自执行等活动解决未知问题，并避免其再次发生，同时数字孪生体具备与物理空间实时交互的能力，其体系结构如图 12-17 所示。

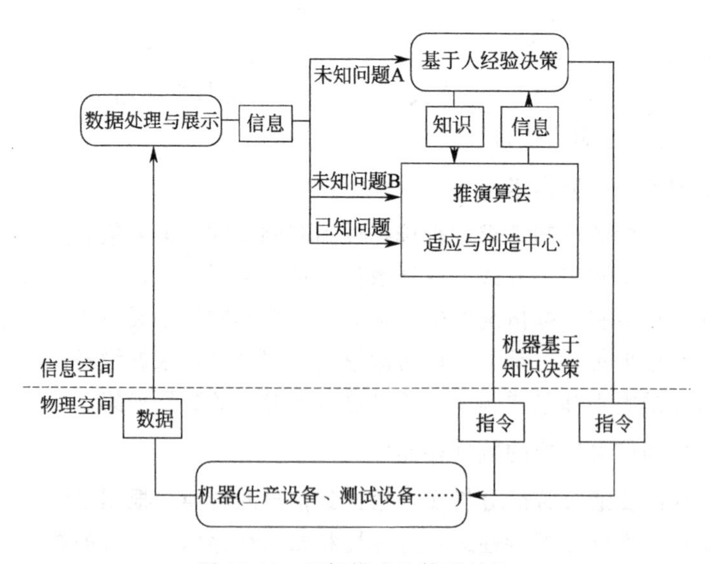

图 12-17 机智模式的体系结构

机智的目标是建设一个可以自我成长的智能体系，满足未来工业场景下处理未知问题的需求，其关注点在于推演空间的构建和协同优化能力的形成。

未来的工业系统将面对更多未知与多变的环境与系统，因此机智阶段的工业智能需要具备面向环境的智能、面向状态的智能、面向集群的智能和面向任务的智能 4 个能力，该能力主要通过推演模型的构建实现。推演模型在信息空间中推演决策行为在实体环境中的活动结果与目标差异，产生新的认知反馈，实现 CPS 知识体系的循环迭代和创新，从“知识的积累”变成“新知识的创造”，构成自重构和自成长的工业智能生态，具备处理未知环境、集群和任务的能力。

在混智认知与决策系统的基础上，机智利用数据驱动的方式，增加了决策与认知之间的反馈环节，建立推演模型，不断优化原有控制系统中的模型和逻辑策略，相较于原有的控制系统具备更好的自成长性和自适应能力，构成自感知、自记忆、自认知、自决策的可以自我成长的智能体系。

（1）机智的自感知

数据采集环节，机智的自感知主体自主调整数据采集的数量、频率、内容，实现按照自身状态、外部环境、活动目标进行自适应管理与控制。

（2）机智的自记忆

数据存储环节，机智的自记忆主体能够按照信息分析的需求和方向进行自适应的、动态的数据到信息的转换，保证数据的可解读性，实现智能化的筛选、存储、融合、关联记忆，实现自主的关联性、时序性存储。

（3）机智的自我成长

机智需要在机理、群体、活动等模型的基础上，针对对象在环境中的活动状态，提取对象及对象群体中的活动特征并进行关联分析，进而以推演、评估与预测为重点，形成多模型的协同知识推演规则，以多目标（如安全、成本、时间等指标最优）、多层次（如印刷加工领域的加工设备、车间、企业等多决策层）、多环节（如设备使用、维护、保障、调度等）活动的优化协同为目标，构建自优化决策模型，达成在复杂环境下的多对象活动协同。

（4）机器的自修复执行

信息空间的智能水平越高，越对机器的精准、平稳、实时执行提出更高的要求。机智阶段的机器应具有预测性维护、自识别意外事项、自动处理修复、自动防护的能力，从而保障指令的安全、实时、无缝执行。

12.3.5　CPS 的建设模式选择

CPS 的本质是解决生产制造、应用服务过程中的复杂性和不确定性问题，对于复杂问题的处理程度的需求决定了 CPS 的模式。其核心就是人、机器和数字孪生体在其中的参与程度。企业 CPS 的建设是一项涉及设备、技术、网络、IT、生产、研发等各部门的系统工程，理应在特定的业务场景下，综合考虑企业拟解决问题的复杂度以及问题的处理程度，从企业建设 CPS 关注的问题处理程度和问题复杂程度两个维度分析，确定当前最适宜的建设模式，如图 12-18 所示。

在特定的业务场景和价值需求下，企业选择建设模式应以问题和预期效果作为标准，切不可本末倒置，落入为了智能、为了追赶新概念的圈套。

企业以“生产现场可视、设备状态可视”等为主要目标，可选择人智模式建设 CPS，实现核心业务的数据采集和信息展示，如离散制造业的安灯系统、产线看板系统、统计过程控制（SPC）系统，流程行业的集散控制系统（DCS）等。

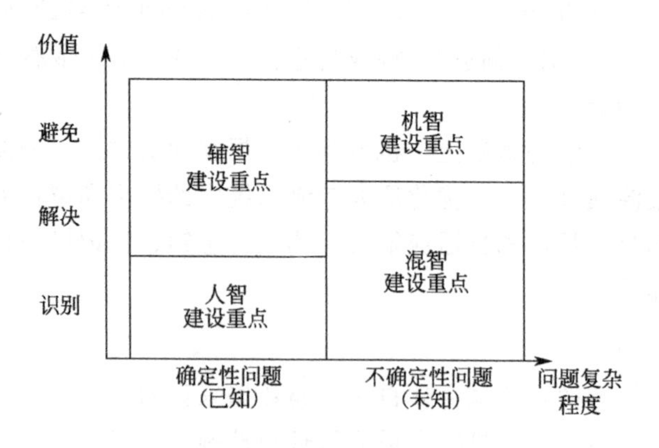

图 12-18　CPS 的建设模式选择

企业以“解决或避免已知问题”为主要目标，需要降低工人的重复性劳动、减少人的参与、降低错误发生，可选择辅智模式建设 CPS，实现人智积累的知识库、解决方案库、专家库等的协同应用，典型场景包括印刷加工车间基于 APS 的实时调度、产线的自动叫料、供墨墨区的自动校准、印刷工艺的自动优化等。

以“识别或解决不确定性问题”为主要目标，即降低人的定性认知与决策对整体的影响，增加设备或系统在复杂环境的认知能力，可选择混智模式建设 CPS，通过多模型之间的协作，系统为工人提供决策建议，帮助识别并解决复杂性和不确定性问题。如复杂系统的生产调度问题、关键设备的健康管理和能效管理问题、产线的工艺仿真问题等。

以“避免不确定性问题的发生”为主要目标，即实现设备的无忧使用、产线的自适应，可选择机智模式建设 CPS，实现信息空间与物理空间的虚拟生产与执行、自感知与自决策。

12.4　集成化智能印刷系统

制造系统技术的发展日新月异，使得系统呈现出众多特征。但在众多特征中，有两个突出的特征必定会延续到下一代制造业中，即“集成化制造”和“智能化制造”。因此，在对印刷系统进行转型升级时，应该牢牢抓住“集成化制造”和“智能化制造”这两大特征，将传统的印刷系统升级为“集成化智能印刷系统”。

“集成化制造”特征是集成化智能印刷系统的内部和外部均呈现出前所未有的系统“大集成”。

在各自的印刷系统内部，首先，设计、生产、销售、服务、管理等过程实现动态智能集成，即制造系统内部的纵向集成，实现组织内的信息与知识共享，人们可以更加有效地使用公司内部的资源（包括但不限于信息、数据、资金和人力资源），即系统内部实现了“计算机集成印刷系统的信息集成与过程集成”。其次，印刷系统与（外协/联盟）印刷系统之间基于工业智联网与智能云平台，实现集成、共享、协作和优化，即制造系统间的横向集成，也就是系统间实现了“计算机集成印刷系统的企业集成”。

此外，印刷系统与外部环境也将呈现出“大集成”特征。印刷制造业与金融业、上下游产业、客户的深度融合形成服务型制造价值链。价值链上，客户需求拉动了价值生产与服务。同时，客户的反馈能够轻松及时地获得，价值链延伸到产品的客户服务上。这种印刷系统与外部的集成，将促使其与智能城市、智能农业、智能医疗等交融集成，共同形成智能生态大系统——智能社会。

“智能化制造”特征是集成化智能制造应该具备“新一代人工智能”。它要求印刷系统可以通过传感器获得信息，通过决策运算模块计算出结果，进而控制执行部件完成。并且，还要求系统具有知识的自我学习能力，最终实现在几乎没有人为干预的情况下，在正确的时间和地点自动做出正确的决策。

在集成化智能印刷系统（如图 12-19 所示）内，将呈现出“人-物理-信息”三元深度融合的印刷系统。系统中，具有先进制造技术的物理系统代替了更多的体力劳动；具有新一代人工智能特征的信息系统与物理系统深度融合，并代替人完成大量脑力劳动，包括部分创造性脑力劳动。

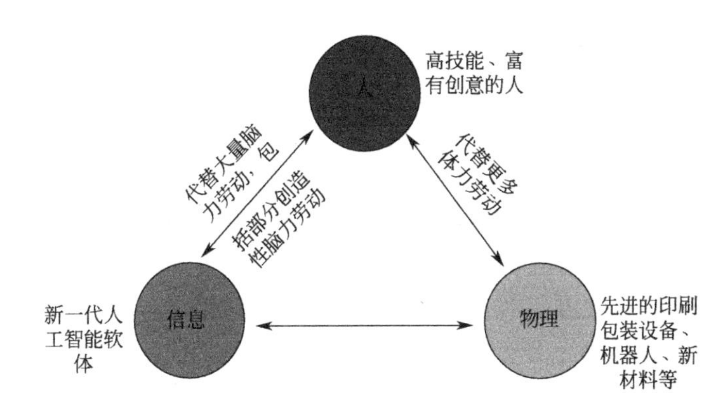

图 12-19　集成化智能印刷系统示意图

因此，在实施印刷系统优化升级时，应该抓住“集成化”和“智能化”这两个特征。在使用所谓先进制造技术进行判定时，就看它是否促进系统朝着“集成化”和“智能化”的方向发展。随着系统内设备与技术的升级改造，系统的“数字化”“网络化”“智能化”能力在不断增强，系统的集成智能化水平也将朝着“数字化”“集成化”“智能化”的水平阶跃。

具体实施印刷系统的集成智能优化时，虽然各类企业的实际情况及应用的具体使能技术是各种各样的，但是优化前需要注意的基础性问题是一致的：①系统优化的技术路线选择；②生产管理模式优化；③高集成化系统的基础；④系统各要素间信息交换的数据格式；⑤网络安全；⑥人的能力需求。梳理清楚这些基础问题，将为后续的集成化智能印刷系统的持续优化奠定坚实的基础。

系统优化是企业适应今后企业环境的经营战略。因此，选择系统优化的技术路线时，首先要确定企业未来的经营战略，针对企业实际情况出发，选择合适的技术路线。对于一个旧系统的优化改造，一个“点带线、线带面”的技术路线更符合改造实际，且问题导向的改造计划更具有实效性。

集成化智能印制系统在进行系统优化实施时，管理、生产组织模式这一宏观层次是十分重要的，直接影响系统的效能。生产模式、管理是现代先进生产系统中首要的决定的因素。生产系统的优化问题，是管理（也是控制）在微观层次上的体现，所有技术都是在支撑目标生产管理模式的实现。当前，印刷系统面对微利、大规模小印量的问题，精益制造模式可能是更好的选择。

物联网为制造系统实现高水平的集成提供了一个独一无二且必要的基础，它能够将制造系统的所有元素连接在一起。基于物联网技术，可提高数据的采集效率，并极大地提升数据的质量，实现高质量的系统信息集成。高集成化的环境对于集成化智能印刷系统至关重要，因为它为数字孪生提供了坚实的基础。数字孪生实时地对生产系统的物理世界进行数字映射，并在数字映射的软件系统中实现虚拟预制造，且能通过软件系统控制生产系统的物理设备。显然，数字孪生实现了信息系统和物理系统的深度融合，为新一代人工智能提供高质量的大数据，也促进了无人化的智能车间成为可能。因此，没有高质量的集成化水平，就没有高质量的智能化。

统一标准化的接口数据格式，是系统各要素间信息高效交换共享的基础。CIP4 组织开发的 JDF 数据格式已是目前印刷工业接口的数据标准。目前，CIP4 让 JDF（JDF 1.x）和 XJDF（JDF 2.x）两个版本的标准并存，但面向集成化智能印刷系统时，为实现更加灵活和高效的印刷系统集成，应该尽可能采用 XJDF 作为要素间的统一的信息交换格式。

随着网络技术的进步，尤其是移动网络系统的发展，个人隐私和公司安全仍然是一个重要的课题，因为这不但关乎信息保护，更重要的是还关乎先进印刷系统的安全。在准备实施“集成化智能制造”计划时，保障网络安全仍然是各企业的首要任务。

集成化智能印刷系统中，人同样是重要的组成要素。离开人，只关注先进的印刷包装设备、物联网、机器人，以及那些先进的 AI 等信息化技术，那一切都是零。但在大部分体力劳动和大部分创作性脑力劳动被物理设备和信息系统替代后，对先进印刷系统中的人的要求就会越来越高。系统中将需要“高技能、高责任心的人”来完成设备不能完成的高技能，需要“富有创新能力与激情的‘创意精英’”来完成更具创造性的工作。

开发技术篇

第 13 章

基于 DOM 的 JDF 开发技术

在 JDF 的软件开发中，要能解析 JDF 文档，并对 JDF 文档进行查找、修改等操作。因为 JDF 是 XML 的应用标准，所以 JDF 文件的本质是 XML 文档。DOM 是 XML 文档的对象模型，属于 XML 文档程序设计的接口对象，其作用是为 XML 提供一套标准的应用程序接口，以便于应用程序使用统一的方式动态地存取 XML 数据。因此，本章将重点讲解如何利用 DOM 实现 JDF 文件的处理。

13.1 解析 JDF 文档

JDF 数据标准是基于 XML 语法开发的专门应用于印刷工业信息描述的 XML 应用文件标准。JDF 文档的本质就是 XML 文档，两者间的区别仅仅是文档的后缀名不一样：JDF 文档的后缀名是“.jdf”，XML 文档的后缀名是“.xml”。虽然 JDF 文档与 XML 文档存在文件后缀名的区别，但其文档中的元素、属性、文本等文档要素的组织结构都遵循 XML 的语法要求。因此，在对 JDF 文档进行解析处理时，完全可以使用 XML 文档解析技术。

JDF 文档作为印刷系统中信息集成的数据格式，在生产过程中需要对 JDF 进行形式多样的解析处理，如在 JDF 文档中读取感兴趣的信息、对 JDF 节点进行信息的完善处理、在 JDF 文档中摘取感兴趣的 JDF 子节点等。

“在 JDF 文档中读取感兴趣的信息”是解析 JDF 文档最基本的操作，因为印刷系统需要读取出 JDF 文档描述的信息，然后根据这些信息进行下一步的控制操作。例如，印刷机控制中心需要解析 JDF 文档来获得墨量数据和作业用纸参数，然后对印刷设备进行设备预设的控制操作；又如，MIS 在对印刷车间进行生产管理时，MIS 发送 JMF 消息给印刷车间管理系统，印刷车间管理系统必须能读取 JMF 文档所描述的消息内容，车间管理系统才能按照管理指令完成对应的车间管理操作。

“对 JDF 节点进行信息的完善处理”是对 JDF 文档进行信息增加或修改的操作。进行这类处理时，其本质是对 JDF 文档进行节点的插入、属性的增加、属性值的修改等。“对 JDF 节点进行信息的完善处理”贯穿印刷系统生产的整个过程。例如，从订单系统的订单生成开始到印刷生产完成，描述该作业的 JDF 文档一直在被修改、完善。又如，订单到印前系统后要增加印前生产操作参数的信息；每一过程执行完后需要对资源的状态信息进行修改，并在对应的 JDF 节点处增加执行历史记录的信息。

“在 JDF 文档中摘取感兴趣的 JDF 子节点”往往发生在 MIS 系统向某生产中心发送生产控制信息时。例如，MIS 向印刷机发送某作业的 JDF 生产控制信息，往往不需要将该作业的整个 JDF 文档发送给印刷机控制中心，只需要将描述印刷生产的过程节点发送过去即可，因此这个过程就涉及从整个 JDF 文档中摘取感兴趣的 JDF 子节点的操作。该操作过程从遍历 JDF 节点开始，然后复制兴趣节点的整个节点内容，最后生成一个 JDF 文档。

对于不同的解析 JDF 操作，都可以通过 XML 文档的解析操作技术来完成，如使用 DOM 接口技术和 SAX 接口技术。因此，在后续的讲述过程中就不使用 JDF 文档来讲解相关的解析技术，而是直接使用 XML 文档来讲解相关技术。

13.2　DOM 接口技术

13.2.1　DOM 接口概述

文档对象模型（document object model，DOM）是由 W3C 组织制定并公布的一个标准，该标准为多重平台和语言使用 DOM 提供一致的 API（应用程序接口）。W3C 于 1998 年 8 月 18 日通过 DOM Level1，该标准定义了 DOM 应当显露为什么属性、方法和事件。在 2001 年，W3C 又发布了 DOM Level3 的标准工作草案。实质上，XML 的 DOM 是一个对象模型，它显露 XML 文档的内容。也就是说，DOM 是一个与语言无关的接口，它使用对象模型来描述文档结构。

有时，需要通过应用软件来创建、访问和操作一个 XML 文档，另外，应用程序需要去读懂其他人编写的 XML 文档，从中提取所需要的信息。在这些情况下，应用开发人员都需要一个 XML 接口，这个接口是善意友好的，以它作为媒介，将所开发的应用程序与 XML 文档结合在一起。

实际上，XML 文档就是一个文本文件，因此，当需要访问文档中的内容时，必须先书写一个能够识别 XML 文档信息的文本文件阅读器，也就是通常所说的 XML 语法解析器。XML 语法解析器是一个应用程序，由它来帮助解释 XML 文档并提取其中的内容。这就要求每个应用 XML 的人都要自己去处理 XML 的语法细节，非常耗时。如果需要在不同的应用程序或开发环境下访问 XML 文档中的数据，那么这样的分析器代码就要被重写多次。

大家都知道，数据有 ODBC/JDBC 这样的接口标准，在这些接口标准的帮助下，应用开发人员编写数据库应用程序的时候只要正对接口即可，可以不管后台的数据库系统究竟是 Oracle 还是 Sybase，是 DB2 还是 SQL Server，这给应用程序的开发带来了很大的便利。同样的道理，在针对 XML 进行应用开发时，一个统一的 XML 数据接口也是必需的。

W3C 组织意识到了上述问题的存在，因此制定了一套书写 XML 分析器的接口规范——DOM。

除了W3C定义的DOM接口规范外，XML _ DEV邮件列表中的成员根据应用的需要也自发地定义了一套对XML文档进行操作的接口规范——SAX。这两种规范各有侧重，互有长短，应用广泛。

图13-1给出了DOM在应用程序开发中所处地位的示意图。

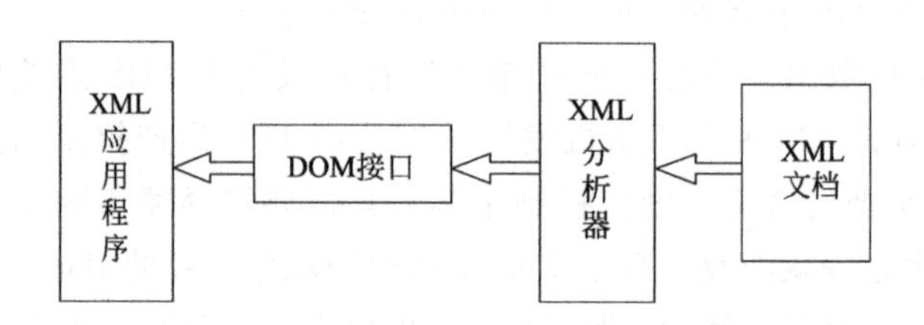

图13-1 DOM接口在应用程序开发中所处的地位

从图13-1中可以看出，应用程序并不能直接对XML文档进行操作，而是先由XML分析器对XML文档进行分析，然后，应用程序通过XML分析器所提供的DOM接口对分析结果进行操作，从而间接地实现对XML文档的访问与操作。

需要注意的是，由于W3C把DOM定义为一套抽象的类而非正式实现DOM，因此，由独立的开发商来提供在具体平台和开发语言下标准接口的实现。所以，其具体实现在不同的平台或语言处理系统中是不同的。而且W3C制定的标准只是最低要求的建议，所以，产品供应商在大多数情况下还会对DOM标准进行专门的技术扩展。

DOM是一种标准，并且已被广泛实现，同时也内置到其他标准中。作为标准，它对数据的处理与编程语言无关（这可能是优点，也可能是缺点，但至少使人们处理数据时的方式变得一致）。

13.2.2 DOM的结构

DOM把XML文档表示为节点（Node）对象树。或者说，DOM对象映射了XML文档的树形状结构。“树”这种结构定义为一套互相联系的对象的集合，或者说节点，其中一个节点作为树结构的根（Root）。节点被冠以相应的名称以对应它们在树里相对于其他节点的位置。例如，某一节点的父节点就是树层次内比它高一级的节点（更靠近根元素），而其子节点则比它低一级别；兄弟节点则表示的是树结构中与它同级的节点——不是在该节点的左边就是在其右边。节点对象不但表示了文档中的XML元素，而且代表了在一个文档之内的其他所有内容，从最顶端的文档元素自身到单独的内容元素，如属性、注释以及数据等都包括在内。每一个节点都有其专门的接口，这些接口对应于节点所代表的XML内容，但这些接口其本质也是节点。面向对象的支持者会说所有的DOM对象都继承于节点。而节点接口则是用来导航文档树、增加新节点以修改一个文档结构的主要方法。

一个XML分析器，在对XML文档进行分析后，不管这个文档有多简单或多复杂，其中的信息会被转化成一棵节点对象树。在这棵节点对象树中，有一个根节点——Document节点，所有其他的节点都是根节点的后代节点。节点对象树生成之后，就可以通过DOM接口访问、修改、添加、删除、创建树中的节点和内容。

在 XML 文档中，信息是按层次化的树形结构组织的，DOM 将一个 XML 文档转换成一个节点对象树，也可以说成是转换为一个对象模型集合。因此可以认为，由 DOM 创建的节点对象树就是 XML 文件内容的逻辑表示，是对象将 XML 文档的模型化。通过这个节点对象树，展示了 XML 文档提供的信息和它们之间的关系，而且不受 XML 语法限制。

在 DOM 中，XML 文档的逻辑结构像一棵树。这棵根据 XML 文档生成的节点对象树是一种分层对象模型，通过使用这个节点对象树，或说使用文档对象模型（DOM），应用开发人员可以创建文档，遍历文档的结构，修改、添加或删除元素及其内容。

下面通过一个例子来说明加载 XML 文档后所存储的 DOM 树。

例程 13-1：

```
<? xml version="1.0"encoding="gb2312"? >
<xscib>
  <xsci>
    <name sid="200701201"sp="印刷">李四</name>
      <math>90</math>
        <en>84</en>
</xsci>
<xsci>
    <name sid="200701202"sp="包装">王二</name>
      <math>75</math>
        <en>79</en>
</xsci>
<xsci>
    <name sid="200701203"sp="图文">张三</name>
      <math>81</math>
        <en>60</en>
  </xsci>
</xscib>
```

加载后在内存中存储的 DOM 树如图 13-2 所示。

从图 13-2 中可以看出，DOM 文档的逻辑结构类似一棵树，文档、文档的根、元素、元素的内容、属性、属性值等都是以对象模型的形式表示的。

在这棵文档对象树中，文档中所有的内容都是用节点来表示的。一个节点又可以包含其他节点，节点本身还可能包含一些信息，如节点的名字、节点值、节点类型等。文档中的根实际上也是一个元素，之所以要把它单独列出来，是因为在 XML 文档中，所有其他元素都是根元素的后代元素，而且根元素是唯一的，具有其他元素不具有的某些特性。

这个例子比较简单，事实上，DOM 中还包含注释、处理指令、文档类型、实体、实体引用、命名空间、时间、样式单等多种对象模型。

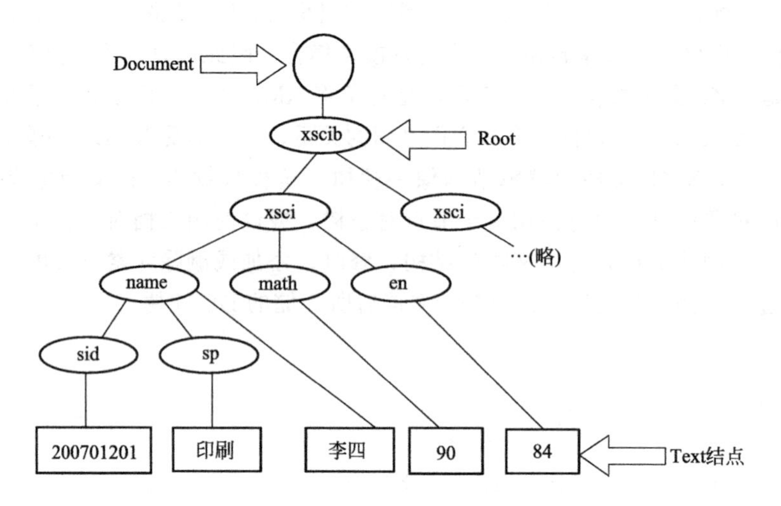

图 13-2 加载 XML 文档后的 DOM 节点对象树

通过 DOM 把具体的文档模型化，这些模型不仅描述文档结构，也定义对象的行为。换言之，在图 13-2 中的节点不是数据结构，而是对象，对象包含方法和属性。在 DOM 中，对象模型要实现：

① 用来表示操作文档的接口。

② 接口的行为和属性。

③ 接口之间的关系以及互操作。

13.2.3 DOM 基本接口

在 DOM 接口标准中，有 4 个基本的接口，即 Document、Node、NodeList 和 NamedNodeMap。在这 4 个基本接口中，Document 接口是对文档进行操作的入口，它是从 Node 接口继承过来的。Node 接口是其他大多数接口的父类，如 Document、Element、Attribute、Text、Comment 等接口都是从 Node 接口继承过来的。NodeList 接口是一个节点的集合，它包含了某个节点中的所有节点。NamedNodeMap 接口也是一个节点的集合，通过该接口，可以建立节点名和节点之间的一一映射关系，从而利用节点名可以直接访问特定的节点。下面分别对这 4 个基本接口做简单介绍。

（1）Document 接口

Document 接口代表了整个 XML/HTML 文档，因此，它是整棵文档树的根，提供了对文档中的数据进行访问和操作的入口。

由于元素、文本节点、注释、处理指令等都不能脱离文档的上下文关系而独立存在，因此 Document 接口提供了创建其他节点对象的方法，通过该方法创建的节点对象都有一个 ownerDocument 属性，用来表明当前节点是由谁所创建的以及节点同 Document 之间的联系。

在 DOM 树中，Document 接口同其他接口之间的关系如图 13-3 所示。

从图 13-3 中可以看出，Document 节点是 DOM 树中的根节点，即对 XML 文档进行操作的入口节点。通过 Document 节点，可以访问文档中的其他节点，如处理指令、注

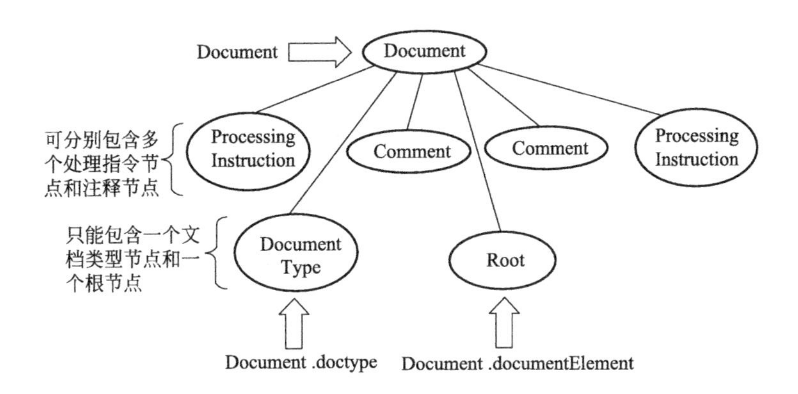

图 13-3　Document 接口同其他接口之间的关系

释、文档类型以及 XML 文档的根元素节点等。另外，从图 13-3 中还可以看出，在一棵 DOM 树中，Document 节点可以包含多个处理指令、多个注释作为其子节点，而文档类型节点和 XML 文档根元素节点（Root）都是唯一的。

（2）Node 接口

Node 接口在整个 DOM 树中具有举足轻重的地位，DOM 接口中有很大一部分接口是从 Node 接口继承过来的，如 Element、Attr、CDATASection 等。在 DOM 树中，Node 接口代表了树中的一个节点。一个典型的 Node 接口如图 13-4 所示。

从图 13-4 中可以看出，Node 接口提供了访问 DOM 树中元素内容与信息的途径，并给出了对 DOM 树中的元素进行遍历的支持。

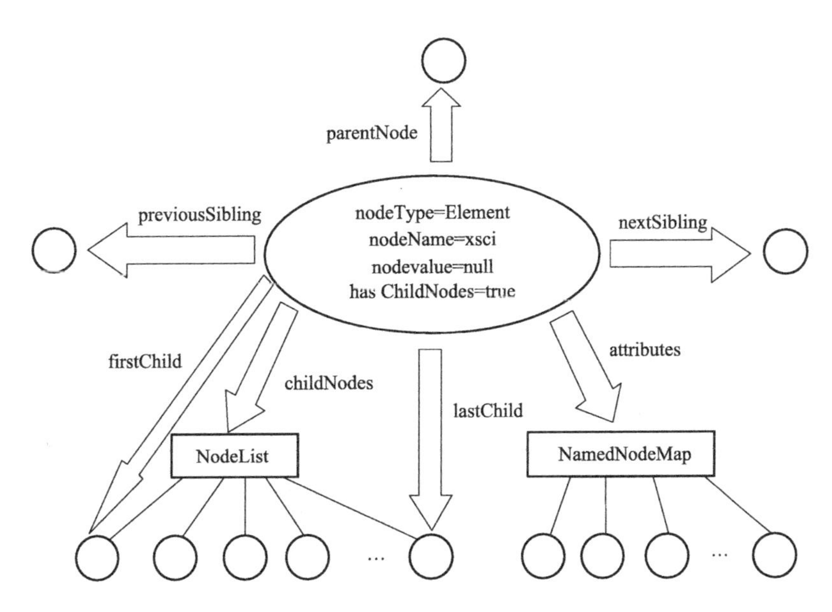

图 13-4　一个典型的 Node 接口

（3）NodeList 接口

NodeList 接口提供了对节点集合的抽象定义，它并不包含如何实现这个节点集的定义。NodeList 用于表示有顺序关系的一组节点，如某个节点的子节点系列。另外，它还出现在一些方法的返回值中，如 GetNodeByName。

在 DOM 中，NodeList 的对象是“live”的，换句话说，对文档的改变，会直接反映到相关的 NodeList 对象中。例如，如果通过 DOM 获得一个 NodeList 对象，该对象中包含了某个 Element 节点的所有子节点的集合，那么，当再通过 DOM 对 Element 节点进行操作（添加、删除、改动节点中的子节点）时，这些改变将会自动地反映到 NodeList 对象中，而无须 DOM 应用程序再做其他额外的操作。

NodeList 中的每个 item 都可以通过一个索引来访问，该索引值从 0 开始。

（4）NamedNodeMap 接口

实现了 NamedNodeMap 接口的对象中包含了可以通过名字来访问节点的集合。NamedNodeMap 并不是从 NodeList 继承过来的，NamedNodeMap 所包含的节点集中的节点是无序的。实现了 NamedNodeMap 接口的对象中所包含的节点也可以通过索引来访问，但是，这只提供了一种枚举 NamedNodeMap 中所包含节点的一个简单方法，并不表明在 DOM 规范中为 NamedNodeMap 中的节点规定了一种排列顺序。

NamedNodeMap 表示的是一组节点和其唯一名字的对应关系，这个接口主要用于属性节点的表示。

在 DOM 中，NamedNodeMap 的对象是“live”的。

13.3 DOM 的应用

通过前面的介绍，已经了解到 DOM 是从程序中访问 XML 文档的方法之一。对于一个格式规范的 XML 文档，DOM 是一个应用程序接口，它定义了文档的逻辑结构以及访问和操作该文档的方法。使用 DOM，应用程序开发人员可以创建文档，遍历文档的结构，增加、修改或删除文档中的元素及其内容。换言之，任何在 XML 中的元素及其内容都可以通过 DOM 进行访问、增加、修改或删除。

DOM 是一个文档对象模型，DOM 中的对象特征允许应用程序和脚本动态地访问并更新文档的内容、结构与样式。通过 DOM 节点对象树来访问树中的任何一个节点，这就是通过 DOM 树对 XML 文档的遍历。本节将通过微软的 XML 分析器 MSXML，对 DOM 接口的这些应用做简单介绍（如果系统本身没有 MSXML 组件，则需要单独下载并安装）。

13.3.1 创建一个 DOM 对象

不同的应用程序有着不同的 DOM 实现方法，微软通过 MSXML.dll 扩展了 XML DOM，并将其绑定到 IE 4 或更高的版本上，因此，通过这些 DOM 接口，就可以操纵 XML 文档。要通过 DOM 树对 XML 文档进行操作，首先需要创建 Document 对象。通过创建 Document 对象，应用程序就得到了对 XML 文档进行操作的入口。

下面给出使用不同语言创建 Document 对象的范例。

VBScript：

```
Dim doc
Set doc=CreateObject（" Microsoft.XMLDOM" ）
```

JScript：
doc=new ActivexObject（" Microsoft. XMLDOM" ）

13.3.2 加载 XML 文档

如前所述，可以选择不同的开发语言，如 VBScript、JScript、C++、Java 等来创建 Document 对象。在创建 Document 对象之后，就得到了对文档进行操作的入口，那么创建的这个文档对象是如何同实际的 XML 文档关联在一起的呢?

在 W3C 的 DOM 接口规范中，没有任何一个地方定义了 DOM 中的接口对象同实际文档关联的方法。因此，不同的 XML 分析器提供的加载 XML 文档的方法也不尽相同。在微软的 MSXML 中，提供了一个 load 方法来加载 XML 文档，以建立 DOM 树同 XML 文档之间的关联。

以持股信息的 XML 文档 stock. xml 为例，文档清单见例程 13-2。

例程 13-2：

```
<? xml version="1.0"encoding="gb2312"? >
<A_H_stockinfo>
  <stockholder>
    <name>张三</name>
    <A600000>12000</A600000>
    <A600739>8000</A600739>
    <A600988>15000</A600988>
    <A500018>6000</A500018>
  </stockholder>
<stockholder>
  <name>李四</name>
    <A600000>5000</A600000>
    <A600739>12000</A600739>
    <A600988>9000</A600988>
    <A500018>4000</A500018>
  </stockholder>
</A_H_stockinfo>
在 ASP 脚本语言中,可用以下方式来加载文档：
Set xmlDoc= CreateObject("Microsoft.XMLDOM")
xmlDoc.async="false"
xmlDoc.Load("stock.xml")
```

该文档加载后，就在内存中形成一个 DOM 树，如图 13-5 所示。

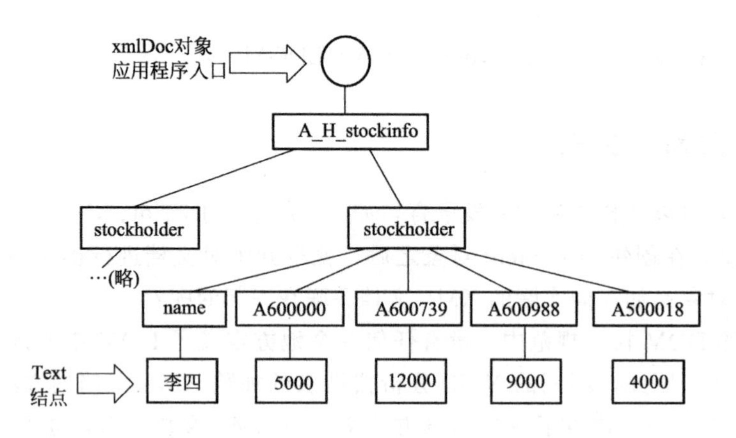

图 13-5 stock. xml 文档所对应的 DOM 节点对象树

13.3.3 遍历 XML 文档

经过以上步骤，通过 DOM 来创建 XML 文档对象，并加载 XML 文档。对于已经加载的文档，要从文档中获取所需要的内容，这就要求能够访问 DOM 树中的任何一个节点，即所谓的 DOM 树的遍历。以下仍以 stock. xml 为例，通过实例说明如何遍历 DOM 树中的节点。

对于任何一个 DOM 树进行遍历操作，首先要获得 XML 文档的根元素，用 VBScript 语言描述这个操作如下：

Set Root= xmlDoc. documentElement

本语句定义了一个变量 Root 来表示所加载的 stock. xml 文档的根元素节点。使用这个变量 Root 来代替 xmlDoc. documentElement，主要是为了在脚本中方便使用。

该语句的实际含义如图 13-6 所示。

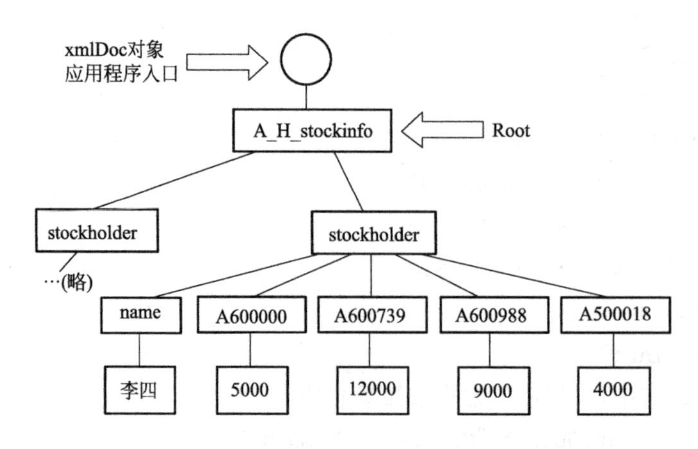

图 13-6 通过 Root 获取 XML 文档的根节点

得到了文档的元素节点之后，就需要访问文档中的其他元素。以文档中的第二个 stockholder 元素为例，对该元素节点及其子节点的访问可以通过下面的语句来实现：

Set stockholderNode= Root. childNodes. item (1)

```
Set nameNode= stockholderNode. childNodes. item (0)
Set textNode= nameNode. childNodes. item (0)
Set theName= textNode. nodeValue
```

执行上述访问语句后，theName 的值是“李四”。该段语句操作如图 13-7 所示，其中箭头给出了这一访问过程的示意图。

在上面的代码中，Root 是文档的根元素节点，stockholderNode 节点和 nameNode 节点都是元素类型的节点，textNode 是 TEXT 类型的节点，theName 是一个字符串。

childNodes 是 Node 对象中的一个方法，item 是 NodeList 接口中 Node 类型的属性，通过 item 可以访问 NodeList 节点集合中的任意节点（需要说明的是，当要访问根元素节点 Root 的第二个 stockholderNode 子节点时，式中用的索引参数是“1”，这是因为 item 中的索引参数是从 0 开始的。如果要访问节点集合中的第一个节点，则应该用“item (0)”来表示）。

在 DOM 标准中，要访问元素节点的内容，需要先得到元素节点的 Text 子节点，再通过 Text 节点的属性获取文本内容。微软在实现 DOM 接口时，对 DOM 进行了部分扩展，可以通过元素类型节点的 text 属性直接获得元素中的文本内容。具体使用说明可以参考微软公司 MSDN 中的帮助。

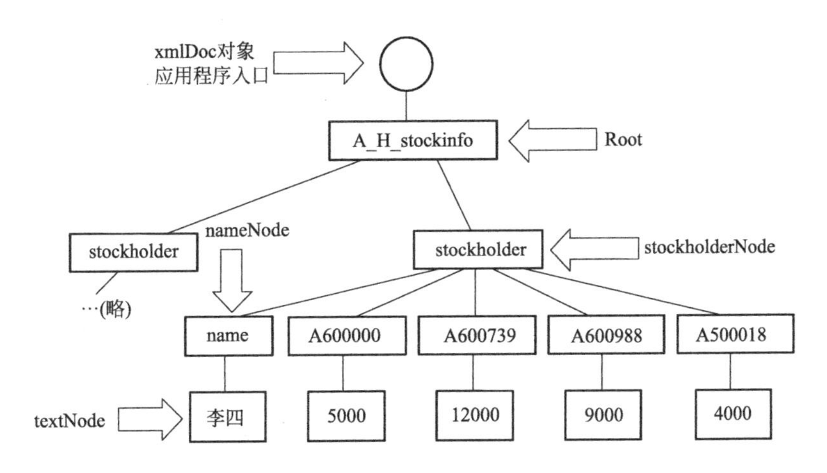

图 13-7　遍历文档中第二个元素节点及其子节点过程

13.4　DOM 对文档的操作

使用 DOM 接口不仅仅是对 XML 文档进行加载和遍历操作，还可以对一个已加载的 XML 文档中的元素、内容进行添加、删除、修改等操作。对于不同的语言，其代码实现各有不同，然而总体思想是类似的。以下操作都以 VBScript 代码来实现，对于其他语言的代码实现可以通过查询相关技术的支持资料来获取更多的信息。

13.4.1　添加子元素

对于一个已加载的 XML 文档，可以使用在 DOM 节点对象中增添子节点的方法来为其添加子元素，这实际上是应用 DOM 对象对一个 XML 文档结构进行动态修改。

添加子元素（节点）的操作步骤可用下述语句实现。

① 选择要创建新子节点的节点对象，代码如下：

```
Set node=doc. selectsingleNode（" //nodename" ）
```

上述代码是 DOM 接口标准中 Document 接口的方法，用于选择需要添加子节点的节点对象。其中，nodename 是所要添加子节点的元素（节点）名称。这里的 node 是定义的变量，用于存放所选择的节点对象。

② 创建新节点，代码如下：

```
dim newnode
set newnode=doc. createnode（1，" newChild-name"，""）
```

该代码是 DOM 接口标准中 Node 接口的方法，用于创建子节点。其中，第一个参数代表所要创建的节点类型，1 为元素节点；第二个参数 newChild-name 是所要创建的子节点名称，由用户自行命名，但要符合 XML 元素命名规则。

③ 将新节点添加到子元素集合中，代码如下：

```
node. appendChild（newnode）
```

该代码是 DOM 接口标准中 Node 接口的方法，用于把参数中传过来的 newChild 添加到当前节点的所有子节点列表的最后。如果 DOM 树中已存在 newChild 子节点，则先把已存在的这个节点删除，然后再把 newChild 子节点添加到 DOM 树中。

④ 保存修改后的 XML 文档，代码如下：

```
doc. save（Server. MapPath（" xml-filename" ））
```

注意，上述操作都是在内存中进行的，如要生效，则需通过保存操作进行保存。

13.4.2 添加或修改元素内容

为元素添加内容与修改已存在的元素中的内容的操作方法相同，通过设置节点的 text 属性添加或修改内容。本项操作所用的 ASP 代码如下：

```
dim node
Set node=doc. selectsingleNode（" //nodename" ）
node. text=" string"
```

在该代码中，首先应用 DOM 接口中 Document 接口的方法，以选择需要添加或修改内容的节点对象，然后使用 Node 接口的 text 属性进行内容的添加或修改操作。

13.4.3 删除子元素

对于指定子元素的删除，通过以下 VBScript 代码实现：

```
dim node
Set node= doc. selectsingleNode（" //nodename" ）
node. removeChild（node. childNodes（i））
```

在该代码中，首先应用 DOM 接口中 Document 接口的方法，以选择需要删除的子元素所在的节点对象，然后使用 Node 接口的 removeChild 方法来删除指定的子节点。

第 14 章

JDF 相关软件开发技术

14.1 MIME 协议

14.1.1 MIME 基础

多用途互联网邮件扩展（multipurpose internet mail extensions，MIME）是目前互联网电子邮件普遍遵循的邮件技术规范。在 MIME 出现之前，互联网电子邮件主要遵循 RFC 822 标准格式，电子邮件一般只用来传递基本的 ASCII 码文本信息。MIME 在 RFC 822 的基础上对电子邮件的规范做了大量的扩展，引入了新的格式规范和编码方式。在 MIME 的支持下，图像、声音、动画等二进制文件都可方便地通过电子邮件来进行传递，弥补了原来的信息格式的不足。实际上 MIME 不仅仅是邮件编码，现在已经成为 HTTP 标准的一个部分。

一个普通的文本邮件的信息由头部分和体部分组成。在一个符合 MIME 的信息中，包含一个信息头（指整个邮件的头），邮件的各个部分叫作 MIME 段，每段前也缀以一个特别的头。如果 MIME 邮件是复合类型 multipart 的，则其正文（体部分）由多个消息体组成，每个消息体有自己的 MIME 段头（指每个 MIME 段的头）和段体（正文）。每个消息体之前都有一条边界线，然后跟着下一个消息体。

multipart 类型的子类型有：

① multipart/alternative　表示正文由两个部分组成，可以选择其中的任意一个。如在正文中同时有 TEXT 格式和 HTML 格式，则可以在两个正文中选择一个来显示，支持 HTML 格式的邮件客户端软件一般会显示其 HTML 正文，而不支持的则显示其 TEXT 正文。

② multipart/mixed　表示文档的多个部分是混合的，指正文与附件的关系。如果邮件的 MIME 类型是 multipart/mixed，则表示邮件带有附件。

③ multipart/related　表示文档的多个部分是相关的。在 JDF 的打包邮件中因为 JMF、JDF 和其他部件间都是相关的，所以一般使用此类型的 MIME 邮件。

14.1.2 MIME类型和文件扩展名

目前，专门用于JDF的MIME类型还没有在IANA（因特网号码分配管理机构）上注册。正在进行注册且专门用于JDF的MIME类型将被注册为：

- JDF-application/vnd. cip4-jdf＋xml。
- JMF-application/vnd. cip4-jmf＋xml。

当扩展名的环境中使用基于文件的协议时，推荐控制器（Controller）针对JDF文件使用“.jdf”作为文件扩展名。连续将JMF写入文件中时，推荐在代理（Agent）中使用“.jmf”作为文件扩展名。

在MIME包中含有JDF或JMF文件时，若JDF是第一个消息体，则推荐这个包使用“.mjd”作为文件扩展名；若JMF消息是第一个消息体，推荐使用“.mjm”作为文件扩展名。CIP4也为CIP3的PPF注册了一个其专用的MIME类型，即application/vnd. cip3-ppf。当编写PPF文件时，推荐控制器使用“.ppf”作为文件扩展名。

14.1.3 MIME的头信息

MIME中包含MIME信息头和MIME段头，这两类MIME的头信息不是完全相同的。常见的MIME信息头的头信息和MIME段头的头信息分别见表14-1和表14-2。

MIME的头信息记录在各种域中，域的基本格式为“{域名}:{内容}”，域由域名后面跟“:”再加上域的信息内容构成。一条域在邮件中占一行或多行，域的首行左侧不能有空白字符，如空格或制表符，占用多行的域其后续行必须以空白字符开头。域的信息内容中还可以包含属性，属性之间以“;”分隔，属性的格式为“{属性名称}="{属性值}"”。

表14-1 MIME信息头的头信息

域名	含义	添加者
Received	传输路径	各级邮件服务器
Return-Path	回复地址	目标邮件服务器
Delivered-To	发送地址	目标邮件服务器
Reply-To	回复地址	邮件的创建者
From	发件人地址	邮件的创建者
To	收件人地址	邮件的创建者
Cc	抄送地址	邮件的创建者
Bcc	暗送地址	邮件的创建者
Date	日期和时间	邮件的创建者
Subject	主题	邮件的创建者
Message-ID	消息ID	邮件的创建者
MIME-Version	MIME版本	邮件的创建者
Content-Type	内容的类型	邮件的创建者
Content-Transfer-Encoding	内容的传输编码方式	邮件的创建者

表 14-2 MIME 段头的头信息

域 名	含 义
Content-Type	段体的类型
Content-Transfer-Encoding	段体的传输编码方式
Content-Disposition	段体的安排方式
Content-ID	段体的 ID
Content-Location	段体的位置(路径)
Content-Base	段体的基位置

(1) MIME-Version

MIME-Version 表示使用的 MIME 的版本号，一般是 1.0，如 MIME-Version：1.0。

(2) Content-Type

Content-Type 定义正文的类型，实际上是通过这个标识知道正文是什么类型的文件。例如，text/plain 表示的是无格式的文本正文，text/html 表示的是 HTML 文档，image/gif 表示的是 GIF 格式的图片等。Content-Type 都是“主类型/子类型”的形式。主类型有 text、image、audio、video、application、multipart、message 等，分别表示文本、图片、音频、视频、应用、分段、消息等。每个主类型都可能有多个子类型，如 text 类型就包含 plain、html、xml、css 等子类型；multipart 类型就包含 alternative、mixed 和 related 等子类型。

在 JDF 中，一般是 multipart/related 类型的 MIME 包，对于 MIME 包的信息头、包中每个 JDF 或 JMF 消息体以及其他数字文件体的段头，都必须包含 Content-Type 信息。也就是说，Content-Type 用于标识整个 MIME 包的类型，Content-Type 还用于标识每个消息体的类型。表 14-3 列出了在 JDF 中常用的 Content-Type 类型。

表 14-3 JDF 中常用的 Content-Type 类型

Content-Type 类型	说 明
application/vnd. cip4-jdf+xml	一个 JDF 文件。XML 文档的根元素必须为 JDF
application/vnd. cip4-jmf+xml	一个 JMF 文件。XML 文档的根元素必须为 JMF
Application/pdf	一个 PDF 文件
multipart/related	包含 JDF 或 JMF 的包，还可能有索引数据，第一个消息体的 XML 文档的 根元素必须为 JDF 或 JMF

(3) Content-ID

Content-ID 作为段体的 ID，对于 multipart/related 类型的 MIME 包中的任何一个消息体（段体）来说都是必需的。Content-ID 能够识别 multipart 类型的 MIME 包中不同的段体。它的值必须是一个以 US-ASCII 定义的 E-mail 地址。Content-ID 的每个值在 MIME 包中必须是唯一的，但它并不需要是一个可用的 E-mail 地址。因此，Content-ID 可以是一个比较随意的序列而无须与原始的文件名相关。一个很好的习惯就是在制定 Content-ID 的值时只使用数字或 US-ASCII 码的前 127 个字符，以减少与智能化的 MIME 代理器的冲突。

（4）Content-Transfer-Encoding

Content-Transfer-Encoding 在头信息中是可选项，它表示了这个部分文档的编码方式。只有识别了这个说明，才能确保使用正确的解码方式实现对其解码。JDF 1.3 被推荐为 multipart/related 类型的 MIME 包中的 JDF 或 JMF 部分的指定编码方式。

它定义了以下几种不同的编码：

- “7bit”。
- “quoted-printable”。
- “base 64”。
- “8bit”。
- “binary”。

其中，“7bit”是默认的编码方式。“base64”和“quoted-printable”是在非英语国家使用最广的编码方式。“8bit”这个说明没有额外的编码应用于该数据，如果数据流包含 CR 或 LF 分隔符则要使用“8bit”编码。例如，包含了 JDF 或 JMF 的消息体（段体）就要使用“8bit”的编码方式。“binary”（二进制码）也说明没有额外的编码应用于该数据，如果在数据流中不包含 CR 或 LF 分隔符则使用“binary”编码，如包含 JPEG、PDF 的消息体（段体）就要使用“binary”的编码方式。

可以定义以“X-”为前缀的私有编码。支持 MIME 的用户应该支持“8bit”和“binary”，必须支持“base 64”，其他的编码方式为可选。

（5）Content-Disposition

Content-Disposition 在头信息中是可选项，它用于给客户程序/MUA 提供提示，来决定是否在行内显示附件或作为单独的附件。Content-Disposition 必须被设置为“attachment”（附件）。

Content-Disposition 允许为消息体（段体）指定一个文件名。该文件名赋值给“filename”参数，作为存储该附件建议的文件名。该文件名可以是建立 MIME 文件时的原始文件名，它对于操作者来说是可见的。需要注意的是，这个文件名是一个需要特殊 MIME 编码规则的值，如下面分别就只包含 US-ASCII 码和包含非 US-ASCII 码的文件名进行了举例：

• 包含 US-ASCII 码的文件名，如“Cover page. pdf”：

Content-Disposition：attachment；filename=" Cover page. pdf"。

• 包含非 US-ASCII 码的文件名，如“Dollar€ _ 1. pdf”：

Content-Disposition：attachment；filename * =UTF-8''Dollar%E2%82%AC _ 1. pdf；

14. 1. 4 单独包含 JDF 或 JMF 的 MIME 包实例

例程 14-1 显示了 MIME 如何将一个 JDF 文件作为一个单个的 MIME 对象打包。

例程 14-1：

```
MIME-Version:1.0
Content-Type:multipart/related; boundary=abcdefg0123456789
```

```
Content-Transfer-Encoding:8bit
--abcdefg0123456789
Content-Type:application/vnd.cip4-jdf+xml
<JDF… >
<PreviewImage Separation="PANTONE128"URL="cid:123456.png"/>
</JDF>
--abcdefg0123456789--
```

在例程 14-1 中“--abcdefg0123456789”和“--abcdefg0123456789--”是 MIME 中的消息体的边界线。“abcdefg0123456789”是边界线中的分隔符，这个分隔符是正文中不可能出现的一串字符的组合，在文档中，以“--”加上这个分隔符来表示一个部分的开始，在文档的结束，以“--”加分隔符再在最后加上“--”来表示文档的结束。在复合类型的 MIME 包中是可以嵌套使用的。

14.1.5　cid URL 模式

使用 multipart/related 类型的 MIME 包的一个好处就是能够提供从一个消息体到内容的另一个消息体的 URL 链接。这需要使用 URL 中的一个“cid”模式来实现，如例程 14-2 中黑体加粗的代码。

例程 14-2：

```
MIME-Version:1.0
Content-Type:multipart/related; boundary=abcdefg0123456789
Content-Transfer-Encoding:8bit
--abcdefg0123456789
Content-Type:application/vnd.cip4-jdf+xml
<JDF… >
<PreviewImage Separation="PANTONE128"
URL="cid:123456.png@cip4.org"/>
</JDF>
--abcdefg0123456789
Content-Type:image/png
Content-Transfer-Encoding:base64
Content-ID:<123456.png@cip4.org>
BASE64DATA
BASE64DATA
--abcdefg0123456789--
```

在例程 14-2 中，Content-ID 值要求被包含在一对尖括号内（“<>”）。在 Content-ID 中允许出现那些在 URL 中不允许出现的字符，所有这些字符都必须是十六进制编码的，使用“%hh”来躲避 URL 的机制。因此，在匹配 cid URL 和 Content-ID 时，必须考虑到这种转义的等价。

14.1.6 multipart/related 类型的 MIME 包中消息体的排序

如前所述，在 multipart 类型的 MIME 包中的第一个消息体必须是 JMF 消息，用 cid URL 和对应的 Content-ID 段头信息来定义内部链接。接下来的是 JDF 作业传票，之后是链接实体，如例程 14-3 中的预览图片“Pages1. pdf”。

例程 14-3 的 MIME 包中包含的消息体有：

- Message. jmf。
- Ticket01. jdf。
- Pages1. pdf。

例程 14-3：

```
    MIME-Version:1.0
    Content-Type:multipart/related; boundary=unique-boundary
    --unique-boundary
    Content-Type:application/vnd.cip4-jmf+xml
    Content-Transfer-Encoding:8bit
    ...
    <JMFxmlns="http://www.CIP4.org/JDFSchema_1_1"
SenderID="JMFClient"
    TimeStamp="2005-07-07T13:15:56+01:00"Version="1.3">
    <CommandID="C0001"Type="SubmitQueueEntry">
    <QueueSubmissionParams Hold="true"
URL="cid:JDF1@hostname.com"/>
    </Command>
    </JMF>

    --unique-boundary
    Content-Type:application/vnd.cip4-jdf+xml
    Content-Transfer-Encoding:8bit
    Content-ID:<JDF1@hostname.com>
    Content-Disposition:attachment; filename="Ticket01.jdf";
    <? xml version="1.0"encoding="UTF-8"standalone="no"? >
    <JDF xmlns="http://www.CIP4.org/JDFSchema_1_1"
Activation="Active"ID="JDF_c"
    JobID="Geef62b72-0f6e-4195-a412-aaa3123d200b"Status="Waiting"
Type="Product"
    Version="1.3">
```

```
<ResourcePool>
<RunListClass="Parameter"DocCopies="1"FirstPage="0"
ID="RunList4"IsPage="true"
NDoc="1"PageCopies="1"Status="Available">
<LayoutElementElementType="Document"HasBleeds="false"
ID="LayoutElement_1"
IgnorePDLCopies="true"IgnorePDLImposition="true"
IsPrintable="true">
<FileSpecAppOS="Windows"Compression="None"
Disposition="Retain"
ID="FileSpec_9"URL="cid:Asset01@hostname. com"
UserFileName="ChristmasCards"/>
</LayoutElement>
</RunList>
</ResourcePool>
</JDF>

--unique-boundary
Content-type:application/pdf
Content-ID:<Asset01@hostname. com>
Content-Transfer-Encoding:binary
Content-Disposition:attachment;filename="Pages1. pdf";
The pdfgoes in here.
--unique-boundary--
```

当这样一个数据流到达服务器时，先被解码，然后各部分被存储到本地的内存或硬盘中。

数据流中的内容被提取出来后，控制器的设计者选择一个被唯一命名的地址将 MIME 包中的内容保存。各部分内容存储的顺序是：

① 首先保存的资产是 Pages1. pdf，它被存放的地址为：

///root/temp/a39e9503-a96b-4e86-9cld-f4188d19810e/Assets/

② 然后控制器在内部根据已保存的 Pages1. pdf 的地址将 Ticket01. jdf 作业传票中 URL 的值“cid：Asset01@hostname. com”变换为：

file：///root/temp/a39e9503-a96b-4e86-9c1d-f4188d19810e/Assets/Pages1. pdf.

③ 接着将 Ticket01. jdf 存放在：

////root/temp/a39e9503-a96b-4e86-9c1d-f4188d19810e/

④ 最后控制器在内部根据已保存的 Ticket01. jdf 的地址将 Message. jmf 中 URL 的值“cid：JDF1@hostname. com”变换为：

file：///root/temp/a39e9503-a96b-4e86-9c1d-f4188d19810e/Ticket01. jdf

然后运行或存储 Message. jmf 消息。

14.1.7 MIME 在 JDF 通信系统中的应用

在基于 JDF 的印刷制造系统中，进行 JDF 数据通信时，常需要将 JMF 消息和 JMF 消息涉及的 JDF 作业传票以及 JDF 作业传票所涉及的一系列数字化资源（如使用 PNG 格式编码的预览图片、ICC 特征文件、预飞文件和 PDL 文件）等组合到一个包中，然后发送到目标地址。

由于 MIME 协议能够将 JDF 或 JMF 数据与其他多种数据封装在一个 MIME 包中进行发送，因此对于上述的包含多种数据的 JDF，在数据通信时可采用基于 MIME 协议的邮件发送。

例如，在 Adobe Acrobat 7.0 中，就是使用 MIME 包将 JDF 文件和 PDF 文件打包并提交到特定设备上，其界面如图 14-1 所示。

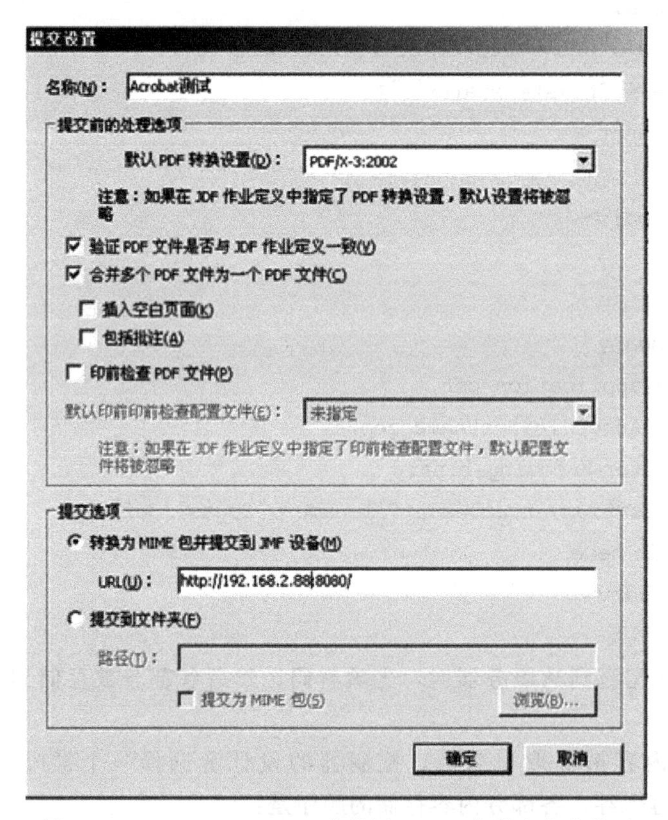

图 14-1 Adobe Acrobat7.0 中使用 MIME 包提交作业传票

14.2 SOAP 协议与单向 JMF 消息通信

14.2.1 "信号" JMF 消息通信模式

"信号"JMF 消息通信可通过三种方法激发。第一种方法是通过包含"Subscription"元素的询问消息来发起初始的询问。第二种方法是在 JDF 文档的 JDF 节点中通过"NodeInfo"元素内定义 Query 消息的 JMF 元素来发起初始的询问，同样在该 Query 消息中也包含一个"Subscription"元素。这两种方法都需要一个起始的 Query 消息来订阅（激发）Signal 消息，不同的是传递起始询问消息的路径不同。第三种则无需一个起始的 Query 消息，而是通过硬连线的（hard-wired）方式来建立信道。例如，当一个控制器（或设备驱动）的工作状态发生变化时（如印刷机启动服务、换版开始、换版结束等时刻）就会自动产生一个信号消息，然后根据初始化的控制器的 URL 发送给各个控制器。本节重点讨论硬连线的“信号”通信模式。例如，当印刷机停止工作的时刻将发出如下的 Signal 消息：

```
    <JMF xmlns="http://www.CIP4.org/JDFSchema_1_1"
SenderID="BR_002"TimeStamp="2008-11-05T21:30:03+08:00"
Version="1.3">
    <Signal ID="M081105213003"Type="Status">
    <DeviceInfo Speed="0"DeviceStatus="Down"
StatusDetails="ShutDown"PowerOnTime="2008-11-05T21:00:01+08:00"
CounterUnit="Sheets">
    <Device DeviceID="BR_002"DeviceType="B300"
    Manufacturer="Beiren"/>
    </DeviceInfo>
    </Signal>
    </JMF>
```

在此代码中，根节点“JMF”直接包含“Signal”元素，显示其为 Signal 消息。它描述了编号为“BR _ 002”（DeviceID=" BR _ 002" ）的印刷机是在“2008-11-05T21：00：01+08：00”（PowerOnTime= " 2008-11-05T21：00：01+08：00" ）时刻启动的，此刻状态变化为关机状态（StatusDetails=" ShutDown" ）。

14.2.2　SOAP 协议与 SOAP 包封

（1）SOAP 协议

简单对象访问协议（simple object access protocol，SOAP）是一种通用的、独立的、基于 XML 标准的、与平台无关的访问协议。它为在一个松散的、分布的环境中使用 XML 对等地交换结构化和类型化的信息提供了一个简单的轻量级机制。SOAP 本身并不定义任何应用语义，它只为应用语义的表示定义了一种简单的机制，这使得 SOAP 可被用于从消息传递到远程过程调用（remote procadure call，RPC）的各种系统。

SOAP 1.0 规范发布于 1999 年，并由 Microsoft 公司发起，目前最新的版本是 2007 年发布的 SOAP 1.2。SOAP 是一个基于 XML 的通信协议，XML 是 SOAP 的编码格式。XML 以一种开放的、自我描述的方式定义数据结构，在描述数据内容的同时能够突出对结构的描述，从而体现出数据之间的关系，这样所组织的数据对于应用程序和程序员都是友好且可操作的，而且 XML 采用 Unicode 支持的文本格式，可使数据实现跨平台编码和格式化。

SOAP 把 HTTP、SMTP 和 MQ Series 等网络协议与 XML 的灵活性和可扩展性组合在一起。简单地理解 SOAP，就是这样的一个开放协议：SOAP=RPC+HTTP+XML，即采用 HTTP 作为底层通信协议，RPC 作为一致性的调用途径，XML 作为数据传送的格式，允许服务提供者和服务客户经过防火墙在Internet进行通信交互。因此，SOAP使用HTTP作为网络通信协议，接收和传递参数采用XML作为数据格式，使得它成为与平台和环境无关的协议。

SOAP协议包含的基本内容格式如下：

① SOAP包封（SOAP Envelope）是SOAP消息的信息框架，用来表示消息中包含什么内容、谁来处理这些内容以及这些内容是可选的还是必需的。它定义了一个以SOAP报头（SOAP Header）、SOAP主体（SOAP Body）为子主体的描述结构。SOAP报头提供了一个可伸缩的机制，用于在分散的模块化中扩展SOAP消息，而通信双方并不需要预先约定的知识。SOAP主体元素提供一个与消息最终接收者做交换处理的信息机制，在SOAP body中可以描述应用入口调用和响应的各种数据信息。

② SOAP编码规则（Encoding Rules）定义了用以交换应用程序定义数据类型实例的一系列机制，它基于一个简单类型系统，而这个系统是程序语言、数据库和半结构数据中类型系统的公共特性的泛化，其默认定义与XML Schema是相容和基本一致的。

③ SOAP RPC（RPC Representation）表示定义了一个用来表示远程过程调用和应答的协定，利用XML的可扩展性和可伸缩性来包装和交换RPC调用。目前，通过绑定各种已有的Internet协议，如HTTP、SMTP、POP3等，然后利用这些协议的调用响应机制，完成SOAP的调用和响应。具体地说，SOAP消息会作为这些协议的正文被发送。SOAP RPC表示最终面向传输的绑定机制。

④ SOAP绑定（Binding）定义了使用底层协议交换信息。

（2）SOAP包封与JDF通信

一个SOAP消息包的结构如图14-2所示，包含了HTTP报头和SOAP包封两部分，SOAP包封又包含SOAP报头和SOAP主体。HTTP报头字段的主要用处是为服务器提供一种快速过滤SOAP请求的方法；SOAP包封是SOAP消息，由SOAP包封。SOAP包封也是一个XML文档，SOAP包封是根元素，SOAP报头和SOAP主体是子元素。

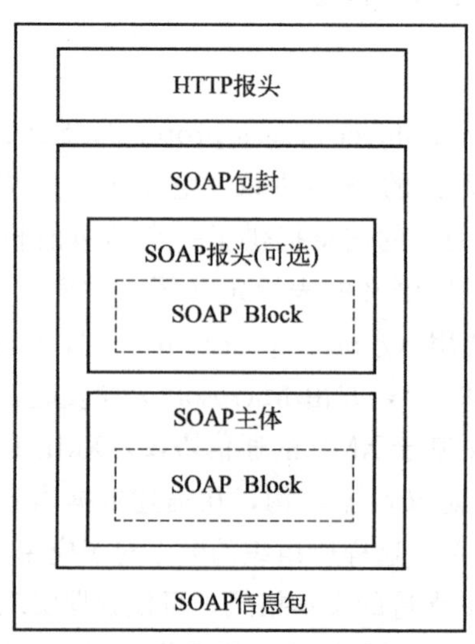

图14-2 SOAP消息包的组件

下面是一个发送JMF消息的SOAP消息包，其代码如下：

```
<? xml version="1.0"encoding="UTF-8"? >
<SOAP-ENV:Envelope xmlns:SOAP-
ENV="http://schemas.xmlsoap.org/soap/envelope/"
xmlns:xsi="http://www.w3.org/2001/XMLSchema-instance"
xmlns:xsd="http://www.w3.org/2001/XMLSchema">
<SOAP-ENV:Header>… </SOAP-ENV:Header>
<SOAP-ENV:Body>
<JMF xmlns:xsi="http://www.w3.org/2001/XMLSchema-instance"
xmlns="http://www.CIP4.org/JDFSchema_1_1"SenderID="Alces"
TimeStamp="2004-08-30T17:23:00+01:00"Version="1.2">
<SignalID="M081105213003"Type="Status">
…
</Signal>
</JMF>
</SOAP-ENV:Body>
</SOAP-ENV:Envelope>
```

“SOAP-ENV：Envelope”是 SOAP 包封，它表明了一个 SOAP 文档的边界，其属性指明了包封中使用的名字空间。“SOAP-ENV：Body”是 SOAP 主体，是用来存放实际数据或消息的有效负载（本例中为 JMF 消息），从而提供给最终的接收者使用或处理。当客户端发送一个这样的 SOAP 消息给服务器后，服务器可通过打开 SOAP 包封的过程来获得 SOAP 主体中的 JMF 消息，从而实现 JMF 消息的通信。

14.2.3 基于 SOAP 的 JMF 消息通信的实现

SOAP 是一个 Web 服务标准，使用 HTTP 来实现 RPC 通信，且允许服务提供者和服务客户在 Internet 中经过防火墙进行通信交互。SOAP 对它的有效负荷用 XML 进行编码作为 SOAP 体，并封装在 SOAP 封套中。JMF 消息是 XML 小文档，在实现“信号”消息通信时，可将 Signal 消息作为 SOAP 体封装在 SOAP 封套中，然后通过 SOAP 消息通信实现 JMF 消息通信，其实现原理如图 14-3 所示。通知“设备”工作状态变化的单向 JMF 消息通信同样发生在 Web 服务器端的“生产监视”模块和“设备”桌面程序内的“状态管理”模块。

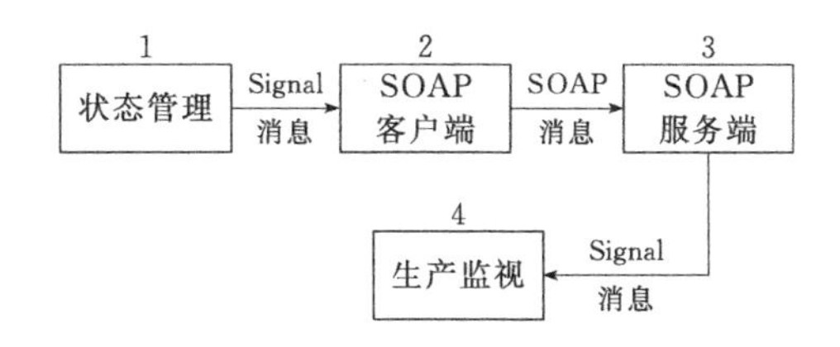

图 14-3 基于 SOAP 的单向 JMF 通信
1—状态变更时生成描述“设备状态”的 Signal 消息；2—将 Signal 消息封装在 SOAP 封套中，并生成一个 SOAP 消息；3—接收 SOAP 消息，打开 SOAP 封套，并从 SOAP 体中析取 Signal 消息；4—接收并处理 Signal 消息

用Java在SOAP客户端实现生成SOAP消息时，首先将“状态管理”模块生成的Signal消息用DOM解析到Document对象中，然后用两个Vector对象分别定义SOAP包封（SOAP-ENV：Envelope元素）和SOAP主体（SOAP-ENV：Body元素），随后在定义SOAP包封的Vector对象中创建SOAP报头的内容，Signal消息的内容则通过Vector. add［Document. getDocumentElement（）］方法加载给另一个Vector对象而形成SOAP体，最后创建一个Envelope对象为SOAP封套，并利用envelope. setHeader方法和envelope. setBody方法将分别含有SOAP报头和SOAP体的Vector对象加载到Envelope对象中，从而形成如下的SOAP消息：

```
    <SOAP-ENV:Envelope xmlns:SOAP-
ENV="http://schemas.xmlsoap.org/soap/envelope/"…>
    <SOAP-ENV:Header>… </SOAP-ENV:Header>
    <SOAP-ENV:Body>
    <JMF…>
    <Signal ID="M081105213003"Type="Status">
    …
    </JMF>
    </SOAP-ENV:Body>
    </SOAP-ENV:Envelope>
```

下面给出的是在服务端SOAP客户端（设备端）中实现SOAP消息的生成与发送功能的Java代码（sendSOAPMessage方法）：

```
    public void sendSOAPMessage(URL url,String dataFileName)throws Exception
    {
      receiveURL=url;
      m_dataFileName=dataFileName;
      System.out.println("sending...");
    try{
    //读取XML文档,将其解析成DOM
      FileReader fr=new FileReader(m_dataFileName);
    //通过调用Apache getXMLDocBuilder方法得到一个解析器,它返回一个
DocomentBuilder对象
      DocumentBuilder xdb=org.apache.soap.util.xml.
XMLParserUtils.getXMLDocBuilder();
      System.out.println("getParser...");
    //通过解析器解析文档,得到一个Document对象
      Document doc=xdb.parse(new InputSource(fr));
      if(doc==null){
```

```
        thro wnew SOAPException(Constants.FAULT_CODE_CLIENT,"parsing
error");}
    //建立一个 Vector 来放置头元素
        Vector headerElements=newVector();
        Element headerElement=doc.createElementNS(URI,
"jaws:MessageHeader");
        headerElement.setAttributeNS(URI,"SOAP-ENV:mustUnderstand",
"1");
    //建立头元素中的子节点
        Element ele=doc.createElement("From");
        Text textNode=doc.createTextNode("Me");
        Node tempNode=ele.appendChild(textNode);
        tempNode=headerElement.appendChild(ele);
        ele=doc.createElement("To");
        textNode=doc.createTextNode("You");
        tempNode=ele.appendChild(textNode);
        tempNode=headerElement.appendChild(ele);
        ele=doc.createElement("MessageId");
        textNode=doc.createTextNode("9999");
        tempNode=ele.appendChild(textNode);
        tempNode=headerElement.appendChild(ele);
        headerElements.add(headerElement);
        VectorbodyElements=newVector();
    //获取顶层 DOM 元素,放到向量中。顶层节点的下层节点元素的创建和添加工作由
DOM 解析器负责
        bodyElements.add(doc.getDocumentElement());
        Envelope envelope=newEnvelope();
        Header header=new Header();
        header.setHeaderEntries(headerElements);
        envelope.setHeader(header);
        Body body=new Body();
        body.setBodyEntries(bodyElements);
        envelope.setBody(body);
        org.apache.soap.messaging.Message msg=new org.apache.soap.
messaging.Message();
        fr.close();
        msg.send(receiveURL,URI,envelope);
        org.apache.soap.transport.SOAPTransport
st=msg.getSOAPTransport();
        BufferedReader br=st.receive();
```

```
    String line=br.readLine();
    if(line==null){
    System.out.println("HTT PPOST was successful.\n");}
    else{
    while(line! =null){
        System.out.println(line);
        line=br.readLine();}}}
catch(Exceptione){
    e.printStackTrace();}
}
```

14.3 Socket 接口与双向 JMF 消息通信

14.3.1 Socket 技术概述

套接字（Socket）是一种基于网络进程通信的接口，用于表达两台计算机之间在一个连接上的两个“终端”，即针对一个连接，每台计算机都有一个 Socket 在它们之间建立一条虚拟的“线缆”，以提供可靠的连接。

Java 语言提供了两类 TCP Socket，一类是用于服务器端的 java.net.ServerSocket 类，一类是用于客户端的 java.net.Socket 类。当客户端和服务器端连通时，它们就建立了一个连接。

一个 Socket 由主机号、端口号、协议名组成，主机号是所要连接服务器的网络地址或 IP 地址。由于在 Internet 上一个 IP 地址不足以完整标识一台计算机，因此 Socket 提供了端口号，独一无二地标识了服务器端运行的每一种服务。端口号由一个整型变量来表示，由于计算机的操作系统保留了 1～1024 号的端口，因此在编写程序时应该确保所用的端口号与操作系统的端口号没有冲突。协议名表示建立连接的协议。通过 Socket，客户端可以连接到所要连接的服务器端。

通过 Socket 在客户端和服务器端建立连接的过程如下：

① 服务器建立监听进程，监听每个端口是否要求进行通信。

② 客户端创建一个 Socket 对象，向服务器端发送连接请求。

③ 服务器监听到客户端的请求，创建一个 Socket，与客户端进行通信。

客户端和服务器端进行通信时，Java 使用了 Stream 对象，一个 Stream 包括两个流对象，即 InputStream 和 OutputStream。如果一台计算机要向另一台计算机发送数据，则只需写入 OutputStream，另一台计算机则需要通过读取 InputStream 来接收数据，过程如下：

① 打开 Socket 及其输入/输出流。

② 根据协议名读写 Socket。

③ 通信结束后关闭 Socket。

14.3.2 基于 Socket 的 JMF 消息通信的实现

为实现用户询问设备状态的双向 JMF 消息通信，分别在 Web 服务器端用 Servlet 程序实现一个“生产监视”模块，在“设备”桌面程序内开发一个“状态管理”模块。用户首先在 Web 页通过表单数据向“生产监视”模块提交状态询问需求，然后“生产监视”模块采用 Windows Sockets 技术向被询问“设备”的“状态管理”模块发送询问设备状态的 Query 消息；“状态管理”模块在接收到 Query 消息后，利用 DOM 解析此 JMF 文档获得询问需求，根据需求立刻生成一个描述设备状态的 Response 消息并反馈给“生产监视”模块；“生产监视”模块在接收到 Response 消息后，立刻用 DOM 解析此 JMF 文档，然后将其中描述设备状态的参数以表单数据形式提交给用户的 Web 页并显示出来，从而实现一次设备状态的询问与反馈过程。其中，“生产监视”模块和“状态管理”模块间的“询问-响应”的双向 JMF 消息通信实现原理如图 14-4 所示。Windows Sockets 是 TCP/IP 的一个接口，Socket 通过 TCP/IP 为“生产监视”模块和“状态管理”模块间提供交互通信的可靠连接。

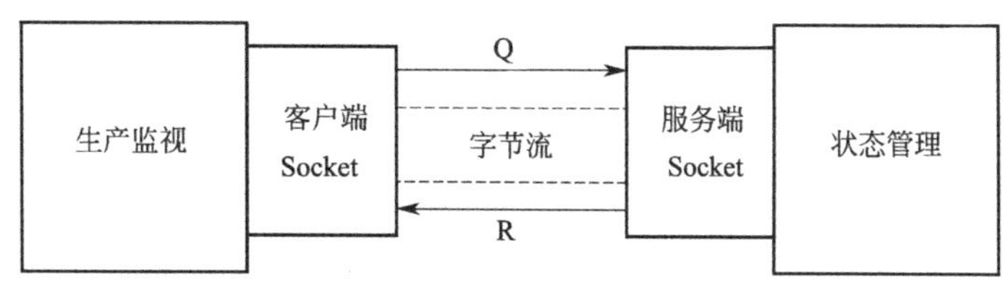

图 14-4 基于 Socket 的双向 JMF 通信

Q-询问设备状态的 Query 消息；R-回复设备状态的 Response 消息

用 Java 实现时，当“设备”的桌面程序启动后，“状态管理”模块创建一个服务端 Socket 对象并开始监听，“生产监视”模块在发送 Query 消息时会创建一个客户端 Socket 对象，并向被询问的服务端 Socket 对象发送连接请求。服务端 Socket 对象接收到连接请求后，用方法 Socket. accept () 创建新的 Socket 对象用于与发出请求的客户端 Socket 对象进行通信，即首先此新的 Socket 对象用方法 Socket. getInputStream () 接收客户端 Socket 发送的含有 Query 消息的 ObjectInputStream 对象，并将其强制转型为 DOM 中的 Document 对象，解析此对象后获得消息中的询问信息。然后用方法 Socket. getOutputStream () 创建一个 ObjectOutputStream 对象，并根据询问信息生成 Response 消息并存放在另一个 Document 对象内，随后用方法 ObjectOutputStream. writeObject () 将此 Document 对象写入 ObjectOutputStream 对象中。最后用方法 ObjectOutputStream. flush () 将 ObjectOutputStream 对象发送给客户端的 Socket 对象，随后关闭此 Socket 对象；客户端的 Socket 对象也用方法 Socket. getInputStream () 接收含有 Response 消息的 ObjectInputStream 对象，随后关闭客户端的 Socket 对象。

下面给出的是服务端 Socket 对象（设备端）的 Java 实现代码：

```
ServerSocket serverSocket=null;
try{serverSocket=newServerSocket(1234);
    System.out.println("Serverstarted...");}
```

```
    catch(IOException e){
        e.printStackTrace();}
    while(true){
    try{
        Socket server=serverSocket.accept();
        serveClientserveClient1 =
        new serveClient(server,status1,jobInfo1,deviceInfo1);
        Thread thread=new Thread(serveClient1);
        thread.start();  }
    catch(IOExceptione){
        e.printStackTrace();}
    }
```

上述代码中的 serveClient 方法是:

```
    public serveClient(Sockets,Status status1,JobInfojo bInfo1,
DeviceInfo deviceInfo1){
        this.server=s;
        this.jobInfo1=jobInfo1;
        this.status1=status1;
        this.deviceInfo1=deviceInfo1;
    }
    public voidrun(){
    try{
    //创建 Socket 的服务器端,然后接收来自客户端的数据流,并利用
saveXMLFile 函数保存到 F:\JMFMESSAGES\\query.jmf
        ObjectInputStream fromClient=new ObjectInputStream(server.
getInputStream());
        ObjectOutputStreamtoClient=new ObjectOutputStream(server.
getOutputStream());
    Document document=(Document)fromClient.readObject();
    saveXMLFile sXF=new  saveXMLFile();
    if(document! =null){
        JOptionPane.showMessageDialog(null,"Server:接收到了一个 JMF
询问消息!");
        sXF.saveXMLFile(document,"F:\JMFMESSAGES\\query.jmf");}
    //发送回复前,先自动读取 JobInfo 中的参数,然后修改
F:\\JMFMESSAGES\\JMFSEND\\ResponseStatus.xml 中的 Jobphase 元素节点
        DocumentBuilderFactoryfactory=
DocumentBuilderFactory.newI-nstance();
```

```
        DocumentBuilderbuilder=factory.newDocumentBuilder();
        document=builder.parse(new
FileInputStream("F:\\JMFMESSAGES\\JMFSEND\\ResponseStatus.xml"));
        Element root=document.getDocumentElement();
    //修改 TimeStamp
        getSendTimet=newgetSendTime();
        String time=t.getSendTime();
        Attr timeStamp=root.getAttributeNode("TimeStamp");
        timeStamp.setValue(time);
    //修改 ID
        getJMFID jmfID=newgetJMFID();
        String id=jmfID.getJMFID();//获得一个 JMF ID
        NodeList
nodelist=document.getElementsByTagName("Response");
        NamedNodeMap attributes=nodelist.item(0).getAttributes();
        attributes.getNamedItem("ID").setNodeValue(id);
    //利用 ResponseMessage 函数修改 Jobphase 和 DeviceInfo 元素节点
        ResponseMessage responseMessage=newResponseMessage();
        document=ResponseMessage.changeResponseMessage(jobInfo1,
document,deviceInfo1);
    //修改后,传回 Document
        toClient.writeObject(document);
        toClient.flush();
        JOptionPane.showMessageDialog(null,"Server:回复一个 JMF 消
息!");
        fromClient.close();
        toClient.close();
        server.close();}
    catch(Exceptione){
        e.printStackTrace();}
    }
```

14.4　云计算及其在CIPPS中的应用

14.4.1　云计算概述

似乎是一夜之间，所有的主流IT厂商都开始谈论“云计算”，这些厂商既包括硬件厂商（如IBM、惠普、英特尔、思科等）、软件开发商（如微软、Oracle、VMware等），

也包括互联网服务提供商（如谷歌、亚马逊等）和电信运营商（如中国移动、AT&T等）。然而，由于云计算是一个概念，而不是指某项具体的技术和标准，于是不同的人从不同的角度出发就会对其有不同的理解。

目前，大家普遍认为来自美国国家标准与技术研究院（NIST）的云计算定义是较为权威的：云计算是一种对IT资源的使用模式，是对共享的可配置的计算资源（网络、服务器、存储、应用和服务）提供无所不在的、便捷的、按需的网络访问；这些资源可以通过很少的管理代价或与服务供应商的交互被快速地准备和释放。

对于不同的云方案，可以从云计算的部署方式和服务类两个方面对其进行“双纬度”分析。

根据云技术的部署方式和服务对象范围可以将云分为三类，即公共云、私有云和混合云。

① 公共云　当云以服务方式提供给大众时，称为“公共云”。公共云由云提供商运行，为最终用户提供各种各样的IT资源。云提供商可以提供从应用程序、软件运行环境，到物理基础设施等各种IT资源的安装、管理、部署和维护。最终用户通过共享的IT资源实现自己的目的，并且只要为其使用的资源付费，就可以通过这种比较经济的方式获取自己需要的IT资源服务。

② 私有云　商业企业和其他社会团体组织不对公众开放，将云基础设施与软硬件资源创建在防火墙内，以供机构或企业内各部门共享数据中心内的资源。

③ 混合云　即把“公共云”和“私有云”结合到一起的方式。用户可以通过一种可控的方式部分拥有，部分与他人分享。

依据云计算的服务类可以将云分为三层，即基础设施即服务，平台即服务和软件即服务。

① 基础设施即服务云计算　基础设施即服务（Infrastructure-as-a-Service，IaaS）位于云计算三层服务的最底部，即消费者通过Internet可以从完善的计算机基础设施获得服务。例如，硬件服务器和存储等硬件资源的租用。

② 平台即服务　平台即服务（Platform-as-a-Service，PaaS）位于云计算三层服务的中间，通常也称为“云计算操作系统”。它提供给终端用户基于互联网的应用开发环境，包括应用编程接口和运行平台等，并支持应用从创建到运行的整个生命周期所需的各种软硬件资源和工具。在PaaS层面，服务提供商提供的是经过封装的IT能力，或者说是一些具有逻辑的资源，如数据库、文件系统和应用运行环境等。

③ 软件即服务　软件即服务（Software-as-a-Service，SaaS）是最常见的云计算服务，位于云计算三层的顶端。用户通过标准的Web浏览器使用Internet上的软件。服务供应商负责维护和管理软硬件设施，并以免费或按需租用的方式向最终用户提供服务，用户无须购买软件。

以上三层，每层都有相应的技术支持以提供该层的服务，且均具有云计算的特征，如弹性伸缩和自动部署等。每层云服务可以独立成云，也可以基于下面层次的云提供的服务。每种云可以直接提供给最终用户使用，也可以用来支撑上层的服务。

14.4.2 云计算在CIPPS中的应用

计算机集成印刷系统在引入云时，首先需要考虑使用哪种云计算的部署方式。由于公共云、私有云和混合云各有特征，因此需要根据企业的实际情况合理选择。

在公共云中，最终用户不知道与其共享资源的还有其他哪些用户，以及具体的资源底层如何实现，甚至几乎无法控制物理基础设施，所以云服务提供商必须保证所提供资源的安全性和可靠性等非功能需求。云服务提供商也因这些非功能服务的提供的不同而进行分级。特别是需要严格按照安全性和法规遵从性要求来提供服务的云服务，需要更高层次、更成熟的服务质量保证。对于终端用户来说，无须高成本去建设云计算服务器，但必须考虑与云计算连接的带宽、提供云计算的服务质量等。

私有云的服务提供对象针对企业和社团内部，私有云的服务更少地受到公共云中必须考虑的诸多限制，如带宽、安全性和法规遵从性等。而且，通过用户范围控制和网络限制等手段，私有云可以提供更多安全和私密等专属性的保证。但是，企业必须对私有云实施项目进行精心的规划，必须考虑私有云的建设成本、安全性、性能以及其他等因素。

混合云则兼顾公共云和私有云的特征，企业可以利用公共云的成本优势，将非关键应用部分运行在公共云上，同时将安全性要求更高、关键性更强的主要应用通过内部的私有云提供服务。这些云可以由企业创建，而管理职责由企业和云服务提供商共同承担。

对于云计算在计算机集成印刷系统的应用可以是多方面的，例如，利用云计算的 IaaS 和 SaaS 是最为常见的应用。

在印刷制造系统中，需要大量的计算机存储空间进行图文数据的存储以及高性能的计算机进行图形图像处理；在图形图像处理过程中，也会用到大量的图形图像处理软件。为了降低企业初期的 IT 投入成本，可以引入云计算。

例如，印刷企业可以租用一个公共云，通过 IaaS 方式获得计算机存储空间的服务，所有需要存储的数据上传到云中即可。此外，企业还可以租用各种基于 SaaS 方式的图形图像处理云软件，进而实现基于云计算的图像处理。

基于云计算的图像处理的基本原理是：首先，图像处理软件开发商在“云计算操作系统”内开发一个用于图像处理的基于云计算的软件（服务），并放到租用的云空间中，且这个租用的云空间已经用虚拟化技术被虚拟成一个类似 Web 服务器一样的功能区；需要进行图像处理的终端用户先通过网络访问该图像处理的云服务，进入图像处理的网页交互界面，该网页界面与常用的桌面软件界面（如 Photoshop 的界面）一样，然后用户直接利用该界面开始像平时使用本地安装的 Photoshop 一样进行图像处理（但其与使用本地安装的软件有着本质的区别：所有的图像处理计算都在被虚拟化的云空间内完成，本地计算机上仅承担界面显示、操作交互和图像处理结果的显示）；每次操作都会将需要处理的对象数据通过网络传送到云空间，然后经过计算后把结果通过网络送回本地显示，这个被虚拟化的云空间就像我们的主机一样功能强大，这样，我们就可以使用一个配置很低的计算机去处理数据量非常大的图片，并且还不需要在本地安装软件，只要能上网就行。

对于一些大型的印刷制造企业，则可以在企业内部建立私有云，印刷企业内的各种软件就都可以使用云软件，数据也可以统一存放在云服务器中，进而优化企业的数据处理。

目前，云计算的应用还处于初始阶段，特别是在印刷制造系统中的应用还较少。但云计算在 IT 设施中的高效率应用、与互联网和物联网等的紧密结合，都将为印刷制造系统的优化和变革带来更多的可能性。

参考文献

[1] 周济，李培根，周艳红，等．走向新一代智能制造［J］．Engineering，2018（1）：28-47.

[2] Chen Y. 集成化智能制造：前景与推动力［J］．Engineering，2017，v. 3（05）：36-52.

[3] 顾兵．XML 实用技术教程［M］．北京：清华大学出版社，2007.

[4] 谢来勇，郝永平，张秉权．基于 XML 的产品信息模型表示及应用［J］．计算机集成制造系统，2004，10（12）：1492-1496.

[5] 齐建军，刘爱军，雷毅，等．基于 XML 模式的制造信息集成规范的研究［J］．计算机集成制造系统，2005，11（4）：565-571.

[6] 李培根，张洁．敏捷化智能制造系统的重构与控制［M］．北京：机械工业出版社，2003.

[7] 吴澄．现代集成制造系统导论：概念、方法、技术和应用［M］．北京：清华大学出版社，2002.

[8] Walbeck H. Druckformherstellung Offset-Job Definition Format［R］. Stuttgart：Hochschule der Medien，2006.

[9] 范玉顺，刘飞，祁国宁．网络化制造系统及其应用实践［M］．北京：机械工业出版社，2003.

[10] 谌震文，王平，马万里．基于 XML 的 EPA 可扩展设备描述语言设计及应用［J］．计算机集成制造系统，2005，11（7）：959-962.

[11] Kü hn W，Grell M. JDF-process integration，technology，product description［M］. Berlin Heidelberg：Springer-Verlage，2005.

[12] CIP4. JDF Specification Release 1. 7［EB/OL］. http://www. cip4. org/documents/jdf- specifications/ JDF1. 7pdf，2020.

[13] CIP4. JDF Specification Release 2. 1［EB/OL］. http://www. cip4. org/documents/jdf- specifications/ JDF2. 1pdf，2020.

[14] 罗如柏．JDF 在打样中的应用研究［D］．西安：西安理工大学，2007.

[15] 左孝凌，李为鑑，刘永才．离散数学［M］．上海：上海科学技术文献出版社，1982.

[16] 中国电子技术标准化研究院，中国信息物理系统发展论坛．信息物理系统白皮书（2017）［EB/OL］. https://download. csdn. net/download/weixin _ 44235517/11214257? utm _ source=iteye _ new.

[17] 中国电子技术标准化研究院，中国信息物理系统发展论坛．信息物理系统建设指南（2020）［EB/OL］. http：//www. chuangze. cn/third _ down. asp? txtid=2447.

[18] 黎作鹏，张天驰，张菁．信息物理融合系统（CPS）研究综述［J］．计算机科学，2011，38（009）：25-31.

[19] 罗如柏，周世生．微利时代的印刷业制造系统［J］．广东印刷，2006（4）：11-12.

[20] 罗如柏，赵金娟，周世生．JDF 工作流程中的拼大版节点［J］．包装工程，2006，27（2）：259-260，263.

[21] 罗超理，高云辉．管理信息系统原理与应用［M］．3 版．北京：清华大学出版社，2012.

[22] 薛华成．管理信息系统［M］．北京：清华大学出版社，2012.

[23] 谢中辽．辽宁省印刷企业中 ERP 系统的设计与应用［D］．成都：电子科技大学，2014.

[24] 周世生，罗如柏，赵金娟．印刷数字化与 JDF 技术［M］．北京：印刷工业出版社，2008.

[25] 罗如柏，周世生，汪炜军，等．JMF 消息通信在印刷系统中的应用［J］．计算机工程，2010，4（36）：223-225，232.